화물운송종사 자격시험 및 교육계획 안내

▌응시자격 (접수일 기준, 2015년 5월 26일 개정)

① 운전면허 : 제 1종 또는 제 2종 운전면허 소지자 (소형 및 원동기 면허 제외)

② 연령 : 만 20세 이상

③ 운전경력기준
- 사업용자동차 : 1년 이상 (버스, 택시, 운전경력)
- 자가용운전경력 : 2년 이상(운전면허 취득기간부터)

④ 운전적성 정밀검사 기준(신규, 특별검사)에 적합한자

⑤ 아래 결격사유에 해당하지 않는 자
- 금치산자 및 한정치산자
- 화물자동차운수사업법을 위반하여 징역이상의 실형을 선고받고 그 집행이 종료(집행이 종료된 것으로 보는 경우를 포함한다)되거나 집행이 면제된 날부터 2년이 지나지 아니한 자
- 화물 자동차운수사업법을 위반하여 징역이상의 형의 집행유예선고를 받고 그 유예기간 중에 있는 자
- 법 규정에 의하여 화물운송종사 자격이 취소된 날부터 2년이 경과되지 아니한 자
- 자격시험 공고일 전 5년간 도로교통법 제 44조 제1항(음주운전)을 3회 이상 위반한 자

※ 결격사유는 신원조회 후 확인하여 결격사유에 해당될 경우 자격을 취득할 수 없고 수수료는 반환되지 않음

▌제출서류

① 자가용 운전경력 2년(면허취득일 기준) 이상 및 운전적성 정밀검사 신규검사 합격자
- 응시원서 1부(인터넷 접수 및 방문 접수 시 응시원서만 작성)
- 기타별도 제출서류 없음

② 사업용자동차 운전경력(1년 이상) 응시자 및 운전적성 정밀검사 신규검사 3년 경과자
- 응시원서 1부
- 사업용 운전경력증명서 1부(회사 또는 협회로부터 발급)
- 전체기간 운전경력증명서 1부 (경찰서장 및 운전면허시험장장발행)

※ 기타 응시자는 구비서류의 제출을 생략하고 공단에서 관제 기관에 운전경력을 일괄 조회하여 응시자격 요건에 해당 되지 않을 경우 접수를 취소함

▌수수료

- 시험응시 수수료 : 11,500원
- 합격자 교육 수수료 : 11,500원
- 자격증교부 수수료 : 10,00원

▌신청 및 자격증교부방법

① 공단지역본부 및 지부에 직접방문 또는 우편신청
② 우편신청방법
- 응시원서 접수기간 중 근무시간 내 도착분에 한함
- 제출서류는 자격기준에 적합한 것에 한하여 처리하며 미비된 서류는 반송하지 아니함
- 우편으로 원서 접수 시 응시원서, 수수료 11,500원(소액환), 반송용 봉투 및 우표를 동봉하여 제출하여야만 시험접수 가능

▌자격시험과목 합격기준 및 출제문항 등

① 시험과목 및 합격기준

교시 (시험시간)	과목명	문항수 (총 80문항)	합격기준
1교시	교통 및 화물자동차 운수사업 관련법규	25	4과목을 합산한 총점에서 60점 이상 득점자를 합격자로 함
	화물취급요령	15	
2교시	안전운행	25	
	운송서비스	15	

② 시험문제 및 시간(80문제, 100분)
- 1교시 : 10:00 ~ 10:50
- 2교시 : 11:00 ~ 11:50

☎ 고객 콜 센터 : 1577-0990

원서접수처	주소	안내전화
서울지역본부	서울시 마포구 월드컵로 220 (성산동 436-1)	02)375-1271
서울지역본부 (구로상설시험장)	서울 구로구 경인로 113(오류동 91-1) 구로검사소 내 3층	02)372-5347
서울지역본부	서울시 노원구 공릉로 62길 41 (하계동 252)	02)973-0586
경인지역본부	경기도 수원시 권선구 수인로 24 (서둔동 9-19)	031)297-6581
경기북부지사	경기 의정부시 평화로 285 (호원동 441-2)	031)837-7602
인천지사	인천 남구 백범로 357(간석동 172-1) 한국교직원공제회관 인천회관 3층	032)831-6704
중부지역본부	대전 대덕구 대덕대로 1417번길 31 (문평동 83-1)	042)933-4328
강원지사	강원 춘천시 동내로10(석사동 123-1)	033)261-3386
충북지사	충북 청주시 흥덕구 사운로 386번길 21 (신봉동 260-6)	043)266-5400
대구경북 지역본부	대구 수성구 노변로 33 (노변동435)	053)794-3816
부산경남 지역본부	부산 사상구 학장로 256 (주례 3동 1287)	051)315-1421
경남지사	경남 진주시 문산읍 동진로 415번길 (충무공동 8)진주종합경기장 6번 출구	055)758-5948
울산지사	울산 남구 번영로 90-1 (달동1296-2) 항사랑병원빌딩 8층	052)256-9372
제주지사	제주시 삼봉로 79(도련2동 568-1)	064)723-3111
호남지역본부	광주 남구 송암로 6(송하동 251-4)	062)606-7634
전북지사	전북 전주시 덕진구 신행로 44 (팔복동 3가 211-5)	063)212-4743

■ 시험안내

① 상시 컴퓨터 시험(CBT) 안내

㉠ CBT 접수안내

- 접수대상 : 화물운송종사자격시험 응시자격에 충족한 사람
- 원서 접수 : 인터넷 원서접수만 가능(fre.ts2020.kr)하며 선착순 예약 접수(접수인원 초과 시 타 지역 또는 다음 차수 접수 가능)

㉡ CBT 시험일정

시험 등록	시험 기간	상시 CBT필기시험일(공휴일, 토요일 제외)	
		(서울, 대전, 광주) 전용 상설 시험장 주1)	(11개 지역) 정밀검사장 활용 주2)
시작 30분전	80분	매일 3회 (오전2회, 오후 1회)	매주 화요일, 목요일 오후 각1회

※ 주1) 서울지역본부(구로상설시험장), 중부지역본부. 호남지역본부, 대구경북지역본부
※ 주2) 전용상설시험장 외의 지역으로 원서접수처 참조

② 종이방식 시험(PBT) 안내

㉠ 원서접수 유형

- 인터넷 원서접수 : 화물운송자격 홈페이지(fre.ts2020.kr)
- 방문 및 우편접수 : 공단 15개 접수처

㉡ 제출서류

- 인터넷 접수
  - 사진을 그림파일(jpg)로 스캔하여 등록하여야 접수 가능
  - 별도 제출 서류 없음

- 방문 접수
  - 화물운송종사 자격시험 응시원서 1부
  - 신분증(운전면허증 필수 지참)
  - 사진 2장(6개월 이내 촬영한 3×4cm)

- 시험 당일 준비물 : 신분증, 응시표, 컴퓨터용 사인펜, 응시 수수료(11,500원)

■ 합격자 교육

① 교육대상자 : 합격자 발표시 대상자별로 교육일자 및 장소 지정 통보

② 교육시간 : 1일 8시간

③ 교육 과목

- 화물자동차운수사업법령 및 도로관계법령
- 교통안전에 관한 사항
- 화물취급요령에 관한 사항
- 자동차 응급처치방법
- 운송서비스에 관한 사항
- 화물운송 재해 대책

④ 교육준비물

- 신분증
- 사진1매(2.5cm × 3.5cm)
- 필기도구
- 수수료 : 21,500원 (교육11,500원+자격증 발급 10,000원)

■ 자격증 교부

① 대상 : 시험에 합격하고 교육을 이수한 자로서 신원조회 후 결격사유에 해당되지 않음이 확인된 자

② 교부방법 : 교육등록시 자격증 교부신청

🚚 화물운송종사 자격시험 응시원서

※ 굵은 선 [   ] 안에만 작성하여 주시기 바랍니다.

화물운송종사 자격시험 응시원서

수험번호 :

응시자	성명 :		주민등록번호 :
	주소 :		
	등록기준지(본적) :		
	전화번호(휴대폰번호) :		
	운전면허증번호 :		

운전경력	년 월 일부터	년 월 일까지 근무
	년 월 일부터	년 월 일까지 근무

시험장소 :

「화물자동차 운수사업법」 시행규칙 제18조의5에 따라 화물운송 종사자격시험에 응시하기 위하여 원서를 제출하며,
시험합격 후 거짓으로 적은 사실이 판명되는 경우에는 합격취소처분에 대해서도 이의를 제기하지 않겠습니다.

	년 월 일
	응시자 : (서명 또는 인)

교통안전공단 이사장 귀하

응시자 제출서류	여객자동차 운수사업용 자동차 또는 화물자동차 운수사업용 자동차를 1년 이상 운전한 경력을 증명할 수 있는 서류(운전경력이 3년 미만인 경우만 제출합니다.)
교통안전공단 이사장 확인사항	1. 운전면허증(사본) 2. 운전경력증명서(경찰청장 발행)

행정정보 공동이용 동의서

본인은 이 건 업무 처리와 관련하여 「전자정부법」 제 36조제1항에 따라 행정정보의 공동이용을 통하여 위의 확인사항을 확인하는 것에 동의합니다.
※ 응시자가 확인에 동의하지 않는 경우는 해당 서류를 직접 제출해야 합니다.

	응시자 : (서명 또는 인)

------ 자르는 선 ------

화물운송종사 자격시험 응시표

수험번호									시험장소	
성 명									생년월일	
									년 월 일	

※ 시험장소 :

※ 준 비 물 : 신분증, 컴퓨터용 사인펜, 응시표 지참

※ 시험일자 :

교통안전공단 이사장 귀하

※ 시험과목 : 교통 및 화물자동차관련법규, 화물 취급요령 / 안전운행, 운송서비스

유의사항

1. 시험장에서는 답안지 작성에 필요한 컴퓨터용 수성사인펜만을 사용할 수 있습니다.
2. 시험 시작 30분(9시 30분) 전에 지정된 좌석에 앉아야 하며, 응시표와 신분증을 책상 오른쪽 위에 놓아 감독관의 확인을 받아야 합니다.
3. 응시 도중에 퇴장하거나 좌석을 이탈한 사람은 다시 입장할 수 없으며, 시험실에서는 흡연. 담화. 물품대여를 금지합니다.
4. 부정행위자, 규칙위반자, 또는 주의사항이나 감독관의 지시에 따르지 않은 사람은 바로 퇴장하게 되며, 그 시험을 무효로 합니다.
5. 그 밖의 자세한 것은 감독관의 지시에 따라야 합니다.
6. 시험접수 취소 및 수수료 환불은 시험일 7일전까지 가능합니다.

※ 주차공간이 협소하여 주차불가하오니, 대중교통 이용바랍니다.

화물운송종사 자격시험 OMR카드

화물운송종사 자격시험 OMR 카드

교통안전공단

성 명	문제유형	수험번호	과목코드	문항	정답	문항	정답	문항	정답	문항	정답
	Ⓐ Ⓑ			1	2 3 4 5 6 7 8 9 10	11 12 13 14 15 16 17 18 19 20		21 22 23 24 25 26 27 28 29 30		31 32 33 34 35 36 37 38 39 40	

주민번호(뒷자리)

교시명
□ 1교시
□ 2교시

확인자 인

문제유형: Ⓐ Ⓑ

수험번호 / 과목코드: ① ② ③ ④ ⑤ ⑥ ⑦ ⑧ ⑨ ⑩

정답: 가 나 다 라

주의사항

1. 답안지가 구겨지거나 더럽혀지지 않도록 하십시오.
2. 필기구는 컴퓨터용 수성싸인펜을 사용하여야 하며, 다음 예시와 같이 정확하게 마크하십시오.

[예시]

● ◑ ⊘ ⊙ ○
○ × × × ×

3. 답안란에 마크한 내용은 수정할 수 없습니다.
4. 하단의 검은색으로 인쇄된 부분에는 절대로 낙서하거나 훼손하지 마십시오.
   ※ 기재 부주의에 의한 OMR 판독거부는 수험자 책임임

과목코드

성 명	과목코드	과 목
1교시	11	교통 및 화물자동차 운수사업 관련법규, 화물취급요령
2교시	22	안전운행, 운송서비스

화물운송종사 자격시험

CONTENTS

제 **1** 편

교통 및
화물자동차운수사업
관련 법규

◑ 출제예상문제 ◑

제1편

제1장. 도로교통법

1 도로교통법 관련용어

도로교통법의 목적은 도로에서 일어나는 교통상의 모든 위험과 장해를 방지하고 제거하여 안전하고 원활한 교통을 확보함에 있다.

1. 도로

(1) 도로의 정의

도로법에 따른 도로, 유료도로법에 따른 유료도로, 농어촌도로 정비법에 따른 농어촌도로, 그밖에 현실적으로 불특정 다수의 사람 또는 차마가 통행할 수 있도록 공개된 장소로서 안전하고 원활한 교통을 확보할 필요가 있는 장소를 말한다.

(2) 도로의 종류

① **도로법에 따른 도로** : 일반의 교통에 공용되는 도로로서 고속도로, 일반국도, 특별시도·광역시도, 지방도, 시도, 군도, 구도로 그 노선이 지정 또는 인정된 도로를 말한다.

② **유로도로법에 따른 도로** : 도로법에 의한 도로로서 통행료 또는 사용료를 받는 도로를 말한다.

③ **농어촌도로 정비법에 따른 도로** : 농어촌지역 주민의 교통 편익과 생산·유통활동 등에 공용(共用)되는 공로(公路)를 말하며, 면도(面刀)·이도(里道)·농도(農道)로 구분된다.

④ **기타도로** : 그 밖의 현실적으로 불특정 다수의 사람 또는 차마의 통행을 위하여 공개된 장소로서 안전하고 원활한 교통을 확보할 필요가 있는 장소를 말한다.

(3) 용어의 정의

① **자동차전용도로** : 자동차만 다닐 수 있도록 설치된 도로를 말한다.

② **고속도로** : 자동차의 고속 운행에만 사용하기 위하여 지정된 도로를 말한다.

③ **차도** : 연석선(차도와 보도를 구분하는 돌 등으로 이어진 선), 안전표지나 그와 비슷한 공작물로써 경계를 표시하여 모든 차의 교통에 사용하도록 된 도로의 부분을 말한다.

④ **차로** : 차마가 한 줄로 도로의 정하여진 부분을 통행하도록 차선에 의하여 구분되는 차도의 부분을 말한다.

⑤ **차선** : 차로와 차로를 구분하기 위하여 그 경계지점을 안전표지에 의하여 표시한 선을 말한다.

⑥ **보도** : 연석선, 안전표지나 그와 비슷한 공작물로써 경계를 표시하여 보행자(유모차 및 보행보조용 의자차를 포함)의 통행에 사용하도록 된 도로의 부분을 말한다.

⑦ **횡단보도** : 보행자가 도로를 횡단할 수 있도록 안전표지로써 표시한 도로의 부분을 말한다.

⑧ **교차로** : +자로, T자로나 그밖에 둘 이상의 도로(보도와 차도가 구분되어 있는 도로에서는 차도)가 교차하는 부분을 말한다.

⑨ **안전지대** : 도로를 횡단하는 보행자나 통행하는 차마의 안전을 위하여 안전표지나 그와 비슷한 공작물로써 표시한 도로의 부분을 말한다.

⑩ **주차** : 운전자가 승객을 기다리거나 화물을 싣거나 고장, 그 밖의 사유로 인하여 차를 계속하여 정지 상태에 두는 것. 또는 운전자가 차로부터 떠나서 즉시 그 차를 운전할 수 없는 상태에 두는 것을 말한다.

⑪ **정차** : 운전자가 5분을 초과하지 아니하고 차를 정지시키는 것으로서 주차 외의 정지 상태를 말한다.

⑫ **중앙선** : 차마의 통행을 방향별로 명확하게 구분하기 위하여 도로에 황색실선 또는 황색점선 등의 안전표지로 표시한 선이나 중앙분리대·울타리 등으로 설치한 시설물을 말한다.

※ 가변차로가 설치된 경우에는 신호기가 지시하는 진행방향의 가장 왼쪽 황색점선을 말한다.

2. 자동차의 구분

(1) 차

자동차, 건설기계, 원동기장치자전거, 자전거, 사람 또는 가축의 힘이나 그 밖의 동력에 의하여 도로에서 운전되는 것(열차, 지하철, 유모차, 보행보조용 의자차는 제외됨)

(2) 자동차

철길이나 가설된 선에 의하지 아니하고 원동기를 사용하여 운전되는 차(견인되는 자동차도 자동차의 일부로 본다)로서 자동차관리법에 의해 규정되어 있다.

① **자동차에 해당되는 것** : 승용자동차, 승합자동차, 화물자동차, 특수자동차, 이륜자동차(125CC 초과), 건설기계(덤프트럭, 아스팔트살포기, 노상안정기, 콘크리트믹서트럭, 콘크리트펌프, 트럭적재식천공기)등

② **자동차가 아닌 것** : 원동기장치자전거(125CC 이하 이륜자동차), 유모차, 보행보조용 의자차, 지하철 열차, 농업용 콤바인, 경운기 등

(3) 원동기장치자전거

자동차관리법의 규정에 의한 이륜자동차 등 배기량 125CC 이하의 이륜자동차와 배기량 50CC 미만의 원동기를 단 차(전기를 동력으로 발생하는 구조인 경우에는 정격출력이 0.59kw 미만인 것)

① 원동기 장치자전거는 자동차관리법상 이륜자동차에 해당되지만 도로교통법상에서는 자동차에 해당되지 않는다.

② 50CC 미만의 원동기장치자전거 중 최고속도가 25km/h 이상인 원동기장치자전거는 자동차관리법령에 따라 사용신고의무가 있으며, 자동차번호판을 부착하여야 한다.

2 신호기 및 안전표지

1. 신호기가 표시하는 신호의 종류와 의미

(1) 차량 신호등

① 녹색의 등화

ㄱ. 차마는 직진 또는 우회전할 수 있다.

ㄴ. 비보호좌회전표지 또는 비보호좌회전표시가 있는 곳에서는 좌회전할 수 있다.

② **녹색화살표의 등화** : 차마는 화살표 방향으로 진행할 수 있다.

③ **황색의 등화**

　㉠ 차마는 정지선이 있거나 횡단보도가 있을 때에는 그 직전이나 교차로의 직전에 정지하여야 하며, 이미 교차로에 진입하고 있는 경우에는 신속히 교차로 밖으로 진행하여야 한다.

　㉡ 차마는 우회전을 할 수 있고 우회전하는 경우에는 보행자의 횡단을 방해하지 못한다.

④ **황색등화의 점멸**

　차마는 다른 교통 또는 안전표지의 표시에 주의하면서 진행할 수 있다.

⑤ **적색의 등화**

　차마는 정지선, 횡단보도 및 교차로의 직전에서 정지하여야 한다. 다만 신호에 따라 진행하는 다른 차마의 교통을 방해하지 아니하고 우회전할 수 있다.

⑥ **적색등화의 점멸**

　차마는 정지선이나 횡단보도가 있는 때에는 그 직전이나 교차로의 직전에 일시정지한 후 다른 교통에 주의하면서 진행할 수 있다.

⑦ **녹색화살표의 등화(하향)**

　차마는 화살표로 지정한 차로로 진행할 수 있다.

⑧ **적색 × 표시의 등화**

　차마는 ×표가 있는 차로로 진행할 수 없다.

⑨ **적색 × 표시 등화의 점멸**

　차마는 ×표가 있는 차로로 진입할 수 없고, 이미 차로의 일부라도 진입한 경우에는 신속히 그 차로 밖으로 진로를 변경하여야 한다.

(2) 보행 신호등

① **녹색의 등화**

　보행자는 횡단보도를 횡단할 수 있다.

② **녹색등화의 점멸**

　보행자는 횡단을 시작하여서는 아니 되고, 횡단하고 있는 보행자는 신속하게 횡단을 완료하거나, 그 횡단을 중지하고 보도로 되돌아와야 한다.

③ **적색의 등화**

　보행자는 횡단보도를 횡단하여서는 안된다.

2. 교통안전표지

(1) 안전표지의 정의와 설치 목적

① **정의** : 주의·규제·지시 등을 표시하는 표지판이나 도로의 바닥에 표시하는 문자·기호·선 등의 노면표시를 말한다.

② **설치목적** : 도로에서의 위험을 방지하고 교통의 안전과 원활한 소통을 확보하기 위하여 설치한다.

(2) 교통안전표지의 종류

① **주의표지**

　도로상태가 위험하거나 도로 또는 그 부근에 위험물이 있는 경우에 필요한 안전조치를 할 수 있도록 이를 도로사용자에게 알리는 표지를 말한다.

② **규제표지**

　도로교통의 안전을 위하여 각종 제한·금지 등의 규제를 하는 경우에 이를 도로사용자에게 알리는 표지를 말한다.

③ **지시표지**

　도로의 통행방법·통행구분 등 도로교통의 안전을 위하여 필요한 지시를 하는 경우에 도로사용자가 이를 따르도록 알리는 표지를 말한다.

④ **보조표지**

　주의표지·규제표지 또는 지시표지의 주기능을 보충하여 도로사용자에게 알리는 표지를 말한다.

⑤ **노면 표시**

　㉠ 도로교통의 안전을 위하여 각종 주의·규제·지시 등의 내용을 노면에 기호·문자 또는 선으로 도로사용자에게 알리는 표시를 말한다.

　㉡ 점선은 허용, 실선은 제한, 복선은 의미의 강조를 표시한다.

　㉢ 백색은 동일방향의 교통류 분리 및 경계 표시, 황색은 반대방향의 교통류 분리 또는 도로이용의 제한 및 지시(중앙선표시, 노상장애물 중 도로중앙장애물 표시, 주차금지표시, 정차·주차금지 표시 및 안전지대표시), 청색은 지정방향의 교통류 분리 표시(버스전용차로표시 및 다인승차량전용 차선표시), 적색은 어린이보호구역 또는 주거지역 안에 설치하는 속도제한표시의 테두리선에 사용한다.

3 차마의 통행

1. 차로에 따른 통행차의 기준

(1) 고속도로 외의 도로

차로	구분	통행할 수 있는 차종
편도 4차로	1차로	승용자동차, 중·소형승합자동차
	2차로	
	3차로	대형승합자동차, 적재량이 1.5톤 이하인 화물자동차
	4차로	적재중량이 1.5톤을 초과하는 화물자동차, 특수자동차, 건설기계, 이륜자동차, 원동기장치자전거, 자전거 및 우마차
편도 3차로	1차로	승용자동차, 중·소형승합자동차
	2차로	대형승합자동차, 적재중량이 1.5톤 이하인 화물자동차
	3차로	적재중량이 1.5톤을 초과하는 화물자동차, 특수자동차, 건설기계, 이륜자동차, 원동기장치자전거, 자전거 및 우마차
편도 2차로	1차로	승용자동차, 중·소형승합자동차
	2차로	대형승합자동차, 화물자동차, 특수자동차, 건설기계, 이륜자동차, 원동기장치자전거, 자전거 및 우마차

※ 모든 차는 위 지정된 차로의 오른쪽 차로로 통행할 수 있다.

(2) 고속도로

차로	구분	통행할 수 있는 차종
편도 4차로	1차로	2차로가 주행차로인 자동차의 앞지르기 차로
	2차로	승용자동차, 중·소형승합자동차의 주행차로
	3차로	대형승합자동차 및 적재중량이 1.5톤 이하인 화물자동차의 주행차로
	4차로	적재중량이 1.5톤을 초과하는 화물자동차, 특수자동차 및 건설기계의 주행 차로
편도 3차로	1차로	2차로가 주행차로인 자동차의 앞지르기 차로
	2차로	승용자동차, 승합자동차의 주행차로
	3차로	화물자동차, 특수자동차 및 건설기계의 주행차로
편도 2차로	1차로	앞지르기 차로
	2차로	모든 자동차의 주행차로

1. 모든 자동차는 위의 지정된 차로의 오른쪽 차로로 통행할 수 있다.
2. 앞지르기할 때에는 주행차로의 바로 옆 왼쪽 차로로 통행할 수 있다.
3. 이 표에서 열거한 것 외의 차마와 위험물 등을 운반하는 자동차는 도로의 오른쪽 가장자리 차로로 통행하여야 한다.

※ 전용차로가 설치된 고속도로에서 차로의 수는 전용차로를 제외한 차로의 수로 한다.

2. 차로에 따른 통행차의 기준에 의한 통행방법

(1) 도로의 중앙이나 좌측부분을 통행할 수 있는 경우

① 도로가 일방통행인 경우

② 도로의 파손, 도로공사 그 밖의 장애 등으로 그 도로의 우측부분을 통행할 수 없는 경우

③ 도로의 우측부분의 폭이 6미터가 되지 아니하는 도로에서 다른 차를 앞지르고자 하는 경우(도로의 좌측부분을 확인할 수 있으며 반대방향의 교통을 방해할 염려가 없고 안전표지 등으로 앞지르기가 금지 또는 제한되지 아니한 경우)

④ 도로의 우측부분의 폭이 차마의 통행에 충분하지 아니한 경우

⑤ 가파른 비탈길의 구부러진 곳에서 교통의 위험을 방지하기 위하여 지방경찰청장이 필요하다고 인정하여 구간 및 통행방법을 지정하고 있는 경우에 그 지정에 따라 통행하는 경우

(2) 운행상의 안전기준

① 화물자동차의 적재중량 : 구조 및 성능에 따르는 적재중량의 11할 이내

② 화물자동차의 적재용량은 다음 각 항목의 기준을 넘지 아니할 것

ㄱ 길이는 자동차 길이에 그 길이의 10분의 1의 길이를 더한 길이

ㄴ 너비는 자동차의 후사경으로 후방을 확인할 수 있는 범위의 너비

ㄷ 높이는 지상으로부터 4미터(도로구조의 보전과 통행의 안전에 지장이 없다고 인정하여 고시한 도로노선의 경우 4.2미터, 소형 3륜자동차에 있어서는 지상으로부터 2.3미터, 이륜자동차에 있어서는 지상으로부터 2미터)의 높이

> **해설**
> 안전기준을 넘는 화물의 적재허가를 받은 사람은 그 길이 또는 폭의 양 끝에 너비 30센티미터, 길이 50센티미터 이상의 빨간 헝겊으로 된 표지를 달아야 한다(밤에 운행하는 경우에는 반사체로 된 표지).

4 자동차 속도

가변형 속도제한표지로 최고속도를 정한 경우에는 이에 따라야 하며, 가변형 속도제한표지로 정한 최고속도와 그 밖의 안전표지로 정한 최고속도가 다를 때에는 가변형 속도제한표지에 따라야 한다.

(1) 일반도로에서의 속도

편도 2차로 이상 도로	매시 80km 이내	최저속도 규제 없음
편도 1차로 도로	매시 60km 이내	최저속도 규제 없음

> **해설**
> 일반도로에서는 편도 2차로 이상이면 최고속도는 다 같이 매시 80km이다.

(2) 고속도에서의 속도

편도 2차로 이상 고속도로	승용자동차, 승합자동차 화물자동차(적재중량 1.5톤 이하)	최고 매시 100km/h 최저 매시 50km/h
	화물자동차(적재중량 1.5톤 추과) 위험물 운반차 및 건설기계, 특수차	최고 매시 80km/h 최저 매시 50km/h

중부(제2중부포함) 서해안 논산 천안간 고속도로 (경찰청 고시로 지정된 노선과 구간)	승용자동차, 승합자동차 화물자동차(적재중량 1.5톤 이하)	최고 매시 110km/h 최저 매시 50km/h
	화물자동차(적재중량 1.5톤 추과) 위험물 운반차 및 건설기계, 특수차	최고 매시 90km/h 최저 매시 50km/h
편도 1차로 고속도로	모든 자동차	최고 매시 80km/h 최저 매시 50km/h

(3) 자동차 전용도로에서의 속도(차로의 수는 많고 적음에 관계없음)

최고속도 : 매시 90km/h	최저속도 : 매시 30km/h

(4) 이상기후 시 감속운행 속도(비, 바람, 안개, 눈 등)

도로의 상태	감속운행속도
1. 비가 내려 노면이 젖어 있는 경우 2. 눈이 20mm 미만 쌓인 경우	최고속도의 100/20을 줄인 속도
1. 폭우, 폭설, 안개등으로 가시거리가 100m 이내인 경우 2. 노면이 얼어붙은 경우(살짝 얼은 경우 포함) 3. 눈이 20mm 이상이 쌓인 경우	최고속도의 100/50을 줄인 속도

> **해설**
> **편도 1차로 일반도로에 눈·비가 오고 있을 때 감속속도**
> 편도 1차로 일반도로의 법정운행속도가 60km/h이고, 눈·비가 내릴 때에는 법정속도의 100분의 20을 감속 운행하여야 하므로
> · $60 \times \dfrac{20}{100} = 12km$, 즉 60km-12km=48km로 운행하여야 한다.

(5) 고장차를 쇠사슬 등으로 견인하는 때의 속도(고속도로 제외)

견인의 상태	속도(시속)
총중량 2,000kg에 미달하는 자동차를 그의 3배 이상의 총중량 자동차로 견인하는 경우	30km/h이내
위 규정 외 견인하는 경우	25km/h이내

> **해설**
> 1. 대형차가 대형차, 승용차가 승용차 등의 견인 시는 25km/h이내
> 2. 2륜차가 2륜차를 견인하지 못함
> 3. 고속도로에서는 레커(견인차) 차가 아니면 견인할 수 없음

5 서행 및 일시정지 등

(1) 서행

차가 즉시 정지할 수 있는 느린 속도로 진행하는 것을 의미한다(보통 10km 이하의 속도로 1m 이내 즉시 정차 가능한 속도).

> **해설**
> **서행할 곳(위험을 예상한 상황적 대비)**
> ① 교통정리를 하고 있지 아니한 교차로
> ② 도로가 구부러진 부근
> ③ 비탈길 고갯마루 부근
> ④ 가파른 비탈길의 내리막

(2) 일단정지

반드시 차가 일시적으로 그 바퀴를 완전히 멈춰야 하는 행위(운행순간정지)

> **해설**
> **이행해야 할 장소** : 차마의 운전자는 길가의 건물이나 주차장 등에서 도로에 들어가려고 하는 때에는 일단정지를 한다.

(3) 일시정지

차가 반드시 멈춰야 하되 얼마간의 시간동안 정지 상태를 유지해야 하는 교통상황을 의미(정지상황의 일시적 전개)

> **해설**
> **일시정지를 이행해야 할 장소**
> ① 보도를 횡단하기 직전(보도와 차도가 구분된 도로에서 도로 외의 곳을 출입 시)
> ② 철길건널목 통과시 철길건널목 앞에서
> ③ 보행자(자전거 끌고 통행한 자도 포함)가 횡단보도 통행시 횡단보도 앞 정지선에서(보행자의 횡단방해 또는 위험을 주지 않도록 함)
> ④ 교통정리가 행하여지고 있지 아니하고 좌우를 확인할 수 없거나 교통이 빈번한 교차로 직전
> ⑤ 맹인이 도로 통행 또는 맹도견을 동반하고 도로를 횡단하는 때
> ⑥ 지체장애인, 노인이 도로(지하도, 육교 등 이용이 불가한 때)를 횡단할 때
> ⑦ 적색등화가 점멸하는 곳이나 그 직전
> ⑧ 교차로 또는 그 부근에서 긴급자동차가 접근할 때
> ⑨ 어린이가 보호자 없이 도로를 횡단하는 때, 도로에 앉아있거나, 서 있거나, 놀이를 하고 있을 때, 어린이에 대한 교통사고 위험이 있는 것을 발견 시
> ⑩ 보도와 차도가 구분된 도로에서의 도로 외의 곳을 출입하는 때는 보도 횡단 직전

(4) 정지

자동차가 완전히 멈추는 상태 (0km/h인 상태로서 완전 정시 상태(황색등화시 : 정지선이 있거나 횡단보도가 있을 때는 그 직전, 적색등화시 : 정지선, 횡단보도 및 교차로의 직전 정지)

6 교차로 통행방법, 통행의 우선순위

1. 노폭이 대등한 신호등 없는 교차로의 통행우선순위

(1) 동시 진입차 간의 통행우선순위

① 우측도로에서 진입하는 차
② 직진차가 좌회전차보다 우선(직진 : 좌회전)
③ 우회전차가 좌회전차보다 우선(우회전 : 좌회전)

(2) 통행우선권에 따른 안전운행

① 선 진입차에게 통행우선권(단, 최우선통행권을 갖는 긴급자동차를 제외한 경우)
② 동시 진입 시 통행우선권의 순서
  ㉠ 통행 우선순위의 차(긴급자동차, 지정을 받은 차) 우선
  ㉡ 넓은 도로에서 진입하는 차가 좁은 도로에서 진입하는 차보다 우선
  ㉢ 우측도로에서 진입하는 차가 좌측도로에서 진입하는 차보다 우선
  ㉣ 직진차가 좌회전 차보다, 우회전 차가 좌회전 차보다 우선

2. 통행의 우선순위

(1) 차마 서로간의 통행우선순위

① 긴급자동차(최우선 통행권)
② 긴급자동차 외의 자동차(최고속도 순서)
③ 원동기장치자전거
④ 자동차 및 원동기장치자전거 외의 차마

(2) 긴급자동차의 특례

① 긴급하고 부득이한 경우에는 도로의 중앙이나 좌측부분을 통행할 수 있다.
② 긴급하고 부득이한 경우에는 정지 하여야 할 곳에서 정지하지 않을 수 있다.
③ 자동차 등의 속도(법정 운행속도 및 제한속도), 앞지르기 금지의 시기 및 장소 끼어들기의 금지에 관한 규정을 적용하지 아니한다.

> **해설**
> 긴급자동차 본래의 사용 용도로 사용되고 있는 경우에 특례가 인정, 앞지르기 방법 등에 관한 규정은 인용하지 않음에 주의

7 운전면허

1. 운전할 수 있는 차의 종류

운전면허		감속운행속도
종별	구분	
제1종	대형면허	• 승용자동차, 승합자동차, 화물자동차, 긴급자동차 • 건설기계 - 덤프트럭, 아스팔트살포기, 노상안정기 - 콘크리트 믹서트럭, 콘크리트 펌프, 천공기(트럭 적재식) - 콘크리트믹서트레일러, 아스팔트콘크리트재생기 - 도로보수트럭, 3톤 미만의 지게차 • 특수자동차(트레일러 및 레커 제외) • 원동기장치자전거
제1종	보통면허	• 승용자동차 • 승차인원 15인 이하의 승합자동차 • 승차인원 12인 이하의 긴급자동차(승용 및 승합자동차에 한한다) • 적재중량 12톤 미만의 화물자동차 • 건설기계(도로를 운행하는 3톤 미만의 지게차에 한함) • 총중량 10톤 미만의 특수자동차(트레일러 및 레커 제외) • 원동기장치자전거
제1종	소형면허	• 3륜 화물자동차, 3륜 승용자동차, 원동기장치자전거
제1종	특수면허	• 트레일러 • 레커 • 제2종 보통면허로 운전할 수 있는 차량
제2종	보통면허	• 승용자동차(승차정원 10인승 이하의 승합자동차를 포함) • 적재중량 4톤 이하의 화물자동차 • 총중량 3.5톤 이하의 특수자동차(트레일러 및 레커 제외) • 원동기장치자전거
제2종	소형면허	• 이륜자동차(총 배기량 125CC 초과, 측차부를 포함) • 원동기장치자전거
제2종	원동기장치자전거면허	• 원동기장치자전거
연습면허	제1종 보통	• 승용자동차 • 승차정원 15인 이하의 승합자동차 • 적재중량 12톤 미만의 화물자동차
연습면허	제2종 보통	• 승용자동차(승차정원 10인 이하의 승합자동차를 포함) • 적재중량 4톤 이하의 화물자동차

2. 운전면허취득 응시기간의제한

제한기간	내용
5년	• 무면허운전금지의 규정에 위반하여 사람을 사상한 후 구호조치 및 사고발생 신고의무를 위반한 경우에는 그 위반한 날로부터 5년 • 음주운전 금지, 과로·질병·약물의 영향과 그 밖의 사유로 정상적으로 운전하지 못할 우려가 있을 때의 운전금지 규정, 공동위험행위금지 규정에 위반하여 구호조치 및 사고발생 신고의무를 위반한 경우에는 운전면허가 취소된 날로부터 5년
4년	• 무면허운전금지, 주취 운전금지, 과로·질병·약물의 영향과 그 밖의 사유로 정상적으로 운전하지 못할 우려가 있는 때의 운전금지, 공동위험행위금지 이외의 사유로 사람을 사상한 후 구호조치 및 사고발생 신고의무를 위반한 경우에는 운전면허가 취소된 날로부터 4년
3년	• 음주운전 금지 규정을 위반하여 운전하다가 2회 이상 교통사고를 일으킨 경우에는 운전면허가 취소된 날부터 3년 • 자동차 등을 이용하여 범죄행위를 하거나 다른 사람의 자동차 등을 훔치거나 빼앗은 사람이 무면허운전금지 규정에 위반하여 그 자동차 등을 운전한 경우에는 그 위반한 날부터 각각 3년
2년	• 무면허운전 금지 규정을 3회 이상 위반하여 자동차 및 원동기장치자전거를 운전한 경우에는 그 위반한 날부터 2년 • 다음의 사유로 취소된 경우에는 운전면허가 취소된 날부터 2년 – 음주운전 금지 규정을 2회 이상 위반하여 운전면허가 취소된 경우 – 경찰공무원의 음주운전 여부 측정을 3회 이상 위반하여 운전면허가 취소된 경우 – 공동 위험행위의 금지를 2회 이상 위반하여 운전면허가 취소된 경우 – 운전면허를 받을 자격이 없는 사람이 운전면허를 받거나, 거짓이나 그 밖의 부정한 수단으로 운전면허를 받은 경우 또는 운전면허효력의 정지 기간 중 운전면허증 또는 운전면허증을 갈음하는 증명서를 발급받은 사실이 드러난 경우 – 다른 사람의 자동차 등을 훔치거나 빼앗은 경우 – 다른 사람이 부정하게 운전면허를 받도록 하기 위하여 운전면허시험에 대신 응시한 경우
1년	• 앞서 기술한 5년~2년의 경우 외의 사유로 운전면허가 취소된 경우에는 취소된 날부터 1년(원동기장치자전거면허를 받고자 하는 경우에는 6개월). ※ 예외 : 적성검사를 받지 아니하거나 운전면허증을 갱신하지 아니하여 운전면허가 취소된 사람 또는 제1종 운전면허를 받은 사람이 적성검사에 불합격되어 다시 제2종 운전면허를 받고자 하는 사람의 경우에는 그러하지 아니하다.
기타	• 운전면허의 효력의 정지처분을 받고 있는 경우에는 그 정지처분기간

3. 운전면허 행정처분기준

(1) 인적피해 교통사고 결과에 다른 벌점기준

구분	벌점	내용
사망 1명마다	90	사고 발생 시로부터 72시간 내에 사망한 때
중상 1명마다	15	3주 이상의 치료를 요하는 의사의 진단이 있는 사고
경상 1명마다	5	3주 미만 5일 이상의 치료를 요하는 의사의 진단이 있는 사고
부상신고 1명마다	2	5일 미만의 치료를 요하는 의사의 진단이 있는 사고
비고		• 교통사고 발생 원인이 불가항력이거나 피해자의 명백한 과실인 때에는 행적처분을 하지 아니함 • 자동차 등 대 사람 교통사고의 경우 쌍방과실인 때에는 그 벌점을 2분의 1로 감경 • 자동차 등 대 자동차 등 교통사고의 경우에는 그 사고원인 중 중한 위반행위를 한 운전자만 적용 • 교통사고로 인한 벌점산정에 있어서 처분 받을 운전자 본인의 피해에 대하여는 벌점을 산정하지 아니함

(2) 교통사고 야기 시 조치 등 불이행에 따른 별점기준

벌점	내용
15	1. 물적 피해 교통사고를 야기한 후 도주한 때
30	2. 교통사고를 일으킨 즉시(그때, 그 자리에서, 곧) 사상자를 구호하는 등 조치를 하지 아니하였으나 그 후 자진신고를 한 때 가. 고속도로, 특별시·광역시 및 시의 관할구역과 군(광역시의 군을 제외)의 관할구역 중 경찰관서가 위치하는 리 또는 동지역에서 3시간(그 밖의 지역에서는 12시간) 이내에 자진신고를 한 때
60	나. 가목의 규정에 의한 시간 후 48시간 이내에 자진신고를 한 때

(3) 교통법규 위반 시 벌점

벌점	범칙행위
100	• 술에 취한 상태의 기준을 넘어서 운전한 때(혈중 알코올 농도 0.03% 이상 0.08% 미만)
60	• 속도위반(60km/h 초과)
40	• 정차·주차위반에 대한 조치위반(단체에 소속되거나 다수인에 포함되어 경찰 공무원의 3회 이상의 이동명령에 따르지 아니하고 교통을 방해한 경우) • 안전운전의무위반(단체에 소속되거나 다수인에 포함되어 경찰공무원의 3회 이상의 안전운전 지시 따르지 아니하고 타인에게 위험과 장해를 주는 속도나 방법으로 운전한 경우) • 승객의 차내 소란행위 방치 운전 • 출석기간 또는 범칙금 납부기간 만료일부터 60일이 경과될 때까지 즉결심판을 받지 아니한 때
30	• 통행구분 위반(중앙선침범) • 속도위반(40km/h초과 60km/h 이하) • 철길건널목 통과방법위반 • 고속도로·자동차전용도로 갓길통행 • 고속도로 버스전용차로·다인승전용차로 통행위반 • 운전면허증 제시의무 위반 또는 운전자 신원확인을 위한 경찰공무원의 질문에 불응
15	• 신호·지시위반 • 속도위반(20km/h초과 40km/h이하) • 앞지르기 금지시기 및 장소위반 • 운전 중 휴대용 전화 사용 • 운행기록계 미설치 자동차 운전금지 등의 위반 • 어린이통학버스운전자의 의무위반 • 속도위반(어린이보호구역 안에서 오전 8시부터 오후 8시까지 사이에 제한속도 20km/h 이내에서 초과한 경우) • 운전 중 운전자가 볼 수 있는 위치에 영상 표시 • 운전 중 영상표시장치 조작
10	• 통행구분위반(보도침범, 보도 횡단방법 위반) • 지정 차로 통행위반(진로변경 금지장소에서의 진로변경 포함) • 일반도로 버스 전용차로 통행위반 • 안전거리 미확보(진로변경 방법위반 포함) • 앞지르기 방법위반 • 승객 또는 승·하차자 추락방지조치위반 • 안전운전 의무 위반 • 노상시비·다툼 등으로 차마의 통행 방해 행위 • 어린이 통학버스 특별보호 위반 • 보행자 보호 불이행(정지선위반 포함)

(4) 범칙행위 및 범칙금액

차종별 범칙금액(만원)		범칙행위
4톤 초과 화물자동차	4톤 이하 화물자동차	
13	12	• 속도위반(60km/h 초과)
10	9	• 속도위반(40km/h초과 60km/h 이하)
7	6	• 신호·지시위반 • 속도위반(20km/h초과 40km/h 이하) • 중앙선침범·통행구분위반 • 횡단·유턴·후진 위반 • 앞지르기 방법위반 • 앞지르기 금지시기·장소위반 • 철길건널목 통과방법위반 • 횡단보도 보행자 횡단방해(신호 또는 지시에 따라 횡단하는 보행자 통행방해 포함) • 보행자전용도로 통행위반(보행자전용도로 통행방법 위반 포함) • 어린이·맹인 등의 보호위반 • 운전 중 휴대용 전화사용 • 운행기록계미설치 자동차 운전금지 등의 위반 • 고속도로·자동차전용도로 갓길통행 • 고속도로버스정용차로·다인승전용차로 통행위반 • 운전 중 운전자가 볼 수 있는 위치에 영상 표시 • 운전 중 영상표시장치 조작
5	4	• 통행금지·제한위반 • 일반도로 전용차로 통행 위반 • 고속도로·자동차전용도로 안전거리 미확보 • 앞지르기의 방해금지 위반 • 교차로 통행방법위반 • 교차로에서의 양보운전위반 • 보행자 통행방해 또는 보호 불이행 • 긴급자동차에 대한 피양·일시정지위반 • 정차·주차금지 위반 • 주차금지 위반 • 정차·주차방법 위반 • 정차·주차위반에 대한 조치 불응 • 적재제한 위반·적재물 추락방지위반 또는 유아나 동물을 안고 운전하는 행위 • 안전운전의무위반(난폭운전 포함) • 노상시비·다툼 등으로 차마의 통행방해행위 • 급발진·급가속·엔진 공회전 또는 반복적·연속적인 경음기 울림으로 소음발생행위 • 적재함 승객탑승운행행위 • 어린이통학버스 특별보호위반 • 고속도로 지정차로 통행위반 • 고속도로·자동차전용도로 횡단·유턴·후진위반 • 고속도로·자동차전용도로 정차·주차금지위반 • 고속도로 진입위반 • 고속도로·자동차전용도로 고장 등의 경우 조치 불이행
3	3	• 혼잡완화 조치위반 • 지정차로 통행위반·차로너비보다 넓은 차 통행금지 위반(진로변경금지 장소에서의 진로변경을 포함) • 속도위반(20km/h이하) • 진로변경 방법 위반 • 급제동 금지 위반 • 끼어들기 금지 위반 • 일시정지 위반 • 방향전환·진로변경 시 신호불이행 • 서행의무 위반 • 운전석 이탈 시 안전확보불이행 • 승차자 등의 안전을 위한 조치 위반 • 지방경찰청 고시 위반 • 좌석 안전띠 미착용

차종별 범칙금액(만원)		범칙행위
4톤 초과 화물자동차	4톤 이하 화물자동차	
2	2	• 최저속도 위반 • 일반도로 안전거리 미확보 • 등화점등·조작 불이행(안개·강우 또는 강설 때는 제외) • 불법 부착장치자 운전(교통단속용장비의 기능을 방해하는 장치를 한 차의 운전을 제외)
5	5	• 돌·유리병·쇳조각이나 그밖에 도로에 있는 사람이나 차를 손상시킬 우려가 있는 물건을 던지거나 발사하는 행위 • 도로를 통행하고 있는 차마에서 밖으로 물건을 던지는 행위
6	6	• 특별교통안전교육의 이수 가. 과거 5년 이내에 음주운전 금지규정을 1회 이상 위반하였던 사람으로서 다시 음주운전 금지규정을 위반하여 운전면허효력 정지처분을 받게 되거나 받은 사람이 그 처분이 만료되기 전에 특별 교통안전교육을 받지 아니한 경우
4	4	나. 가목외의 경우
3	3	경찰관의 실효된 면허증 회수에 대한 거부 또는 방해

(5) 어린이보호구역 및 노인·장애인보호구역에서의 범칙행위 및 범칙금

차종별 범칙금액(만원)		범칙행위
4톤 초과 화물자동차	4톤 이하 화물자동차	
13	12	• 신호·지시위반 • 횡단보도 보행자 횡단방해
16 13 10 6	15 12 9 6	• 속도위반 – 60km/h초과 – 40km/h초과 60km/h이하 – 20km/h초과 60km/h이하 – 20km/h이하
9	8	• 통행금지·제한위반 • 보행자 통행방해 또는 보호 불이행 • 정차·주차금지위반 • 주차금지위반 • 정차·주차방법위반 • 정차·주차위반에 대한 조치 불응

1 처벌의 특례

1. 특례의 적용 및 배제

(1) 특례의 적용

① 차의 운전자가 교통사고로 인하여 업무상과실, 중과실치사상의 죄를 범한 때에는 5년 이하의 금고 또는 2천만 원 이하의 벌금에 처한다.

② 차의 교통으로 제①항의 죄 중 업무상과실 치상죄 또는 중과실치상죄와 도로교통법 제 151조의 죄를 범한 운전자에 대하여는 피해자의 명시한 의사에 반하여 공소를 제기할 수 없다.

> **해설**
>
> **형법 제 268조(업무상과실·중과실 치사상)** : 업무상 과실 또는 중대한 과실로 인하여 사람을 사상에 이르게 한 자는 5년 이하의 금고 또는 2천만원이하의 벌금에 처한다.
>
> **도로교통법 제 151조(벌칙)** : 차의 운전자가 업무상 필요한 주의를 게을리 하거나 중대한 과실로 다른 사람의 건조물이나 그 밖의 재물을 손괴한 때에는 2년 이하의 금고나 500만 원 이하의 벌금에 처한다.

(2) 특례의 배제

차의 운전자가 형법 제 268조의 죄 중 업무상 과실 치상죄 또는 중과실치상죄를 범하고 피해자를 구호하는 등의 조치를 하지 아니하고 도주하거나 피해자를 사고 장소로부터 옮겨 유기하고 도주한 경우와 다음에 해당하는 행위로 인하여 동 죄를 범한 때에는 특례의 적용을 배제한다.

① 신호·지시(통행금지 또는 일시정지, 안전표지)위반사고

② 중앙선침범, 고속도로나 자동차전용도로에서의 횡단, 유턴, 후진위반 사고

③ 속도위반(20km/h 초과) 과속사고

④ 앞지르기의 방법, 금지시기, 금지장소 또는 끼어들기 금지 위반 사고

⑤ 철길건널목 통과방법 위반사고

⑥ 보행자보호의무 위반사고

⑦ 무면허운전사고

⑧ 주취운전, 약물복용운전 사고

⑨ 보도침범, 보도횡단방법 위반사고

⑩ 승객추락방지의무 위반사고

⑪ 어린이보호구역 내 안전운전의무 위반으로 어린이의 신체를 상해에 이르게 한 사고

2. 처벌의 가중

(1) 사망사고

① 교통안전법 시행령에 규정된 교통사고에 의한 사망은 교통사고가 주된 원이 되어 교통사고 발생 시부터 30일 이내에 사람이 사망한 사고를 말한다.

② 사망사고는 그 피해의 중대성과 심각성으로 말미암아 사고차량이 보험이나 공제에 가입되어 있더라도 이를 반의사불벌죄에 예외로 규정하여 형법 제268조에 따라 처벌한다.

③ 도로교통법령상 교통사고 발생 후 72시간 내 사망하면 벌점 90점이 부과된다.

(2) 도주차량운전자의 가중 처벌

① 사고운전자가 피해자를 구호하는 등의 조치를 취하지 아니하고 도주한 때

  ㉠ 피해자를 사망에 이르게 하고 도주하거나, 도주 후에 피해자가 사망한 때 : 무기 또는 5년 이상의 징역

  ㉡ 피해자를 상해에 이르게 한 때 : 1년 이상의 유기징역 또는 500만 원 이상 3천만 원 이하의 벌금

② 사고운전자가 피해자를 사고 장소로부터 옮겨 유기하고 도주한 때

  ㉠ 피해자를 사망에 이르게 하고 도주하거나 도주 후에 피해자가 사망한 때 사형·무기 또는 5년 이상의 징역

  ㉡ 피해자를 상해에 이르게 한 때 : 3년 이상의 유기징역

(3) 도주사고가 적용되는 사례

① 사상 사실을 인식하고도 가버린 경우

② 피해자를 방치한 채 사고현장을 이탈 도주한 경우

③ 사고현장에 있었어도 사고사실을 은폐하기 위해 거짓진술·신고한 경우

④ 부상피해자에 대한 적극적인 구호조치 없이 가버린 경우

⑤ 피해자가 이미 사망했다고 하더라도 사체 안치 후송 등 조치없이 가버린 경우

⑥ 피해자를 병원까지만 후송하고 계속치료 받을 수 있는 조치없이 도주한 경우

⑦ 운전자를 바꿔치기 하여 신고한 경우

(4) 도주사고가 적용되지 않는 경우

① 피해자가 부상 사실이 없거나 극히 경미하여 구호조치가 필요치 않는 경우

② 가해자 및 피해자 일행 또는 경찰관이 환자를 후송 조치하는 것을 보고 연락처를 주고 가버린 경우

③ 교통사고 가해운전자가 심한 부상을 입어 타인에게 의뢰하여 피해자를 후송 조치한 경우

④ 교통사고 장소가 혼잡하여 도저히 정지할 수 없어 일부 진행한 후 정지하고 되돌아와 조치한 경우

⑤ 피해자에게 가해자의 연락처를 건네주고 헤어진 경우

2 중대 법규위반 교통사고의 개요

1. 신호 및 지시위반 사고

(1) 신호 및 지시위반의 정의

① 신호기 또는 교통정리를 하는 경찰 공무원들의 신호

② 통행의 금지 또는 일시정지를 내용으로 하는 안전문자가 표시하는 지시에 위반하여 운전한 경우를 말한다.

(2) 신호위반의 종류

- ㉠ 사전출발 신호위반
- ㉡ 주의(황색)신호에 무리한 진입
- ㉢ 신호 무시하고 진행한 경우

(3) 신호, 지시 위반사고의 성립요건

항목	내용	예외사항
장소적 요건	• 신호기가 설치되어 있는 교차로나 횡단보도 • 경찰관 등의 수신호 • 지시표지판(규제표지 중 통행금지·진입금지·일시정지표지)이 설치된 구역 내	• 진행방향에 신호기가 설치되지 않은 경우 • 신호기의 고장이나 황색, 적색 점멸 신호등의 경우 • 기타 지시표지판(규제표지 중 통행금지·진입금지·일시정지표지 제외)이 설치된 구역
피해자적 요건	• 신호·지시위반 차량에 충돌되어 인적피해를 입는 경우	• 대물피해만 입는 경우는 공소권 없음 처리
운전자의 과실	• 고의적 과실 • 의도적 과실 • 부주의에 의한 과실	• 불가항력적 과실 • 만부득이한 과실 • 교통상 적절한 행위는 예외
시설물의 설치요건	• 도로교통법에 의거 특별시장·광역시장 또는 시장·군수가 설치한 신호기나 안전표지	• 아파트 단지 등 특정구역 내부의 소통과 안전을 목적으로 자체적으로 설치된 경우는 예외

2. 중앙선 침범, 횡단·유턴 또는 후진 위반사고

(1) 중앙선의 정의

차마의 통행을 방향별로 명확히 구분하기 위하여 황색실선이나 황색점선 등의 안전표지로 설치한 선 또는 중앙 분리대, 철책, 울타리 등으로 설치한 시설물을 말한다(가변차로 설치의 경우 : 진행방향 제일 왼쪽 황색점선이 중앙선이 된다).

(2) 고의 또는 의도적인 중앙선 침범사고

① 좌측도로나 건물 등으로 가기 위해 회전하며 중앙선을 침범한 경우
② 오던 길로 되돌아가기 위해 유턴하며 중앙선을 침범한 경우
③ 중앙선을 침범하거나 걸친 상태로 계속 진행한 경우
④ 앞지르기 위해 중앙선을 넘어 진행하다 다시 진행 차로로 들어오는 경우
⑤ 후진으로 중앙선을 넘었다가 다시 진행 차로로 들어오는 경우(대형차의 차량 아닌 보행자를 충돌한 경우도 중앙선 침범 적용)
⑥ 황색점선으로 된 중앙선을 넘어 회전 중 발생한 사고 또는 추월 중 발생한 경우

(3) 현저한 부주의로 중앙선 침범 이전에 선행된 중대한 과실 사고

① 커브길 과속운행으로 중앙선 침범한 사고
② 빗길에 과속으로 운행하다가 미끄러지며 중앙선 침범한 사고(단, 제한속력 내 운행 중 미끄러지며 발생한 경우는 중앙선 침범 적용 불가)
③ 기타 현저한 부주의에 의한 중앙선 침범사고(졸음 후 급제동, 차내 잡담 등 부주의, 전방 주시 태만, 역주행 자전거 충돌 사고시 자전거는 중앙선 침범)

(4) 고속도로, 자동차전용도로에서 횡단, U턴 또는 후진 중 사고 발생 시 중앙선침범 적용

① 고속도로, 자동차전용도로에서 횡단, U턴 또는 후진 중 발생한 사고
② 예외사항 : 긴급자동차, 도로보수 유지 작업차, 사고응급조치 작업차

(5) 공소권 없는 사고로 처리되는 사례

① 불가항력적 중앙선 침범

② 만부득이 한 중앙선 침범
- ㉠ 사고 피양 급제동으로 인한 중앙선 침범
- ㉡ 위험회피로 인한 중앙선 침범
- ㉢ 충격에 의한 중앙선 침범
- ㉣ 빙판 등 부득이한 중앙선 침범
- ㉤ 교차로 좌회전 중 일부 중앙선 침범

3. 속도위반(20km/h 초과) 과속사고

(1) 과속의 정의

① **일반적인 의미의 과속** : 도로교통법 상에 규정된 법정속도와 지정속도를 초과한 경우를 말한다.
② **교통사고처리특례법상의 과속** : 도로교통법 상에 규정된 법정속도와 지정속도를 20km/h 초과된 경우를 말한다.

(2) 과속사고(20km/h 초과)의 성립요건

항목	내용	예외사항
장소적 요건	• 도로나 불특정 다수의 사람 또는 차마의 통행을 위하여 공개된 장소로써 안전하고 원활한 교통을 확보할 필요가 있는 장소에서의 사고	• 도로나 불특정 다수의 사람 또는 차마의 통행을 위하여 공개된 장소로써 안전하고 원활한 교통을 확보할 필요가 있는 장소가 아닌 곳에서의 사고
피해자적 요건	• 과속차량(20km/h 초과)에 충돌 되어 인적피해를 입은 경우	• 제한속도 20km/h 이하 과속 차량에 충돌되어 인적피해를 입는 경우 • 제한속도 20km/h 초과 차량에 충돌되어 대물피해만 입는 경우
운전자의 과실	• 제한속도 20km/h 초과하여 과속운행 중 사고를 야기한 경우 -고속도로나 자동차전용도로에서 제한속도 20km/h 초과한 경우 -일반도로 제한속도 60km/h, 4차선 이상도로 80km/h에서 20km/h 초과한 경우 -속도제한표지판 설치구간에서 제한속도 20km/h에서 20km/h 초과한 경우 -비가 내려 노면이 젖어 있거나, 눈이 20mm미만 쌓일 때 최고속도 20/100을 줄인 속도에서 20km/h를 초과한 경우 -폭우, 폭설, 안개 등으로 가시거리가 100m 이내이거나, 노면결빙, 눈이 20mm 이상 쌓일 때 최고속도의 50/100을 줄인 속도에서 20km/h를 초과한 경우 -총중량 2,000kg에 미달 자동차를 3배 이상의 자동차로 견인하는 때 30km/h에서 20km/h를 초과한 경우 -이륜자동차가 견인하는 때 25km/h에서 20km/h를 초과한 경우	• 제한속도 20km/h 이하로 과속하여 운행 중 사고를 야기한 경우 • 제한속도 20km/h 초과하여 운행 중 대물 피해만 입는 경우
시설물의 설치요건	• 도로교통법에 의거 지방경찰청장이 설치한 안전표지 중 -규제표지(최고속도 제한표지) -노면표지(속도제한 표지)	• 동 안전표지 중 규제표지(서행표지),보조표지(안전속도표지), 노면표지(서행표지)의 위반사고에 대하여는 과속사고가 적용되지 않음

4. 앞지르기의 방법·금지시기·금지장소 또는 끼어들기 금지 위반사고

(1) 중앙선 침범, 차로 변경과 앞지르기의 구분

① **중앙선 침범** : 중앙선을 넘어서거나 걸친 행위
② **차로 변경** : 차로를 바꿔 곧바로 진행하는 행위
③ **앞지르기** : 앞차 좌측 차로로 바꿔 진행하여 앞차의 앞으로 나아가는 행위

(2) 앞지르기 방법, 금지위반사고의 성립요건

항목	내용	예외사항
장소적 요건	• 앞지르기 금지장소 – 교차로 – 터널 안 – 다리 위 – 도로의 구부러진 곳, 비탈길의 고개마루 부근 또는 가파른 비탈길의 내리막 등 지방 경찰청장이 안전표지에 의하여 지정한 곳	• 앞지르기 금지장소 외의 지역
피해자적 요건	• 앞지르기 방법·금지 위반차량에 충돌되어 인적피해를 입은 경우	• 앞지르기방법, 금지위반 차량에 충돌되어 대물피해만 입은 경우 • 불가항력적, 만부득이 한 경우 앞지르기 하던 차량에 충돌되어 인적피해를 입은 경우
운전자의 과실	• 앞지르기 금지 위반 행위 – 병진시 앞지르기 – 앞차의 좌회전 시 앞지르기 – 위험방지를 위한 정지·서행시 앞지르기 – 앞지르기 금지장소에서의 앞지르기 – 실선의 중앙선침범 앞지르기 • 앞지르기 방법 위반 행위 – 우측 앞지르기 – 2개차로 사이로 앞지르기	• 불가항력, 만부득이 한 경우 앞지르기 하던 중 사고

5. 철길건널목 통과방법 위반사고

(1) 철길건널목의 종류

① **1종 건널목** : 차단기, 경보기 및 건널목 교통안전표지를 설치하고 차단기를 주·야간 계속 작동시키거나 또는 건널목 관리원이 근무하는 건널목

② **2종 건널목** : 경보기와 건널목 교통안전표지만 설치하는 건널목

③ **3종 건널목** : 건널목 교통안전표지만 설치하는 건널목

(2) 철길건널목 통과방법 위반사고의 성립요건

항목	내용	예외사항
장소적 요건	• 철길건널목(1,2,3종 불문)	• 역구내 철길건널목의 경우
피해자적 요건	• 철길건널목 통과방법 위반사고로 인적피해를 입은 경우	• 철길건널목 통과방법 위반사고로 대물피해만을 입은 경우
운전자의 과실	• 철길건널목 통과방법을 위반한 과실 – 철길건널목직전 일시정지 불이행 – 안전미확인 통행중 사고 – 고장시 승객대피, 차량이동 조치 불이행	• 철길건널목 신호기, 경보기 등의 고장으로 일어난 사고 ※ 신호기 등이 표시하는 신호에 따른 때에는 일시정지하지 아니하고 통과할 수 있다.

6. 보행자 보호의무 위반사고

(1) 횡단보도에서 이륜차(자전거, 오토바이)와 사고발생시 결과조치

형태	결과	조치
• 이륜차를 타고 횡단보도 통행 중 사고	• 이륜차를 제차로 간주	• 안전운전 불이행 적용
• 이륜차를 끌고 횡단보도 보행 중	• 보행자로 간주	• 보행자 보호의무 위반 적용
• 이륜차를 타고 가다 멈추고 한발을 페달에, 한발을 노면에 딛고 서 있던 중 사고	• 보행자로 간주	• 보행자 보호의무 위반 적용

(2) 횡단보도 보행자 보호의무 위반사고의 성립요건

항목	내용	예외사항
장소적 요건	• 횡단보도 내	• 보행자가 정지신호(적색등화)때의 횡단보도
피해자적 요건	• 횡단보도를 건너던 보행자가 자동차에 충돌되어 인적피해를 입은 경우	• 보행자신호가(적색등화) 때 횡단보도 건너던 중 사고 • 횡단보도를 건너는 것이 아니고 드러누워 있거나, 교통정리, 싸우는 중, 택시를 잡던 중 등의 보행의 경우가 아닌 때
운전자의 과실	• 횡단보도를 건너는 보행자를 충돌한 경우 • 횡단보도 전에 정지한 차량을 추돌, 앞차가 밀려나가 보행자를 충돌한 경우 • 보행신호(녹색등화)에 횡단보도 진입, 건너던 중 주의신호(녹색등화의 점멸) 또는 정지신호(적색등화)가 되어 마저 건너고 있는 보행자를 충돌한 경우	• 보행자가 횡단보도를 정지신호(적색등화)에 건너던 중 사고 • 보행자가 횡단보도를 건너던 중 신호가 변경되어 중앙선에 서 있던 중 사고 • 보행자가 주의신호(녹색등화의 점멸)에 뒤늦게 횡단보도에 진입하여 건너던 중 정지신호(적색등화)로 변경된 후 사고
시설물의 설치요건	• 횡단보도로 진입하는 차량에 의해 보행자가 놀라거나 충돌을 회피하기 위해 도망가다가 넘어져서 그 보행자를 다치게 한 경우(비접촉사고) • 법에 의거 지방경찰청장이 설치한 횡단보도	• 아파트 단지나 학교, 군부대 등 특정 구역 내부의 소통과 안전을 목적으로 자체 설치된 경우는 제외

7. 무면허운전 사고

(1) 무면허 운전 사고의 정의

① 운전면허를 받지 아니 하고 운전 중 사고를 낸 경우를 말한다.

② 국제운전면허증을 소지하지 아니하고 운전(운전이 금지된 경우 포함)중 사고를 낸 경우를 말한다

③ 운전면허의 효력이 정지 중에 있거나, 국제운전면허증을 소지한 자가 운전이 금지된 경우에 운전을 하다가 발생한 사고를 말한다.

(2) 무면허운전에 해당되는 경우

① 면허를 취득치 않고 운전하는 경우

② 유효기간이 지난 운전면허증으로 운전하는 경우

③ 면허 취소처분을 받은 자가 운전하는 경우

④ 면허정지 기간 중에 운전하는 경우

⑤ 시험합격 후 면허증 교부 전에 운전하는 경우

⑥ 면허종별 외 차량을 운전하는 경우

⑦ 위험물을 운반하는 화물자동차가 적재중량 3톤을 초과함에도 제1종 보통운전면허로 운전한 경우

⑧ 건설기계(덤프트럭 등)를 제1종 보통면허로 운전한 경우

⑨ 면허 있는 자가 도로에서 무면허 자에게 운전연습을 시키던 중 사고를 야기한 경우

⑩ 군인(군속인 자)이 군면허만 취득소지하고 일반차량을 운전한 경우

⑪ 임시운전면허 유효기간 경과 운전 중 사고를 야기한 경우

⑫ 외국인으로 국제운전면허를 받지 않고 운전하는 경우

⑬ 외국인으로 입국 1년이 지난 국제운전면허증을 소지하고 운전하는 경우

8. 음주운전 사고

(1) 음주(주취)운전에 해당되는 사례

① 불특정 다수인이 이용하는 도로 및 공개되지 않는 통행로에서의 음주운전 행위도 처벌대상이 되며, 구체적인 장소는 다음과 같다.

　㉠ 도로

　㉡ 불특정 다수의 사람 또는 차마의 통행을 위하여 공개된 장소

　㉢ 공개되지 않은 통행로(공장, 관공서, 학교, 사기업 등 정문 안쪽 통행로)와 같이 문, 차단기에 의해 도로와 차단되고 관리되는 장소의 통행로

② 술을 마시고 주차장 또는 주차선 안에서 운전하여도 처벌 대상이 된다.

음주운전에 해당되지 않는 사례
술을 마시고 운전을 하였다 하더라도 도로교통법에서 정한 음주기준(혈중알코올 농도 0.03% 이상에 해당되지 않으면 음주운전이 아니다.)

(2) 주취운전의 음주기준

① 혈중알코올농도 0.03% 이상~0.08% 미만(대인사고) : 면허 취소,
　※대물사고(단순음주) : 100일 정지

② 0.08%이상 : 운전면허 취소, 형사 입건

음주운전에 대한 벌칙
① 혈중알코올농도 : 0.03%~0.08%인 경우=1년 이하의 징역이나 500만 원 이하의 벌금
② 혈중알코올농도 : 0.08%~0.2%인 경우=1년 이상 2년 이하의 징역이나 500 만 원 이상 1000만 원 이하의 벌금
③ 혈중알코올농도 : 0.2% 이상이거나 음주운전 2회 이상 적발된 경우, 음주측 정을 거부할 때=2년 이상 5년 이하의 징역이나 1000만 원 이상 이천만원(2,000만원)이하의 벌금

(3) 음주운전 사고의 성립요건

항목	내용	예외사항
장소적 요건	• 도로나 그밖에 현실적으로 불특정 다수의 사람 또는 차마의 통행을 위하여 공개된 장소로서 안전하고 원활한 교통을 확보할 필요가 있는 장소(교통경찰권이 미치는 장소)	• 현실적으로 불특정 다수의 사람 또는 차마의 통행을 위하여 공개된 장소가 아닌 곳에서의 운전 (특정인만 출입하는 장소로 교통경찰권이 미치지 않는 장소)
피해자적 요건	• 음주운전 자동차에 충돌되어 인적 사고를 입은 경우	• 대물 피해만 입은 경우(보험에 가입되어 있다면 공소권 없음으로 처리)
운전자의 과실	• 음주한 상태로 자동차를 운전하여 일정거리 운행한 때 • 음주 한계 수치가 0.03% 이상일 때 음주 측정에 불응한 경우	• 음주 한계 수치 0.03% 미만일 때 음주 측정에 불응한 경우

9. 보도침범·보도횡단방법위반 사고

(1) 보도침범에 해당하는 경우

① 도로교통법의 규정에 위반하여 보도가 설치된 도로를 차체의 일부분만 이라도 보도에 침범한 경우

② 보도통행방법에 위반하여 운전한 경우

(2) 보도침범사고의 성립요건

항목	내용	예외사항
장소적 요건	• 보·차도가 구분된 도로에서 보도내의 사고 - 보도침범사고 - 통행방법위반	• 보·차도 구분이 없는 도로

10. 승객추락방지의무 위반사고(개문발차 사고)

(1) 정의

모든 차의 운전자는 운전 중 타고 있는 사람 또는 내리는 사람이 떨어지지 아니하도록 문을 정확히 여닫는 등 필요한 조치를 하고 운행함을 말한다.

(2) 개문발차사고의 성립요건

항목	내용	예외사항
장소적 요건	• 승용, 승합, 화물, 건설기계 등 자동차에만 적용	• 이륜차, 자전거 등은 제외
피해자적 요건	• 탑승객이 승하차 중 개문된 상태로 발차하여 승객이 추락함으로서 인적피해를 입은 경우	• 적재되었던 화물이 추락하여 발생한 경우
운전자의 과실	• 차의 문이 열려있는 상태로 발차한 경우	• 차량정차 중 피해자의 과실 사고와 차량 뒤 적재함에서의 추락사고의 경우

(3) 승객추락 방지의무 위반사고 사례

① 운전자가 출발하기 전 그 차의 문을 제대로 닫지 않고 출발함으로써 탑승객이 추락, 부상을 당하였을 경우

② 택시의 경우 승, 하차 시 출입문 개폐는 승객 자신이 하게 되어 있으므로 승객 탑승 후 출입문을 닫기 전에 출발하여 승객이 지면으로 추락한 경우

③ 개문발차로 인한 승객의 낙상사고의 경우

승객 추락 방지의무 위반사고 적용 배제 사례
① 개문 당시 승객의 손이나 발이 끼어 사고가 난 경우
② 택시의 경우 목적지에 도착하여 승객 자신이 출입문을 개폐 도중 사고가 발생한 경우

1 총칙

1. 법의 목적과 화물자동차의 종류

(1) 목적
① 운수사업의 효율적 관리
② 화물의 원활한 운송
③ 공공복리 증진

(2) 화물자동차의 종류 및 세부기준

벌점	종류	세부기준
화물 자동차	경형	배기량이 1000CC 미만으로서 길이 3.6미터, 너비 1.6미터, 높이 2.0미터 이하인 것
	소형	최대적재량이 1톤 이하인 것으로서 총중량이 3.5톤 이하인 것
	중형	최대적재량이 1톤 초과 5톤 미만이거나, 총중량이 3.5톤 초과 10톤 미만인 것
	대형	최대적재량이 5톤 이상이거나, 총중량이 10톤 이상인 것
특수 자동차	경형	배기량이 1000CC 미만으로서 길이 3.6미터, 너비 1.6미터, 높이 2.0미터 이하인 것
	소형	총중량이 3.5톤 이하인 것
	중형	총중량이 3.5톤 초과 10톤 미만인 것
	대형	총중량이 10톤 이상인 것

2. 화물자동차운수사업 및 운송사업

(1) 운수사업
① **화물자동차운송사업** : 다른 사람의 요구에 응하여 화물자동차를 사용하여 화물을 유상으로 운송하는 사업을 말한다.
② **화물자동차운송주선사업** : 다른 사람의 요구에 응하여 유상으로 화물운송 계약을 중개·대리하거나 화물자동차운송사업을 경영하는 자의 화물 운송 수단을 이용하여 자기의 명의와 재산으로 화물을 운송하는 사업을 말한다.
③ **화물자동차운송가맹사업** : 다른 사람의 요구에 응하여 자기의 화물자동차를 사용하여 유상으로 화물을 운송하거나 소속 화물자동차운송가맹점에 의뢰하여 화물을 운송하게 하는 사업을 말한다.

(2) 운송사업
① **일반화물자동차운송사업** : 일정 대수 이상의 화물자동차를 사용하여 화물을 운송하는 사업을 말한다.
② **개별화물자동차운송사업** : 화물자동차 1대를 사용하여 화물을 운송하는 사업을 말한다.
③ **용달화물자동차운송사업** : 소형의 화물자동차를 사용하여 화물을 운송하는 사업을 말한다.

> **해설**
> **운수종사자의 정의**
> 화물자동차의 운전자, 화물의 운송 또는 운송주선에 관한 사무를 취급하는 사무원 및 이를 보조하는 보조원, 기타 화물자동차 운수사업에 종사하는 자를 말한다.

2 화물자동차운송사업

1. 화물자동차운송사업의 허가 및 결격사유

(1) 화물자동차운송사업의 허가
① **화물자동차운송사업을 경영하고자 하는 자** : 국토교통부장관의 허가(시·도지사에 권한위임)
② **화물자동차운송 가맹사업의 허가를 받은 자** : 화물자동차운송사업을 위한 허가를 받지 아니한다.
③ **운송사업자가 허가사항을 변경하고자 하는 때** : 국토교통부장관의 변경허가(시·도지사에 권한위임), 대통령령이 정하는 경미한 사항을 변경하고자 하는 경우에는 국토교통부장관에게 신고한다(협회에 권한위탁).
④ **화물자동차운송사업의 허가사항 변경신고대상**
ㄱ 상호의 변경
ㄴ 대표자의 변경(법인인 경우에 한함)
ㄷ 화물취급소의 설치 또는 폐지
ㄹ 화물자동차의 대폐차
ㅁ 주사무소·영업소 및 화물 취급소의 이전. 다만, 주사무소이전의 경우에는 관할관청의 행정구역 내에서의 이전에 한함

(2) 화물자동차운송사업의 허가를 받을 수 없는 자(결격사유)
① 금치산자 및 한정치산자
② 파산선고를 받고 복권되지 아니한 자
③ 화물자동차운수사업법을 위반하여 징역 이상의 실형을 선고받고 그 집행이 종료되거나 집행이 면제된 날부터 2년이 경과되지 아니한 자
④ 화물자동차운수사업법을 위반하여 징역 이상의 형의 집행유예선고를 받고 그 유예기간 중에 있는 자
⑤ 부정한 방법으로 허가를 받은 경우, 허가를 받은 후 6개월간의 운송실적이 국토교통부령으로 정하는 기준에 미달한 경우, 부정한 방법으로 변경허가를 받거나 변경허가를 받지 아니하고 허가 사항을 변경한 경우, 허가기준을 충족하지 못하게 된 경우, 3년 마다 허가기준에 관한 사항을 신고하지 아니하였거나 거짓으로 신고한 경우 등에 따라 허가가 취소된 후 2년이 지나지 아니한 자

2. 운임 및 요금, 운송 약관, 운송사업자의 책임

(1) 운임 및 요금
① 운임 및 요금을 미리 국토교통부장관에게 신고하여야 하는 운송사업자(대통령령)
ㄱ 구난형 특수자동차를 사용하여 고장차량·사고차량 등을 운송하는 운송사업자 또는 운송가맹사업자
ㄴ 견인형 특수자동차를 사용하여 컨테이너를 운송하는 운송사업자 또는 운송가맹사업자
② 운임 및 요금의 신고에 대하여 필요한 사항은 국토교통부령으로 정한다.

운송약관
운송사업자는 운송약관을 정하여 국토교통부장관에게 신고하여야 하며, 이를 변경하고자 하는 때에도 국토교통부장관에게 신고하여야 함(시·도지사에게 권한 위임된 상태임)

(3) 운송사업자의 책임

① 화물의 멸실·훼손 또는 인도의 지연으로 인한 운송사업자의 손해배상책임에 관하여는 상법 제135조의 규정을 준용한다.

② 위 ①항의 규정을 적용할 때 화물이 인도기한을 경과한 후 3개월 이내에 인도되지 아니한 경우 당해 화물은 멸실된 것으로 간주한다.

③ 국토교통부장관은 화물의 멸실·훼손 또는 인도의 지연으로 인한 손해배상에 관하여 화주의 요청이 있는 때에는 국토교통부령이 정하는 바에 의하여 이에 관한 분쟁을 조정할 수 있다.

④ 국토교통부장관은 화주가 분쟁조정을 요청한 때에는 지체 없이 그 사실을 확인하고 손해내용을 조사한 후 조정안을 작성하여야 한다.

⑤ 당사자 쌍방이 조정안을 수락한 때에는 당사자 간에 조정안과 동일한 합의가 성립된 것으로 본다.

⑥ 국토교통부장관은 분쟁조정업무를 소비자기본법에 의한 한국소비자원 또는 소비자 단체에 위탁할 수 있다.

3. 적재물 배상 보험

(1) 적재물 배상책임보험 등의 의무 가입대상

① 운송사업자

㉠ 최대적재량 5톤 이상이거나 총중량이 10톤 이상인 화물자동차 중 일반형·밴형 및 특수용도형 화물자동차와 경인형 특수자동차를 소유하고 있는 운송사업자로 각 화물자동차별로 1사고당 각각 2천만원 이상의 금액을 지급할 책임을 지는 보험에 가입한다.

㉡ 건축폐기물·쓰레기 등 경제적 가치가 없는 화물을 운송하는 차량으로서 국토교통부령이 정하여 고시하는 차량은 제외한다.

② 운송주선 사업자

각 사업자별로 1사고당 각각 2천만 원(이사화물운송주선사업자는 500만 원) 이상의 금액을 지급할 책임을 지는 보험에 가입한다.

③ 운송가맹사업자

운송가맹사업자는 각 화물자동차별 및 각 사업자별 1사고당 2천만원 금액을 지급할 책임을 지는 보험에 가입한다.

(2) 다수의 보험회사 등이 공동으로 책임보험계약 등을 체결할 수 있는 경우

① 운송사업자의 화물자동차운전자가 그 운송사업자의 사업용 화물자동차를 운전하여 과거 2년 동안 다음에 해당하는 사항을 2회 이상 위반한 경력이 있는 경우
㉠ 무면허운전 등의 금지
㉡ 술에 취한 상태에서의 운전금지
㉢ 사고발생시 조치의무

② 보험회사가 보험업법에 의하여 허가를 받거나 신고한 적재물 배상보험의 보험요율과 책임준비금 산출기준에 의하여 손해배상 책임을 담보하는 것이 현저히 곤란하다고 판단한 경우

(3) 책임보험계약 등의 전부 또는 일부 해제 또는 해지가 가능한 경우

① 화물자동차운송사업의 허가사항이 변경(감차에 한한다)된 경우
② 화물자동차운송사업을 휴지 또는 폐지한 경우
③ 화물자동차운송사업의 허가가 취소되거나 감차명령을 받은 경우
④ 적재물 배상보험 등에 이중으로 가입되어 하나의 책임보험계약 등을 해제 또는 해지하고자 하는 경우
⑤ 보험회사 등이 파산 등의 사유로 영업을 계속할 수 없는 경우

(4) 책임보험계약 등의 계약종료일의 통지

① 보험회사 등은 자기와 책임보험계약 등을 체결하고 있는 보험 등 의무가입자에게 당해 계약종료일 30일전까지 계약이 종료된다는 사실을 통지해야 한다.

② 보험회사 등은 보험 등 의무가입자가 계약이 종료된 후 새로운 계약을 체결하지 아니한 경우에는 그 사실을 지체 없이 국토교통부장관에게 통지하여야 한다(시·도지사에게 위임된 사항).

4. 화물자동차운수사업의 운전업무 자격

(1) 운전업무 종사자격

① 국토교통부령이 정하는 연령·운전경력 등 운전업무에 필요한 요건을 갖출 것
② 국토교통부령이 정하는 운전적성에 대한 정밀검사기준에 적합할 것
③ 화물자동차운수사업법령·화물취급요령 등에 관하여 국토교통부장관이 시행하는 시험에 합격하고 소정의 교육을 받을 것(연령·운전경력 및 정밀검사기준에 적합한 경우에 한하여 시험에 응시할 수 있음)

연령·운전경력 등의 요건
① 제1종 또는 제2종 운전면허(소형 및 원동기 면허 제외) 소지자
② 20세 이상일 것
③ 운전경력 2년 이상(여객자동차 및 화물자동차 운수사업용자동차 운전경력은 1년 이상)

(2) 운전업무 종사자격을 취득할 수 없는 경우(결격사유)

① 금치산자 및 한정치산자
② 화물자동차운수사업법을 위반하여 징역 이상의 실형을 선고받고 그 집행이 종료되거나 집행이 면제된 날부터 2년이 경과되지 아니한 자
③ 화물자동차운수사업법을 위반하여 징역 이상의 형의 집행유예 선고를 받고 그 유예기간 중에 있는 자
④ 화물운송종사자격이 취소된 날로부터 2년이 경과되지 아니 한 자

화물운송종사자격 시험·교육·자격증의 교부업무 : 교통안전공단에 위탁

(3) 화물운송종사 자격의 취소 및 효력정지의 처분기준

① 운전업무 종사자격의 결격사유에 해당하게 된 경우 : 자격취소
② 거짓이나 그 밖의 부정한 방법으로 화물운송 종사자격을 취득한 경우 : 자격취소
③ 법 규정에 따른 국토교통부장관의 업무개시 명령을 정당한 사유 없이 거부한 경우
　　1차 : 자격정지 30일
　　2차 : 자격 취소

④ 화물운송 중에 고의나 과실로 교통사고를 일으켜 다음의 구분에 따라 사람을 사망하게 하거나 다치게 한 경우
  ㉠ 사망자 2명 이상 : 자격정지 60일
  ㉡ 사망자 1명 및 중상자 3명 이상 : 자격정지 50일
  ㉢ 사망자 1명 또는 중상자 6명 이상 : 자격정지 40일

⑤ 화물운송 종사자격증을 다른 사람에게 빌려준 경우 : 자격취소

⑥ 화물운송 종사자격 정지 기간에 화물자동차 운수사업의 운전업무에 종사한 경우 : 자격취소

⑦ 화물자동차를 운전할 수 있는 도로교통법에 따른 운전면허가 취소된 경우 : 자격취소

⑧ 택시 요금미터기 장착 등 택시 유사표시행위 금지 규정을 위반한 경우
  - 1차 : 자격정지 60일
  - 2차 : 자격취소

⑨ 화물자동차 교통사고와 관련하여 거짓이나 부정한 방법으로 보험금을 청구하여 금고 이상의 형을 선고받고 그 형이 확정된 경우 : 자격취소

(4) 화물자동차 운전자 관리 절차

① **운전자 명단 포함내용** : 운전자의 성명, 생년월일, 운전면허의 종류 및 취득일자, 화물운송종사자격의 취득일자

② **운송사업자가 폐업을 하게 된 때** : 화물자동차운전자의 경력에 관한 기록 등 관련서류를 협회로 이관

③ **협회** : 소유대수가 1대인 운송사업자의 화물자동차를 운전하는 자에 대한 경력증명서의 발급에 필요한 사항을 기록·관리

④ **연합회** : 기록의 유지·관리를 위해 전산정보처리조직을 운영

> **해설**
> **화물자동차 운전자 취업현황 보고기한**
> 운송사업자는 매월말 현재 화물자동차운전자의 취업현황을 다음달 5일까지 협회에 통보하여야 하며, 협회는 이를 종합하여 그 다음 달 말일까지 시·도지사 및 연합회에 보고

5. 개선명령과 업무개시명령

(1) 운송사업자에 대한 개선명령(시·도지사에게 위임)

① 운송약관의 변경

② 화물자동차의 구조변경 및 운송시설의 개선

③ 화물의 안전운송을 위한 조치

④ 적재물배상보험등 및 자동차손해배상보장법에 의하여 운송사업자가 의무적으로 가입하여야 하는 보험·공제에 가입한다.

⑤ 위·수탁계약에 따라 운송사업자 명의로 등록된 차량의 자동차 등록번호판이 훼손 또는 분실된 경우 위·수탁차주의 요청을 받은 즉시 등록번호판의 부착 및 봉인을 신청하는 등 운행이 가능하도록 조치한다.

⑥ 위·수탁계약에 따라 운송사업자명의로 등록된 차량의 노후, 교통사고 등으로 대폐차가 필요한 경우 위·수탁차주의 요청을 받은 즉시 운송사업자가 대폐차 신고 등 절차를 진행하도록 조치한다.

⑦ 위·수탁계약에 따라 운송사업자 명의로 등록된 차량의 사용본거지를 다른 시·도로 변경하는 경우 즉시 자동차등록번호판의 교체 및 봉인을 신청하는 등 운행이 가능하도록 조치한다.

⑧ 그밖에 화물자동차운송사업의 개선을 위하여 필요한 사항으로 대통령령이 정하는 사항

(2) 업무개시명령

① 운송사업자 또는 그 운수종사자가 정당한 사유 없이 집단으로 화물운송을 거부함으로써 화물운송에 현저한 지장을 주어 국가경제에 심대한 위기를 초래하거나 초래할 우려가 있다고 인정할만한 상당한 이유가 있는 때

② 국토교통부장관은 운송사업자 또는 운수종사자에게 업무개시를 명하고자 하는 경우에는 국무회의의 심의를 거쳐야 한다.

③ 운송사업자 또는 운수종사자는 정당한 사유 없이 업무개시명령을 거부할 수 없다.

6. 과징금

(1) 과징금의 부과시기와 금액

① **부과시기** : 운송사업자의 사업정지처분이 당해 화물자동차운송사업의 이용자에게 심한 불편을 주거나 기타 공익을 해할 우려가 있을 때

② **부과금액** : 대통령령이 정하는 바에 따라 2천만 원 이하의 과징금을 부과할 수 있다.

(2) 과징금의 용도

① 화물터미널의 건설 및 확충

② 공동차고지의 건설 및 확충

③ 경영개선이나 그밖에 화물에 대한 정보제공사업 등 화물자동차 운수사업의 발전을 위하여 필요한 사항
  ㉠ 공영차고지의 설치·운영사업
  ㉡ 시·도지사가 설치·운영하는 운수종사자의 교육시설에 대한 비용의 보조사업

> **해설**
> **과징금의 부과·징수 및 운용계획 수립시행** : 시·도지사에게 위임

7. 화물자동차운송사업의 허가취소 등(시·도지사에게 위임)

(1) 허가를 취소하여야 하는 경우

① 부정한 방법으로 화물자동차 운송사업 허가를 받은 경우

② 운송사업자의 결격사유에 해당하게 된 경우. 다만, 법인의 임원 중 결격사유에 해당하는 자가 있는 경우 3개월 이내에 그 임원을 개임(改任)하면 허가를 취소하지 아니한다.

③ 화물자동차 교통사고와 관련하여 거짓이나 그 밖의 부정한 방법으로 보험금을 청구하여 금고 이상의 형을 선고 받고 그 형이 확정된 경우

(2) 허가취소, 6개월 이내의 사업의 전부 또는 일부의 정지, 감차조치를 명할 수 있는 경우

① 화물자동차 운송사업 허가를 받은 후 6개월간 운송실적이 국토교통부령으로 정하는 기준에 미달한 경우

② 부정한 방법으로 화물자동차 운송사업의 변경허가를 받거나, 변경허가를 받지 아니하고 허가사항을 변경한 경우

③ 화물자동차 운송사업의 허가 또는 증차를 수반하는 변경허가에 따른 기준을 충족하지 못하게 된 경우

④ 화물자동차 운송사업자가 운송사업의 허가를 받은 날부터 3년의 범위에서 대통령령으로 정하는 기간마다 국토교통부장관에게 신고하는 화물자동차 운송사업의 허가 또는 증차를 수반하는 변경허가 기준에 관한 사항을 신고하지 아니하거나 거짓으로 신고한 경우

⑤ 화물용자동차 소유 대수가 2대 이상인 운송사업자가 법에 따른 영업소 설치 허가를 받지 아니하고 주사무소 외의 장소에서 상주하여 영업한 경우

⑥ 화물운송 종사자격이 없는 자에게 화물을 운송하게 한 경우

⑦ 운송사업자의 준수사항을 위반한 경우(고장 및 사고차량 등 화물의 운송과 관련하여 자동차관리법에 따른 자동차관리사업자와 부정한 금품을 주고받아서는 아니 된다는 조항을 위반한 경우는 제외함)

⑧ 법 규정에 따른 운송사업자의 직접운송 의무 등을 위반한 경우

⑨ 법 규정에 따른 위탁화물의 관리 책임을 이행하지 아니한 경우

⑩ 1대의 화물자동차를 본인이 직접 운전하는 운송사업자, 운송사업자가 채용한 운수종사자 또는 위·수탁차주가 일정한 장소에 오랜 시간 정차하여 화주를 호객하는 행위를 하여 과태료 처분을 1년 동안 3회 이상 받은 경우

⑪ 정당한 사유 없이 법에 따른 개선 명령을 이행하지 아니한 경우

⑫ 정당한 사유 없이 법에 따른 업무개시 명령을 이행하지 아니한 경우

⑬ 법에 따른 사업정지처분 또는 감차 조치 명령을 위반한 경우

⑭ 중대한 교통사고 또는 빈번한 교통사로 많은 사상자를 발생하게 한 경우

⑮ 보조금의 지급이 정지된 자가 그 날부터 5년 이내에 다시 법에 따른 보조금의 지급 정지 등에 관한 항목 중 지정된 항목에 해당하게 된 경우

⑯ 운송사업자, 운송주선사업자 및 운송가맹사업자가 운송 또는 주선 실적에 따른 신고를 하지 아니하였거나 거짓으로 신고한 경우

3 화물자동차운송주선사업, 화물자동차운송가맹사업 ||||||

1. 화물자동차운송주선사업

(1) 화물자동차운송주선사업의 허가기준

항목	허가기준
사무실	영업에 필요한 면적. 다만, 관리사무소 등 부대시설이 설치된 민영 노외주차장을 소유하거나 그 사용계약을 체결한 경우에는 사무실을 확보한 것으로 본다.
자본금 자산평가액	1억 원 이상(영업소설치시 = 영업소 수5천만을 곱한 금액을 합한 금액 이상일 것)
상용인부	2명 이상(일반화물운송주선업자에는 제외함)

※ 비고
1. 허가를 받으려는 자가 운송사업자인 경우 해당 운송사업의 자본금에 상당하는 금액은 화물자동차 운송주선사업의 자본금으로 본다.
2. 일반화물운송주선 및 이사화물운송주선업을 겸업하는 경우 자본금 또는 자산 평가액은 1억5천만 원 한다.

> 운송주선사업자는 주사무소 외의 장소에서 상주하여 영업하려면 국토교통부령으로 정하는 바에 따라 국토교통부장관의 허가를 받아 영업소를 설치하여야 한다.

(2) 운송주선사업자의 준수사항

① 운송주선사업자는 화주로부터 중개 또는 대리를 의뢰받은 화물에 대하여 다른 운송주선사업자에게 수수료나 그 밖의 대가를 받고 중개 또는 대리를 의뢰하여서는 아니 된다.

② 운송주선사업자는 자기의 명의로 운송계약을 체결한 화물에 대하여 그 계약금액 중 일부를 제외한 나머지 금액으로 다른 운송주선사업자와 재계약하여 이를 운송하도록 하여서는 아니 된다. 다만, 화물운송을 효율적으로 수행할 수 있도록 위·수탁차주나 1대사업자에게 화물운송을 직접 위탁하기 위하여 다른 운송주선사업자에게 중개 또는 대리를 의뢰하는 때에는 그러하지 아니하다.

③ 운송주선사업자는 운송사업자에게 화물의 종류·무게 및 부피 등을 거짓으로 통보하여서는 아니 된다.

④ 운송가맹점인 운송주선사업자는 자기가 가입한 운송가맹사업자에게 소속된 운송가맹점에 대하여 화물운송을 주선하여서는 아니 된다.

⑤ 운송주선사업자가 운송가맹사업자에게 화물의 운송을 주선하는 행위는 위 ①항 및 ②항에 따른 재계약·중개 또는 대리로 보지 아니한다.

⑥ 신고한 운송주선약관을 준수할 것

⑦ 적재물배상보험 등에 가입한 상태에서 사업을 영위할 것

⑧ 허가증에 기재된 상호만 사용할 것

2. 화물자동차운송가맹사업

(1) 화물자동차운송가맹사업의 허가 기준

① 화물자동차운송가맹사업을 경영하고자 하는 자 : 국토교통부장관의 허가를 받아야 함

② 허가사항의 변경 : 국토교통부방관의 변경허가

※ 단, 대통령령이 정하는 경미한 사항을 변경하는 경우에는 국토교통부장관에게 신고

(2) 운송가맹사업자의 허가사항 변경신고의 대상

① 대표자의 변경(법인인 경우에 한함)

② 화물취급소의 설치 및 폐지

③ 화물자동차의 대폐차(화물자동차를 직접 소유한 운송 가맹사업자에 한함)

④ 주사무소·영업소 및 화물취급소의 이전

⑤ 화물자동차운송가맹계약의 체결 또는 해제·해지

3. 화물운송종사 자격시험 및 교육

(1) 운전적성정밀검사의 기준

① 신규검사 : 화물운송 종사자격증을 취득하려는 사람. 다만, 자격시험 실시일을 기준으로 최근 3년 이내에 신규검사의 적합 판정을 받은 사람은 제외한다.

② 특별검사

㉠ 교통사고를 일으켜 사람을 사망하게 하거나 5주 이상의 치료를 요하는 상해를 입힌 자

㉡ 과거 1년간 도로 교통법시행규칙에 의한 운전면허행정처분기준에 의하여 산출된 누산 점수가 81점 이상인자

(2) 자격시험의 과목 및 합격자 결정

① 시험과목

㉠ 교통 및 화물자동차운수사업 관련 법규

㉡ 안전운행에 관한 사항

㉢ 화물취급요령

㉣ 운송서비스에 관한 사항

② 합격자결정 : 4개 과목 합하여 총 100점 만점의 필기시험에서 총점의 6할 이상을 얻은 자

(3) 교육과목 및 시간 등

① 교육과목
  - ㉠ 화물자동차운수사업법령 및 도로관계법령
  - ㉡ 교통안전에 관한 사항
  - ㉢ 화물취급요령에 관한 사항
  - ㉣ 자동차응급처치방법
  - ㉤ 운송서비스에 관한 사항

② 교육시간 : 8시간

※ 자격시험에 합격한 사람이 교통안전법 시행규칙의 규정에 따른 교통안전체험 연구·교육시설의 교육과정 중 기본교육과정(8시간)을 이수한 경우에는 교육을 받은 것으로 본다.

(4) 화물운송종사 자격증 등의 교부

① 자격시험에 합격하고 교육을 이수한 자가 화물운송종사 자격증의 교부를 신청하고 자 하는 때 : 화물운송종사 자격증 교부신청서에서 사진 1매를 첨부하여 교통안전공단에 제출한다.

② 화물자동차운전자를 채용한 운송사업자가 협회에 명단을 제출하는 때 : 화물운송종사 자격증명 교부신청서, 화물운송종사 자격증 사본 및 사진 2매를 함께 제출한다.

(5) 화물운송종사 자격증의 재교부

구분		내용
재교부를 요청하는 자		• 자격증(자격증명)의 기재사항에 착오나 변경이 있어 이의 정정을 받고자 하는 자 • 화물운송종사자격 등을 잃어버리거나 헐어 못쓰게 되어 이의 재교부를 받고자 하는 자
재교부 신청	자격증	• 교통안전공단에 구비서류 제출 • 화물운송종사 자격증(자격증을 잃어버린 경우는 제외) • 사진 1매
	자격증명	• 협회에 구비서류 제출 • 화물운송종사 자격증명(자격증명을 잃어버린 경우는 제외) • 사진 2매

(6) 화물운송종사 자격증명의 게시 및 반납

구분		내용
자격증명의 게시		• 화물자동차안 앞면 우측 상단
반납	협회에 반납	• 퇴직한 화물자동차운전자의 명단을 협회에 제출하는 경우 • 화물자동차운송사업의 휴지 또는 폐지신고를 하는 경우
	관할관청에 반납	• 사업의 양도·양수신고를 하는 경우(상호가 변경되는 경우) • 화물자동차운전자의 화물운송종사자격이 취소되거나 효력이 정지된 경우 • 관할관청이 화물운송종사자격증명을 반납 받은 때에는 그 사실을 협회에 통보

4. 사업자단체

(1) 협회의 설립과 사업

① 협회의 설립
  - ㉠ 화물자동차운수사업의 건전한 발전과 운수사업자의 공동이익을 도모하기 위하여 국토교통부장관의 인가를 받아 화물자동차운수사업의 종류별 또는 시·도별로 협회를 설립할 수 있다.
  - ㉡ 시·도지사에게 위임

② 협회의 사업
  - ㉠ 화물자동차운수사업의 건전한 발전과 운수사업자의 공동이익을 도모하는 사업
  - ㉡ 화물자동차운수사업의 진흥 및 발전에 필요한 통계의 작성 및 관리, 외국자료의 수집·조사 및 연구사업
  - ㉢ 경영자와 운수종사자의 교육훈련
  - ㉣ 화물자동차운수사업의 경영개선을 위한 지도
  - ㉤ 화물자동차운수사업법에서 협회의 업무로 정한 사항
  - ㉥ 국가 또는 지방자치단체로부터 위탁받은 업무
  - ㉦ 국가 또는 지방자치단체로부터 위탁받은 업무를 제외한 나머지 사업에 부수되는 업무

(2) 연합회

① 운송사업자로 구성된 협회와 운송주선사업자로 구성된 협회 및 운송가맹사업자로 구성된 협회는 그 공동목적을 달성하기 위하여 국토교통부령이 정하는 바에 의하여 각각 연합회를 설립할 수 있다.

② 운송사업자로 구성된 협회와 운송주선사업자로 구성된 협회 및 운송가맹사업자로 구성된 협회는 각각 당해 연합회의 회원이 된다.

(3) 공제사업

① 공제사업
  - ㉠ 운수사업자가 설립한 협회의 연합회는 대통령령으로 정하는 바에 따라 국토교통부장관의 허가를 받아 운수사업자의 자동차 사고로 인한 손해배상책임의 보장사업 및 적재물배상 공제사업 등을 할 수 있다.
  - ㉡ 공제조합의 설립(법 제51조의2) : 운수사업자는 상호간의 협동조직을 통하여 조합원이 자주적인 경제활동을 영위할 수 있도록 지원하고 조합원의 자동차 사고로 인한 손해배상책임의 보장사업 및 적재물 배상 공제사업을 하기 위하여 국토교통부장관의 인가를 받아 업종별로 공제조합을 설립할 수 있다.

② 공제사업의 내용
  - ㉠ 조합원의 사업용 자동차의 사고로 생긴 배상 책임 및 적재물배상에 대한 공제
  - ㉡ 조합원이 사업용 자동차를 소유·사용·관리하는 동안에 발생한 사고로 입은 자기 신체의 손해에 대한 공제
  - ㉢ 운수종사자가 조합원의 사업용 자동차를 소유·사용·관리하는 동안에 발생한 사고로 입은 자기 신체의 손해에 대한 공제
  - ㉣ 공제조합에 고용된 자의 업무상 재해로 인한 손실을 보상하기 위한 공제
  - ㉤ 공동이용시설의 설치·운영 및 관리, 그밖에 조합원의 편의 및 복지 증진을 위한 사업
  - ㉥ 화물자동차 운수사업의 경영 개선을 위한 조사·연구 사업
  - ㉦ 위 6가지 항목의 사업에 딸린 사업으로서 정관으로 정하는 사업

5. 자가용화물자동차의 사용

(1) 자가용화물자동차 사용 신고대상

① 특수자동차

② 특수자동차를 제외한 화물자동차로서 최대적재량이 2.5톤 이상인 화물자동차

③ 자가용화물자동차의 소유자는 당해 자가용화물자동차에 신고필증을 비치하고 운행하여야 한다.

(2) 유상운송의 허가사유

① 천재지변 또는 이에 준하는 비상사태로 인하여 수송력공급을 긴급히 증가시킬 필요가 있는 경우

② 사업용화물자동차·철도 등 화물운송수단의 운행이 불가능하여 이를 일시적으로 대체하기 위한 수송력공급이 긴급히 필요한 경우

③ 관련법에 따라 설립된 영농조합법인 이 그 사업을 위하여 화물자동차를 직접 소유·운영하는 경우

6. 운수종사자의 교육

(1) 실시주체 : 국토교통부장관 또는 관할관청(시·도지사)

(2) 교육내용

① 화물자동차운수사업관계법령 및 도로교통관계법령

② 교통안전에 관한 사항

③ 자동차 응급처치방법

④ 화물운수와 관련한 업무수행에 필요한 사항

⑤ 그밖에 화물운수서비스증진 등을 위하여 필요한 사항

(3) 교육계획 : 국토교통부장관 또는 관할관청은 운수종사자 교육을 실시하고자 하는 때에는 운수종사자 교육계획을 수립하여 운수사업자에게 교육시행 1개월 전까지 이를 통지한다.

(4) 교육방법 등 : 교육을 실시함에 있어서 교육방법 및 절차 등 교육실시에 관하여 필요한 사항은 국토교통부장관 또는 관할관청이 정한다.

> ① 자가용화물자동차의 신고는 시·도지사에게 한다.
> ② 자가용화물자동차에 신고확인증을 갖추어 두고 운행해야 한다.

1 목적 및 자동차에 대한 이해

1. 목적 및 용어의 정의

(1) 제정목적 : 자동차의 등록·안전기준·자기인증·제작결함시정·점검·정비·검
사 및 자동차관리사업 등에 관한 사항을 정하여 자동차를 효율적
으로 관리하고 자동차의 성능 및 안전을 확보함으로써 공공의 복
리 증진

(2) 용어의 정의

① **자동차** : 원동기에 의하여 육상에서 이동할 목적으로 제작한 용구 또는 이
에 견인되어 육상을 이동할 목적으로 제작한 용구

② **운행** : 사람 또는 화물의 운송여부에 관계없이 자동차를 그 용법에 따라
사용하는 것

③ **자동차사용자** : 자동차 소유자 또는 자동차 소유자로부터 자동차의 운행 등
에 관한 사항을 위탁받은자

> **해설**
> **적용이 제외되는 자동차**
> ① 건설기계관리법에 따른 건설기계
> ② 농업기계화촉진법에 따른 농업기계
> ③ 군수품관리법에 따른 차량
> ④ 궤도 또는 공중선에 의하여 운행되는 차량
> ⑤ 의료기기법에 따른 의료기기

2. 자동차관리법에 의한 자동차의 종류

(1) 승용자동차 : 10인 이하를 운송하기에 적합하게 제작된 자동차

(2) 승합자동차 : 11인 이상을 운송하기에 적합하게 제작된 자동차

(3) 화물자동차 : 화물을 운송하기 적합하게 바닥 면적이 최소 2제곱미터 이상인
화물적재 공간을 갖추고, 화물적재공간의 총적재화물의 무게가
운전자를 제외한 승객이 승차공간에 모두 탑승했을 때의 승객의
무게(1인당 65킬로그램으로 한다)보다 많은 자동차

(4) 특수자동차 : 다른 자동차를 견인하거나 구난작업 또는 특수한 작업을 수행하
기에 적합하게 제작된 자동차로서 승용자동차·승합자동차 또는
화물자동차가 아닌 자동차

(5) 이륜자동차 : 총배기량 또는 정격출력의 크기와 관계없이 1인 또는 2인의 사
람을 운송하기에 적합하게 제작된 이륜의 자동차 및 그와 유사
한 구조로 되어 있는 자동차

2 자동차의 등록

1. 등록 및 등록번호판

(1) 자동차의 등록

① 자동차(이륜자동차는 제외)는 자동차등록원부에 등록한 후가 아니면 이를
운행하지 못한다.

② 임시운행허가를 받은 경우는 예외로 한다.

(2) 자동차등록번호판

① 시·도지사는 자동차등록번호판을 붙이고 봉인을 하여야 한다(자동차 소유
자 또는 자동차소유자를 갈음하여 등록을 신청하는 경우에는 이를 직접 부
착 ·봉인하게 할 수 있다).

> **벌칙** 자동차소유자 또는 자동차소유자를 갈음하여 자동차등록을 신청하는 자
> 가 직접 자동차등록번호판을 붙이고 봉인을 하여야 하는 경우에 이를 이
> 행하지 아니한 때 : 과태료 50만원

② 자동차등록번호판의 부착 또는 봉인을 하지 아니한 자동차는 운행하지 못
한다. 다만, 임시운행허가번호판을 붙인 때에는 예외이다.

> **벌칙** 자동차등록번호판을 부착하지 아니한 자동차 또는 자동차 등록번호판을
> 봉인하지 아니한 자동차를 운행한 경우 : 과태료 30만원

③ 누구든지 자동차등록번호판을 가리거나 알아보기 곤란하게 하여서는 아니
되며 그러한 자동차를 운행하여서는 안 된다.

> **벌칙** 자동차등록번호판을 가리거나 알아보기 곤란하게 하거나 그러한 자동차를
> 운행한 경우 : 과태료 30만원(고의로 자동차등록번호판을 가리거나 알
> 아보기 곤란하게 한 자는 1년 이하의 징역 또는 300만 원 이하의 벌금)

(3) 자동차등록증의 비치

① 자동차사용자는 당해 자동차 안에 자동차등록증을 비치하여 운행하여야 함

② 임시운행허가증을 비치한 경우와 피견인자동차의 경우에는 예외

2. 변경·이전·말소등록

(1) 변경등록과 이전등록

① 변경등록

㉠ 자동차소유자는 등록원부의 기재사항에 변경(이전등록 및 말소등록에
해당되는 경우는 제외)이 있을 때에는 시·도지사에게 변경등록을 신청
하여야함(변경등록사유 발생한 날부터 30일 이내 변경등록 신청)

㉡ 다만, 대통령령이 정하는 경미한 등록사항의 변경의 경우에는 신청하
지 않아도 됨

② 이전등록

㉠ 등록된 자동차를 양수받는 자는 시·도지사에게 자동차소유권의 이전등
록(증여, 상속포함)을 신청하여야 함

㉡ 자동차를 양수한 자가 다시 제3자에게 이를 양도하고자 할 때에는 그 양
도 전에 자기명의로 이전등록을 하여야 함

(2) 말소등록

① 자동차등록증·등록번호판 및 봉인을 반납하고 시·도지사에게 말소등록을
신청하는 경우

㉠ 자동차해체재활용업을 등록 한 자(자동차해체재활용업자)에게 폐차요
청을 한 경우

㉡ 자동차제작·판매자등에 반품한 경우

㉢ 여객자동차운수사업법에 의한 차령이 초과된 경우

㉣ 여객자동차운수사업법 및 화물자동차운수사업법에 의하여 면허·등록·
인가 또는 신고가 실효되거나 취소된 경우

㉤ 천재지변·교통사고 또는 화재로 그 본래의 기능을 회복할 수 없게 되거
나 멸실이 된 경우

ⓗ 수출하는 경우

ⓢ 자동차를 교육·연구의 목적으로 사용하는 경우

② 말소등록을 바로 신청할 수 있는 경우

ㄱ 압류등록을 마친 후에도 환가절차 등 후속 강제집행 절차가 진행되고 있지 아니하는 차량 중 차령 등 대통령령이 정하는 기준에 의하여 환가가치가 남아있지 아니하다고 인정되는 경우

ㄴ 자동차를 교육·연구목적으로 사용하는 등 대통령령이 정하는 사유에 해당하는 경우

③ 시·도지사가 직권으로 말소할 수 있는 경우

ㄱ 말소등록을 신청하여야 할 자가 이를 신청하지 아니한 경우

ㄴ 자동차의 차대(차대가 없는 경우에는 "차체")가 등록원부상의 차대와 다른 경우

ㄷ 자동차를 제 26조의 규정에 의하여 폐차한 경우

ㄹ 속임수나 그 밖의 부정한 방법으로 등록된 경우

> **해설**
>
> 제26조 (자동차의 강제처리)
> ① 자동차를 일정한 장소에 고정시켜 운행 외의 용도로 사용하는 행위
> ② 자동차를 도로에 계속하여 방치하는 행위
> ③ 정당한 사유 없이 자동차를 타인의 토지에 방치하는 행위

3 자동차의 구조 및 장치변경 등

1. 자동차의 구조 및 장치변경 등

(1) 자동차의 구조 및 장치

① 자동차는 대통령령이 정하는 구조 및 장치가 안전운행에 필요한 성능과 기준에 적합하지 아니하면 이를 운행하지 못함

② 위의 규정에 의한 안전기준은 국토교통부령으로 정함

(2) 자동차 구조·장치의 변경

① 자동차의 구조·장치 중 국토교통부령이 정하는 것을 변경하고자 하는 때 : 당해 자동차의 소유자는 시장·군수 또는 구청장의 승인을 얻어야 함

② 시장·군수 또는 구청장의 자동차 구조·장치의 변경 승인에 관한 권한 : 교통안전공단에 위탁

③ 구조 또는 장치의 변경이 승인되지 않는 경우

ㄱ 총중량이 증가되는 구조·장치의 변경
ㄴ 최대적재량의 증가를 가져오는 물품적재장치의 변경
ㄷ 자동차의 종류가 변경되는 구조 또는 장치의 변경
ㄹ 변경전보다 성능 또는 안전도가 저하될 우려가 있는 경우의 변경

④ 구조변경검사 신청서류

ㄱ 자동차등록증
ㄴ 구조·장치 변경승인서
ㄷ 변경 전·후의 주요제원 대비표
ㄹ 변경 전·후의 자동차외관도(외관의 변경이 있는 경우에 한함)
ㅁ 변경하고자 하는 구조·장치의 설계도
ㅂ 구조·장치 변경작업완료증명서

2. 자동차의 점검 및 정비명령 등

(1) 자동차의 점검 및 정비

① 사업용자동차소유자는 일정한 차령이 경과한 경우 국토교통부령이 정하는 바에 의하여 정기점검을 받아야 한다.

② 자동차소유자는 위의 규정에 의한 점검결과 당해 자동차가 안전기준에 적합하지 아니하거나 안전운행에 지장이 있다고 인정될 때에는 당해 자동차를 정비하여야 한다.

(2) 점검 및 정비명령 등

① 자동차의 소유자에게 자동차의 운행정지를 함께 명할 수 있다.

② 자동차의 점검·정비명령 등의 주체 : 시장·군수 또는 구청장

③ 점검 및 정비명령 등 대상

ㄱ 자동차 안전기준에 적합하지 아니하거나 안전운행에 지장이 있다고 인정되는 자동차
ㄴ 승인을 얻지 아니하고 구조 또는 장치를 변경한 자동차
ㄷ 정기검사를 받지 아니한 자동차
ㄹ 여객자동차운수사업법 또는 화물자동차운수사업법에 의한 중대한 교통사고가 발생한 사업용자동차

④ 시장·군수 또는 구청장은 점검·정비 또는 원상복구를 명하고자 할 경우 필요하다고 인정되는 때에는 임시검사를 함께 명할 수 있다.

3. 자동차의 검사

(1) 자동차 검사의 종류

구분	정의	대행기관
신규검사	신규 등록을 하고자 할 때 실시하는 검사	교통안전공단
정기검사	신규 등록 후 일정기간마다 정기적으로 실시하는 검사	교통안전공단 및 지정 정비사업자가 대행
구조변경검사	자동차의 구조 및 장치를 변경하고자 할 때 실시하는 검사	교통안전공단
임시검사	임시검사 명령이나 자동차소유자의 신청에 의하여 비정기적으로 실시하는 검사	교통안전공단

(2) 자동차 정기검사 유효기간

차종 차령	비사업용 승용 및 피견인 자동차	사업용 승용 자동차	경형·소형의 승합 및 화물자동차	사업용 대형화물 자동차		기타 자동차	
				2년 이하	2년 초과	5년 이하	5년 초과
유효 기간	2년 (최초4년)	1년 (최초2년)	1년	1년	6개월	1년	6개월

4. 자동차종합검사

(1) 자동차종합검사의 대상

① 운행차 배출가스 정밀검사 시행지역에 등록한 자동차 소유자

② 수도권대기환경개선에 관한 특별법에 따른 특정경유자동차 소유자

(2) 자동차종합검사의 유효기간

검사 대상		적용 차량	검사 유효기간
승용자동차	비사업용	차령이 4년 초과인 자동차	2년
	사업용	차령이 2년 초과인 자동차	1년
경형·소형의 승합 및 화물자동차	비사업용	차령이 3년 초과인 자동차	1년
	사업용	차령이 2년 초과인 자동차	1년
사업용 대형화물자동차		차령이 2년 초과인 자동차	6개월
그 밖의 자동차	비사업용	차령이 3년 초과인 자동차	차령 5년까지는 1년, 이후부터는 6개월
	사업용	차령이 2년 초과인 자동차	차령 5년까지는 1년, 이후부터는 6개월

(3) 재검사

자동차종합검사 실시 결과 부적합 판정을 받은 자동차의 소유자가 재검사수 검의 경우 기간 내에 자동차등록증과 종합검사 결과표, 자동차기능 종합 진단 서를 제출하고 해당자동차를 제시한다.

① 자동차종합검사기간 내에 자동차종합검사를 신청한 경우 : 부적합 판정을 받은 날부터 자동차종합검사기간 만료 후 10일까지

② 자동차종합검사기간 전 또는 후에 자동차 종합검사를 신청한 경우 : 부적함 판정을 받은 날의 다음날부터 10일 이내

(4) 자동차종합검사 유효기간의 연장 또는 유예 사유 및 제출 서류

① 전시·사변 또는 이에 준하는 비상사태로 인하여 관할지역에서 자동차종합 검사 업무를 수행할 수 없다고 판단되는 경우 : 시·도지사는 대상 자동차, 유예기간 및 대상지역 등을 공고하여야 한다. 공통(자동차등록증)

② 자동차를 도난당한 경우 : 경찰관서에서 발급하는 도난신고확인서

③ 사고발생으로 인하여 자동차를 장기간 정비할 필요가 있는 경우
 • 천재지변, 교통사고 – 시장 등 경찰서장이 발행하는 사고 사실증명, 정비업 체 발행 정비예정증명서

④ 형사소송법 등에 따라 자동차가 압수되어 운행할 수 없는 경우 : 행정처분 서(운행을 제한 받는 압류, 자동차 등록번호판 영치)

⑤ 그밖에 부득이한 사유로 자동차를 운행할 수 없다고 인정되는 경우 : 시장 등이 확인한 섬지역 장기체류 확인서, 병원입원이나 해외출장 등은 그 사유 를 객관적으로 증명할 수 있는 서류

⑥ 자동차 소유자가 폐차를 하려는 경우 : 폐차인수증명서

(5) 자동차종합검사기간이 지난 자에 대한 독촉

시·도지사 자동차종합검사기간이 지난 자에 대한 독촉은 아래 ①, ②사항과 같 이 그 긴간이 끝난 다음 날부터 10일 이내와 20일 이내에 통지하여 독촉한다.

① 자동차종합검사기간이 지난사실과

② 자동차종합검사의 유예가 가능한 사유와 그 신청 방법을 명기하고, 과태료 부과 법적 근거를 명기하여 통지, 독촉한다.

※ 벌칙 : 자동차정기검사나 자동차종합검사를 받지 아니한 때
 ① 검사를 받아야 할 기간만료일부터 30일 이내인 때 : 과태료 2만원
 ② 검사를 받아야 할 기간만료일부터 30일을 초과한 경우에는 매 3일 초과 시마다 : 과태료 1만원
 ③ 과태료 최고한도액 : 30만원

해설
① 자동차정기검사유효기간만료일 전후 각각 31일 이내 수검한다.
② 과태료 부과 : 기간만료일부터 계산하여 부과(검사 유효기간만료일과 기간만 료일과는 다르다)
③ 자동차정기검사 유효기간만료일과 배출가스 정밀검사 유효기간 만료일이 다 른 경우의자동차 검사 : 자동차종합검사가 시행된 후 처음으로 도래되는 자동차 정기검사 유효기간만료일에 종합검사를 받아야 한다.

1 도로법

1. 도로법의 제정목적 및 도로의 종류

(1) 목적 : 도로망의 계획수립, 도로 노선의 지정, 도로공사의 시행과 도로의 시설 기준, 도로의 관리·보전 및 비용 부담 등에 관한 사항을 규정하여 국민이 안전하고 편리하게 이용할 수 있는 도로의 건설과 공공복리의 향상에 이바지한다.

(2) 도로의 정의 : 차도, 보도(步道), 자전거도로, 측도(測度), 터널, 교량, 육교 등 대통령령으로 정하는 시설로 구성된 것으로서 아래 도로의 등급에 열거된 것을 말하며, 도로의 부속물을 포함한다.

(3) 도로의 종류와 의미 : 도로의 종류와 그 등급은 열거 순위에 의한다.

① **고속도로(高速道路)** : 도로교통망의 중요한 축을 이루며 주요 도시를 연결하는 도로로서 국토교통부장관이 자동차 전용의 고속교통에 사용되는 도로 노선을 정하여 지정·고시한 도로

② **일반국도(一般國道)** : 국토교통부장관이 주요 도시, 지정항만, 주요공항, 국가산업단지 또는 관광지 등을 연결하여 고속도로와 함께 국가간선도로망을 이루는 도로 노선을 정하여 지정·고시한 도로

③ **특별시도(特別市道)·광역시도(廣域市道)** : 특별시, 광역시의 관할구역과 인근 도시·항만·산업단지·물류시설 등을 연결하는 도로 및 그 밖의 특별시 또는 광역시의 기능 유지를 위하여 특히 중요한 도로로서 특별시장 또는 광역시장이 노선을 정하여 지정·고시한 도로

2. 도로의 보전 및 공용부담

(1) 도로에 관한 금지행위

① 도로를 파손하는 행위
② 도로에 토석, 입목·죽(竹) 등 장애물을 쌓아놓는 행위
③ 그밖에 도로의 구조나 교통에 지장을 주는 행위

(2) 차량의 운행제한

① 도로 관리청은 도로의 구조를 보전하고 운행의 위험을 방지하기 위하여 필요하다고 인정하면 대통령령으로 정하는 바에 따라 차량(자동차관리법 따른 자동차와 건설기계관리법에 따른 건설기계를 말함)의 운행을 제한할 수 있다. 다만, 차량의 구조 또는 적재화물의 특수성으로 인하여 도로 관리청의 허가를 받아 운행하는 경우에는 그러하지 아니하다.

② 도로 관리청이 운행을 제한 할 수 있는 차량
㉠ 축하중이 10톤을 초과하거나 총중량이 40톤을 초과하는 차량
㉡ 차량의 폭이 2.5m, 높이가 4.0m(도로구조의 보전과 통행의 안전에 지장이 없다고 도로 관리청이 인정하여 고시한 도로노선의 경우에는 4.2m), 길이가 16.7m를 초과하는 차량
㉢ 도로 관리청이 특히 도로구조의 보전과 통행의 안전에 지장이 있다고 인정하는 차량

③ 차량의 구조나 적재화물의 특수성으로 인하여 관리청의 허가를 받으려는 자는 신청서에 다음 각 호의 사항을 기재하여 도로 관리청에 제출하여야 한다.

㉠ 도로의 종류 및 노선명 ㉡ 운행구간 및 그 총길이
㉢ 차량의 제원 ㉣ 운행기간
㉤ 운행목적 ㉥ 운행방법

④ 제한차량 운행허가 신청서에는 다음 각 호의 서류를 첨부하여야 한다.
㉠ 차량검사증 또는 차량등록증
㉡ 차량 중량표
㉢ 구조물 통과 하중 계산서

⑤ 도로 관리청은 운행제한에 대한 위반여부를 확인하기 위하여 차량의 운전자(건설기계의 조종사 포함)에게 적재량의 측정 및 관계 서류의 제출을 요구할 수 있다. 이 경우 운전자는 정당한 사유가 없으면 이에 따라야 한다.

⑥ 도로 관리청은 단서에 따라 운행허가를 하려면 차량의 조건과 운행하려는 도로의 여건을 고려하여 대통령령으로 정하는 절차에 따라 운행허가를 하여야 하며, 운행허가를 할 때에는 운행노선, 운행시간, 운행방법 및 도로 구조물의 보수·보강에 필요한 비용 부담 등에 관한 조건을 붙일 수 있다.

⑦ 도로 관리청은 적재량을 측정하기 위하여 차량의 운전자에게 관계 공무원을 차량에 동승시키도록 요구할 수 있다. 이 경우 운전자는 정당한 사유가 없으면 이에 따라야 한다.

(3) 적재량 측정 방해 행위의 금지 등

① 차량의 운전자는 자동차의 장치를 조작하는 등 대통령령으로 정하는 방법으로 차량의 적재량 측정을 방해하는 행위를 하여서는 아니 된다.

② 도로관리청은 차량의 운전자가 ①항을 위반하였다고 판단하면 재측정을 요구할 수 있다. 이 경우 차량의 운전자는 정당한 사유가 없으면 그 요구에 따라야 한다.

> **해설**
> **운행제한 및 적재량 측정 방해 행위에 따른 행정처벌**
> ① 운행 제한을 위반한 차량의 운전자, 운행 제한 위반의 지시 요구금지를 위반한 자 : 500만 원 이하의 과태료
> ② 차량의 적재량 측정을 방해한 자, 정당한 사유 없이 도로관리청의 재측정 요구에 따르지 아니한 자 : 1년 이하의 징역이나 1천만 원 이하의 벌금

(4) 자동차전용도로의 지정에 있어 의견수렴

① 도로 관리청이 국토교통부장관인 경우 : 경찰청장의 의견수렴
② 도로 관리청이 특별시장·광역시장·도지사 또는 특별자치도시사인 경우 : 관할 지방경찰청장의 의견수렴
③ 도로 관리청이 특별자치시장·시장·군수 또는 구청장인 경우 : 관할 경찰서장의 의견수렴

(5) 자동차전용도로의 통행제한과 벌칙

① 자동차전용도로에서는 차량만을 사용해서 통행하거나 출입하여야 한다.
② 도로관리청은 자동차전용도로의 입구나 그밖에 필요한 장소에 "①"의 내용과 자동차전용도로의 통행을 금지하거나 제한하는 대상 등을 구체적으로 밝힌 도로 표지를 설치하여야 한다.

> **벌칙** 차량을 사용하지 아니하고 자동차전용도로를 통행하거나 출입한 자 : 1년 이하의 징역이나 1천만 원 이하의 벌금(법 제 115조 제2호)

1.대기환경보전법의 목적 및 용어의 정의

(1) 대기환경보전법의 목적

대기오염으로 인한 국민건강이나 환경에 관한 위해(危害)를 예방하고 대기환경을 적정하게 지속가능하게 관리·보전하여 모든 국민이 건강하고 쾌적한 환경에서 생활할 수 있게 하는 것을 목적으로 한다.

(2) 용어의 정의

① **대기오염물질** : 대기오염의 원인이 되는 가스·입자상물질로서 환경부령으로 정하는 것

② **온실가스** : 적외선 복사열을 흡수하거나 다시 방출하여 온실효과를 유발하는 대기 중의 가스 상태 물질로서 이산화탄소, 메탄, 아산화질소, 수소불화탄소, 과불화탄소, 육불화황을 말한다.

③ **가스** : 물질이 연소·합성·분해될 때에 발생하거나 물리적 성질로 인하여 발생하는 기체상물질

④ **입자상물질(粒子狀物質)** : 물질이 파쇄·선별·퇴적·이적(移積)될 때, 그밖에 기계적으로 처리되거나 연소·합성·분해될 때에 발생하는 고체상(固體狀) 또는 액체상(液體狀)의 미세한 물질

⑤ **먼지** : 대기 중에 떠다니거나 흩날려 내려오는 입자상물질

⑥ **매연** : 연소할 때에 생기는 유리(遊離) 탄소가 주가 되는 미세한 입자상물질

⑦ **검댕** : 연소할 때에 생기는 유리(遊離) 탄소가 응결하여 입자의 지름이 1미크론 이상이 되는 입자상물질

⑧ **저공해자동차** : 대기오염물질의 배출이 없는 자동차 또는 제작 차의 배출허용기준보다 오염물질을 적게 배출하는 자동차

⑨ **배출가스저감장치** : 자동차에서 배출되는 대기오염물질을 줄이기 위하여 자동차에 부착하는 장치로서 환경부령으로 정하는 저감효율에 적합한 장치

⑩ **저공해엔진** : 자동차에서 배출되는 대기오염물질을 줄이기 위한 엔진(엔진 개조에 사용하는 부품을 포함한다)으로서 환경부령으로 정하는 배출허용기준에 맞는 엔진

⑪ **공회전제한장치** : 자동차에서 배출되는 대기오염물질을 줄이고 연료를 절약하기 위하여 자동차에 부착하는 장치로서 환경부령으로 정하는 기준에 적합한 장치

2. 자동차 배출가스의 규제

(1) 저공해자동차의 운행 등

① 시·도지사는 도시지역의 대기질 개선을 위하여 필요하다고 인정하면 그 지역에서 운행하는 자동차 중 차령과 대기오염물질 배출정도 등에 관하여 환경부령으로 정하는 요건을 충족하는 자동차의 소유자에게 그 시·도의 조례에 따라 그 자동차에 대하여 다음 각 호의 어느 하나에 해당하는 조치를 하도록 명령하거나 조기에 폐차할 것을 권고 할 수 있다.
　㉠ 저공해자동차로의 전환
　㉡ 배출가스저감장치의 부착 또는 교체 및 배출가스 관련부품교체
　㉢ 저공해엔진(혼소엔진을 포함)으로의 개조 또는 교체

② 배출가스보증기간이 경과한 자동차의 소유자는 해당 자동차에서 배출되는 배출가스가 운행차배출 허용기준에 적합하게 유지되도록 환경부령으로 정하는 바에 따라 배출가스저감장치를 부착 또는 교체하거나 저공해엔진으로 개조 또는 교체할 수 있다.

③ 국가나 지방자치단체는 저공해자동차의 보급, 배출가스저감장치의 부착 또는 교체와 저공해엔진으로의 개조 또는 교체를 촉진하기 위하여 다음 각 호의 어느 하나에 해당하는 자에 대하여 예산의 범위에서 필요한 자금을 보조하거나 융자할 수 있다.
　㉠ 저공해자동차를 구입하거나 저공해자동차로 개조하는 자
　㉡ 저공해자동차에 연료(전기, 태양광, 수소연료 등을 포함한다)를 공급하기 위한 시설 중 환경부장관이 정하는 시설을 설치하는 자
　㉢ 위 ㉠항 또는 ㉡에 따라 자동차에 배출가스저감장치를 부착 또는 교체하거나 자동차의 엔진을 저공해 엔진으로 개조하거나 교체하는 자
　㉣ 위 ㉠항에 따라 자동차의 배출가스 관련 부품을 교체하는 자
　㉤ 위 ㉠항에 따른 권고에 따라 자동차를 조기에 폐차하는 자
　㉥ 그밖에 배출가스가 매우 적게 배출되는 것으로서 환경부장관이 정하여 고시하는 자동차를 구입하는 자

> **해설**
> 저공해자동차로의 전환 명령, 배출가스 저감장치의 부착 또는 교체명령, 저공해엔진으로의 개조 또는 교체명령을 이행한지 아니한 자 : 300만 원 이하의 과태료

(2) 공회전의 제한

① 시·도지사는 자동차의 배출가스로 인한 대기오염 및 연료 손실을 줄이기 위하여 터미널, 차고지, 주차장 등의 장소에서 자동차의 원동기를 가동한 상태로 주차하거나 정차하는 행위를 제한할 수 있다.

② 시·도지사는 대중교통용 자동차 등 환경부령으로 정하는 자동차(화물자동차 운송 사업에 사용되는 최대적재량 1톤 이하인 밴형 화물자동차로서 택배용으로 사용되는 자동차)에 대하여 시·도 조례에 따라 공회전제한장치의 부착을 명령할 수 있다.

③ 국가나 지방자치단체는 위②항에 따라 공회전 제한장치 부착명령을 받은 자동차 소유자에 대하여는 예산의 범위에서 필요한 자금을 보조하거나 융자할 수 있다.

> **해설**
> 자동차의 원동기 가동제한을 위반한 자동차의 운전자 : 1차 위반(과태료 5만원), 2차 위반(과태료 5만원), 3차 이상 위반(과태료 5만원)

(3) 운행 차의 수시점검

① 환경부장관, 특별시장·광역시장 또는 시장·군수·구청장은 도로나 주차장 등에서 자동차의 배출가스 배출상태를 수시로 점검하여야 한다.

② 자동차 운행자는 위①항에 따른 점검에 협조하여야 하며 이에 응하지 아니하거나 기피 또는 방해하여서는 아니 된다.

③ 운행 차의 수시점검 면제대상 자동차
　㉠ 환경부장관이 정하는 무공해자동차 및 저공해자동차
　㉡ 환경부장관이 정하는 배출가스저감장치를 설치한 자동차
　㉢ 도로교통법에 따른 긴급자동차
　㉣ 군용 및 경호업무용 등 국가의 특수한 공용 목적으로 사용되는 자동차

④ 운행 차의 수시점검방법
　㉠ 특별시장·광역시장 또는 시장·군수·구청장은 점검대상 자동차를 선정한 후 배출가스를 점검하여야 한다. 다만, 원활한 차량소통과 승객의 편의 등을 위하여 필요한 경우에는 운행 중인 상태에서 비디오카메라를 사용하여 점검할 수 있다.
　㉡ 위 ㉠항에 따른 배출가스 측정방법 등에 관하여 필요한 사항은 환경부장관이 정하여 고시한다.

> **해설**
> 운행 차의 수시점검을 불응하거나 기피·방해한자 : 200만 원 이하의 과태료

01 다음 중 도로교통법의 제정 목적으로 틀린 것은?

㉮ 도로운송차량의 안전성 확보
㉯ 안전하고 원활한 교통의 정보
㉰ 도로의 건설과 공공복리의 향상
㉱ 교통상의 모든 위험과 장해의 방지 제거

해설 보기 중 ㉰는 '도로법'의 목적에 해당한다.

02 다음 중 도로교통법상의 도로에 해당하는 장소가 아닌 것은?

㉮ 군부대내 도로
㉯ 통행이 자유로운 아파트 단지 내의 큰 도로
㉰ 공원의 휴양지 도로
㉱ 깊은 산 속 비포장 도로

해설 도로교통법상 도로는 도로법에 의한 도로, 유료도로법에 의한 도로, 농어촌도로정비법에 따른 농어촌도로, 그 밖의 현실적으로 불특정 다수의 사람 또는 차마의 통행을 위하여 공개된 장소로서 안전하고 원활한 교통을 확보할 필요가 있는 장소를 말하며, 자동차 운전학원 운동장, 학교 운동장, 유료주차장 내, 해수욕장의 모래밭 길 등 출입에 제한을 받는 곳은 도로교통법상의 도로에 해당되지 않는다.

03 다음 중 도로교통법에서 정의하고 있는 '안전지대'에 대한 설명으로 옳은 것은?

㉮ 화물자동차의 운송을 원활하게 하기 위하여 안전표지나 이와 비슷한 인공구조물로 표시한 도로의 부분
㉯ 도로를 횡단하는 보행자나 통행하는 차마의 안전을 위하여 안전표지나 이와 비슷한 인공구조물로 표시한 도로의 부분
㉰ 견인자동차가 비상대기할 수 있도록 안전표지나 이와 비슷한 인공구조물로 표시한 도로의 부분
㉱ 긴급자동차만 통행할 수 있도록 안전표지나 이와 비슷한 인공구조물로 표시한 도로의 부분

해설 안전지대란 도로를 횡단하는 보행자나 통행하는 차마의 안전을 위하여 안전표지나 이와 비슷한 인공구조물로 표시한 도로의 부분을 말한다.

04 다음 중 자동차만 다닐 수 있도록 설치된 도로는?

㉮ 자동차전속도로
㉯ 자동차전용도로
㉰ 자동차통용도로
㉱ 자동차유일도로

해설 자동차전용도로란 자동차만 다닐 수 있도록 설치된 도로를 말한다.

05 도로교통법상의 용어와 그 정의가 잘못 연결된 것은?

㉮ 정차 : 운전자가 승객을 기다리거나 화물을 싣거나 고장 그 밖의 사유로 인하여 계속하여 정지상태에 두는 것
㉯ 자동차전용도로 : 자동차만 다닐 수 있도록 설치된 도로
㉰ 차로 : 차마가 한 줄로 정하여진 부분을 통행하도록 차선에 의하여 구분되는 차도의 부분
㉱ 횡단보도 : 보행자가 도로를 횡단할 수 있도록 안전표지로써 표시한 도로의 부분

해설 **주차와 정차**
·주차 : 운전자가 승객을 기다리거나 화물을 싣거나 고장 그 밖의 사유로 인하여 계속하여 정지상태에 두는 것. 또는 운전자가 차로부터 떠나서 즉시 그 차를 운전할 수 없는 상태에 두는 것
·정차 : 운전자가 5분을 초과하지 아니하고 차를 정지시키는 것으로 주차외의 정지상태

06 다음 중 도로교통법에서 규정하는 차에 해당되지 않는 것은?

㉮ 원동기장치자전거
㉯ 자동차
㉰ 기차
㉱ 사람이 끌고 가는 손수레

해설 '차'라 함은 자동차·건설기계·원동장치자전거·자전거 또는 사람이나 가축의 힘 그 밖의 동력에 의하여 도로에서 운전되는 것으로 철길 또는 가설된 선에 의하여 운전되는 것과 유모차 및 보행보조용(신체장애인용) 의자차 외의 것을 말한다.

07 다음 중 보행신호의 종류 중 녹색등화의 점멸에 대한 설명으로 맞는 것은?

㉮ 보행자는 횡단을 시작하여서는 아니 되고, 횡단하고 있는 보행자는 중앙선에 멈추어 서 있어야 한다.
㉯ 보행자는 횡단을 시작하여서는 아니 되고, 횡단하고 있는 보행자는 신속하게 횡단을 완료하거나 그 횡단을 중지하고 보도로 되돌아와야 한다.
㉰ 보행자는 횡단을 신속하게 시작하여야 하고, 횡단하고 있는 보행자는 신속하게 횡단을 완료하여야 한다.
㉱ 보행자는 횡단을 신속하게 시작하여야 하고, 횡단하고 있는 보행자는 반드시 그 횡단을 중지하고 보도로 되돌아와야 한다.

해설 녹색등화의 점멸 시에 보행자는 횡단을 시작하여서는 아니 되고, 횡단하고 있는 보행자는 신속하게 횡단을 완료하거나 그 횡단을 중지하고 보도로 되돌아와야 한다.

08 다음 중 노면표시에 사용되는 점선의 사용 용도는 무엇인가?

㉮ 허용의 의미 　　　㉯ 규제의 의미
㉰ 제한의 의미 　　　㉱ 강조의 의미

해설 점선 : 허용, 실선 : 제한, 복선 : 의미의 강조

정답 01. ㉰ 　02. ㉮ 　03. ㉯ 　04. ㉯ 　05. ㉮ 　06. ㉰ 　07. ㉯ 　08. ㉮

09 도로교통의 안전을 의하여 각종 제한·금지 등의 규제를 하는 경우에 이를 도로사용자에게 알리는 표지를 무엇이라고 하는가?

㉮ 안내표지 ㉯ 노면표지
㉰ 규제표지 ㉱ 보조표지

> **해설 교통안전표지**
> ·주의표지 : 도로상태가 위험하거나 도로 또는 그 부근에 위험물이 있는 경우에 필요한 안전조치를 할 수 있도록 이를 도로사용자에게 알리는 표지
> ·지시표지 : 도로의 통행방법·통행구분 등 도로교통의 안전을 위하여 필요한 지시를 하는 경우에는 도로사용자가 이를 따르도록 알리는 표지
> ·보조표지 : 주의표지·규제표지 또는 지시표지의 주 기능을 보충하여 도로사용자에게 알리는 표지
> ·노면표시 : 도로교통의 안전을 위하여 각종 주의 규제지시등의 내용을 노면에 기호 문자 또는 선으로 도로사용자에게 알리는 표시

10 다음 중 도로교통법에서 "차마가 한 줄로 도로의 정하여진 부분을 통행하도록 차선으로 구분 한 차도의 부분"을 무엇이라 하는가?

㉮ 차로 ㉯ 교차로
㉰ 차마 ㉱ 도로

> **해설** 차로란 차마가 한 줄로 도로의 정하여진 부분을 통행하도록 차선으로 구분한 차도의 부분을 말한다.

11 다음 중 차마가 다른 교통 또는 안전표지에 주의하면서 진행할 수 없는 교통신호는?

㉮ 보행자신호등 - 적색등화의 점멸
㉯ 차량신호등 - 적색등화의 점멸
㉰ 차량신호등 - 황색등화의 점멸
㉱ 보행자신호등 - 황색등화의 점멸

12 다음 중 '적재중량이 1.5톤 이하인 화물자동차'의 도로별 주행차로의 연결이 잘못된 것은?

㉮ 편도 4차로의 일반도로 - 3차로
㉯ 편도 4차로의 고속도로 - 2차로
㉰ 편도 3차로의 일반도로 - 2차로
㉱ 편도 3차로의 고속도로 - 3차로

> **해설** 편도 4차로의 고속도로에서 2차로는 승용자동차 및 중소형승합자동차의 주행차로, 3차로는 대형승합자동차 및 적재중량이 1.5톤 이하인 화물자동차의 주행차로이다.

13 다음은 자동차 운행상의 안전 기준에 대한 설명이다. 옳지 않은 것은?

㉮ 화물자동차의 적재길이는 자동차 길이의 10분의 1의 길이를 더한 길이를 넘지 아니할 것
㉯ 화물자동차의 적재중량은 구조 및 성능에 따르는 적재중량의 11할 이내
㉰ 고속도로에서 자동차의 승차정원은 승차정원의 11할 이내
㉱ 화물자동차의 적재높이는 지상으로부터 4미터를 넘지 아니할 것

> **해설** 자동차(고속버스 운송사업용 자동차 및 화물자동차를 제외한다)의 승차인원은 승차정원의 11할 이내이지만, 고속도로에서는 승차정원을 넘어서 운행할 수 없다.

14 다음 중 편도 4차로인 고속도로에서 통행시의 주행차로에 대한 설명으로 틀린 것은?

㉮ 1차로는 승용자동차, 중·소형승합자동차의 주행차로
㉯ 3차로는 대형승합자동차 및 적재중량이 1.5톤 이하인 화물자동차의 주행차로
㉰ 2차로는 승용자동차, 중·소형승합자동차의 주행차로
㉱ 4차로는 적재중량이 1.5톤을 초과하는 화물자동차, 특수자동차 및 건설기계의 주행차로

> **해설** 편도 4차로의 고속도로에서 1차로는 2차로가 주행차로인 자동차의 앞지르기 차로이다. 참고로 편도 4차로인 일반도로에서는 1차로와 2차로 모두 승용자동차, 중소형승합자동차의 통행차로이다.

15 다음 중 화살표 등화의 신호에 해당하지 않는 것은?

㉮ 녹색화살표등화의 점멸
㉯ 적색화살표의 등화
㉰ 녹색화살표의 등화
㉱ 적색화살표등화의 점멸

> **해설** 녹색화살표 등화는 점멸되어서는 안 된다.

16 다음 중 편도 2차로 이상의 모든 고속도로에서 최고속도로 옳은 것은(단, 별도로 지정, 고시한 노선 또는 구간의 고속도로는 제외)?

㉮ 승용차 - 120km/h
㉯ 적재중량 1.5톤 초과 화물자동차 - 80km/h
㉰ 특수자동차 - 90km/h
㉱ 승합자동차 - 110km/h

> **해설** 편도 2차로 이상의 고속도로에서 최고속도는 100km/h(적재중량 1.5톤 초과 화물자동차, 특수자동차, 건설기계, 위험물운반자동차의 경우는 80km/h)이며, 별도 지정고시한 노선 또는 구간의 고속도로에서는 120km/h(적재중량 1.5톤 초과 화물자동차, 특수자동차, 건설기계, 위험물운반자동차의 경우는 90km/h)이다.

17 다음 중 최고속도의 50/100을 줄인 속도로 운행해야 하는 경우가 아닌 것은?

㉮ 폭우, 폭설, 안개 등으로 가시거리가 100km이내인 경우
㉯ 노면이 얼어붙은 경우
㉰ 비가 내려 노면이 젖어 있는 경우
㉱ 눈이 20mm이상 쌓인 경우

> **해설** 비가 내려 노면이 젖어 있는 경우, 눈이 20mm 미만 쌓인 경우는 최고속동의 20/100을 줄인 속도로 운행하여야 한다.

18 교통안전표지의 종류가 아닌 것은?

㉮ 보조표지 ㉯ 규제표지
㉰ 권장표지 ㉱ 주의표지

> **해설** 안전표지란 교통안전에 필요한 주의, 규제. 지시 등을 표시하는 표지판이나, 도로의 바닥에 표시하는 기호,문자 또는 선 등의 노면표시를 말한다. 권장표지는 안전표지의 종류가 아니다.

정답 09. ㉰ 10. ㉮ 11. ㉱ 12. ㉯ 13. ㉰ 14. ㉮ 15. ㉮ 16. ㉯ 17. ㉰ 18. ㉰

19 다음 중 주의표지에 해당하지 않는 표지는?

㉮ 서행표지
㉯ 터널표지
㉰ 횡풍표지
㉱ 위험표지

해설 서행표지는 규제표지의 일종이다.

20 다음 중 일시정지의 개념으로 가장 올바른 것은?

㉮ 차가 즉시 정지할 수 있는 느린 속도로 진행하는 것
㉯ 반드시 차가 멈추어야 하되 얼마간의 시간 동안 정지상태를 유지해야하는 교통상황
㉰ 자동차가 완전히 멈추는 상태
㉱ 차의 운전자가 5분을 초과하지 아니하고 정지시키는 것

해설 보기는 ㉮ -정지, ㉰ - 서행, ㉱ - 정차에 대한 설명이다.

21 다음 중 서행하여야 할 상황 또는 장소에 해당되지 않은 것은?

㉮ 교통정리가 행하여지고 있지 아니하는 교차로 진입시 교차하는 도로의 폭이 넓은 경우
㉯ 안전지대에 보행자가 있는 경우와 차로가 설치되어 있지 아니한 좁은 도로에서 보행자의 옆을 지나는 경우
㉰ 교통정리가 행하여지고 있지 아니하는 교차로
㉱ 길가의 건물이나 주차장 등에서 도로에 들어가려고 하는 때

해설 길가의 건물이나 주차장 등에서 도로에 들어가려고 하는 때에는 일단 정지한 후에 안전한지 확인하면서 서행하여야 한다.

22 다음 중 고속도로 외의 편도 4차로 도로에서 차로별로 통행할 수 있는 차종연결이 잘못된 것은?(단,앞지르기 차로는 제외)

㉮ 2차로 : 중형 승합자동차
㉯ 4차로 : 원동기장치자전거
㉰ 3차로 : 적재중량이 1.5톤을 초과하는 화물자동차
㉱ 1차로 : 소형 승합자동차

해설 적재중량이 1.5톤을 초과하는 화물자동차는 4차로를 이용해야 한다.

23 다음 중 긴급자동차의 특례에 관한 내용으로 틀린 것은?

㉮ 긴급 부득이한 때에는 도로의 좌측부분을 통행할 수 있다.
㉯ 긴급자동차 본래의 용도로 사용되고 있지 않더라도 특례가 인정된다.
㉰ 일시정지하여야 할 곳에서 정지하지 않을 수 있다.
㉱ 앞지르기 금지의 시기 및 장소의 적용을 받지 않고 통행할 수 있다.

해설 긴급자동차는 본래의 용도로 사용되고 있는 경우에 특례가 인정된다.

24 교통정리가 행하여지고 있지 않은 교차로에서 가장 우선하는 자동차는?

㉮ 좌측도로에 있는 자동차
㉯ 폭이 좁은 도로에 있는 자동차
㉰ 먼저 교차로에 진입한 자동차
㉱ 통행우선순위의 자동차

해설 **교통정리가 없는 교차로에서의 우선관계**
· 먼저 진입한 차가 우선
· 폭이 넓은 도로의 차가 우선
· 우측도로의 차가 우선
· 좌회전하려는 경우 직진 또는 우회전하는 차가 우선
· 직진 우회전하려는 경우 이미 좌회전하는 차가 있으면 그 차가 우선

25 다음 중 안전거리확보 등 통행방법으로 올바르지 않은 것은?

㉮ 다른 차의 정상적인 통행에 장애를 줄 우려가 있을 때는 진로를 변경하여서는 안 된다.
㉯ 자전거 옆을 지날 때에는 안전거리 확보에 신경을 쓰지 않아도 된다.
㉰ 모든 차의 운전자는 앞차와의 충돌을 피할 수 있는 거리를 확보하여야 한다.
㉱ 운전자는 차를 갑자기 정지시키거나 속도를 줄이는 등의 급제동을 하여서는 안 된다.

해설 자동차 및 원동기장치자전거 운전자는 같은 방향으로 가고 있는 자전거 옆을 지날 때에는 그 자전거와의 충돌을 피할 수 있도록 거리를 확보하여야 한다.

26 다음 중 도로교통법령상 최고속도가 110km/h인 편도 2차로 이상 고속도로에서 적재중량이 5톤인 화물자동차의 최고속도는 얼마인가?

㉮ 100km/h
㉯ 90km/h
㉰ 80km/h
㉱ 110km/h

해설 편도 2차로 이상인 고속도로에서 적재중량 1.5톤을 초과하는 화물자동차는 최고 90km/h의 속도로 주행 가능하다.

27 다음 중 운전자가 서행 및 일시정지 등을 이행해야 할 사항이다.이행사항이 다른 하나는?

㉮ 보도와 차도가 구분된 도로에서 도로 외의 곳을 출입하는 때에는 보도를 횡단하기 직전
㉯ 안전지대에 보행자가 있는 경우와 차로가 설치되어 있지 아니한 좁은 도로에서 보행자의 옆을 지나는 경우
㉰ 교통정리가 행하여지고 있지 아니하고 좌우를 확인할 수 없거나 교통이 빈번한 교차로 진입 시
㉱ 정지선이나 횡단보도가 있는 때에는 적색등화가 점멸하는 곳의 그 직전이나 교차로의 직전

해설 보기 중 ㉮,㉰,㉱는 일시정지, ㉯는 서행할 때이다.

정답 19.㉮ 20. ㉯ 21. ㉱ 22. ㉰ 23. ㉯ 24. ㉰ 25. ㉯ 26. ㉯ 27. ㉯

28 다음 중 도로교통법상 차가 즉시 정지할 수 있는 느린 속도로 진행하여야 할 장소가 아닌 곳은?

㉮ 중앙선이 지워진 도로
㉯ 도로가 구부러진 부근
㉰ 비탈길의 고갯마루 부근
㉱ 가파른 비탈길의 내리막

> **해설** 도로교통법은 도로 위의 모든 차에 대해 운전자의 정상적인 차량통제가 어려운 경우에는 서행 또는 일시정지하게끔 법에 규정하여 관리하고 있다. 이러한 정상적인 차량통제가 어려운 경우가 서행 또는 일시정지할 장소가 된다. 비탈길의 고갯마루, 가파른 비탈길의 내리막, 도로가 구부러진 부근 등은 서행 또는 일시정지하여야 할 대표적인 장소이다.
> 중앙선 노면표시 도색은 서행 또는 일시정지와 큰 관계가 없다.

29 다음 중 서행하여야 하는 장소가 아닌 곳은?

㉮ 도로가 구부러진 부근
㉯ 교차로나 그 부근에서 긴급자동차가 접근하는 경우
㉰ 교통정리를 하고 있지 아니하는 교차로
㉱ 지방경찰청장이 안전표지로 지정한 곳

> **해설** 교차로나 그 부근에 긴급자동차가 접근하는 경우에는 교차로를 피하여 도로의 우측 가장자리에 일시정지하여야 한다.

30 다음 중 교차로에서 우회전 혹은 좌회전을 하기 위해 사용하는 신호의 방법이 아닌 것은?

㉮ 손(수신호)
㉯ 등화
㉰ 깜빡이(방향지시기)
㉱ 경음기

> **해설** 우회전이나 좌회전을 위해서는 손, 방향지시기, 등화로써 신호를 하여야 한다.

31 다음 중 제1종 대형 운전면허를 취득해야만 운전할 수 있는 차는?

㉮ 트레일러 및 레커
㉯ 3톤 미만의 지게차
㉰ 아스팔트 살포기
㉱ 승용자동차

> **해설** 건설기계 중 도로를 운행하는 3톤 미만의 지게차는 제1종 보통면허로도 운전이 가능하지만, 덤프트럭, 아스팔트살포기, 노상안정기, 콘크리트 믹서트럭, 콘크리트 펌프, 천공기는 제1종 대형면허를 취득해야만 운전이 가능하다. 참고로 트레일러 및 레커는 제1종 특수면허를 취득하여야 한다.

32 다음 중 제2종 보통면허를 취득한 경우 운전 가능한 차는?

㉮ 12인승 이하의 긴급자동차
㉯ 승차정원 10인 이하의 승합자동차
㉰ 적재중량 12톤 미만의 화물자동차
㉱ 도로를 운행하는 3톤 미만의 지게차

> **해설** 제2종 보통면허로 운전 가능한 자동차는 승용자동차, 적재중량 4톤 이하의 화물자동차, 원동기장치자전거이다. 참고로 보기 중 ㉮,㉰,㉱는 제1종 보통 면허 또는 제1종 대형면허로 운전이 가능한 차이다.

33 운전면허취득 응시자격 제한의 사유와 그 기간이 잘못 연결된 것은?

㉮ 자동차 등을 이용하여 범죄행위를 한 경우 - 그 위반한 날부터 3년
㉯ 경찰공무원의 음주운전 여부측정을 3회 이상 위반하여 취소된 때 -2년
㉰ 허위 또는 부정한 수단으로 운전면허를 받은 때 - 2년
㉱ 음주운전금지 규정에 위반하여 운전하다가 2회 이상 교통사고를 일으킨 경우 - 그 위반한 날부터 3년

> **해설** 음주운전금지 규정에 위반하여 운전하다가 2회 이상 교통사고를 일으킨 경우에는 '운전면허가 취소된 날부터 3년간' 응시자격이 제한된다.

34 다음 중 제1종 보통면허로 운전할 수 없는 차는?

㉮ 트레일러 및 레커를 제외한 총중량 8톤의 특수자동차
㉯ 적재중량 15톤의 화물자동차
㉰ 승차정원 15인의 승합자동차
㉱ 승차정원 12인의 긴급 승합자동차

> **해설** 도로교통법 시행규칙 별표 18 운전할 수 있는 차의 종류
> 제1종 보통면허로 운전할 수 있는 차의 종류
> ·승용자동차
> ·승차정원 15인 이하의 승합자동차
> ·승차정원 12인 이하의 긴급자동차(승용 및 승합자동차에 한정한다.)
> ·적재중량 12톤 미만의 화물자동차
> ·건설기계(도로를 운행하는 3톤 미만의 지게차에 한정한다.)
> ·총 중량 10톤 미만의 특수자동차(트레일러 및 레커는 제외한다.)
> ·원동기장치자전거

35 다음 중 제1종 보통운전면허로 운전할 수 있는 차량이 아닌 것은?

㉮ 적재중량 12톤 미만인 화물자동차
㉯ 승차정원이 12인 이하의 긴급 자동차(승용 및 승합 자동차에 한정한다.)
㉰ 승차정원 25인승 승합자동차
㉱ 총 중량 10톤 미만인 특수자동차(트레일러 및 레커는 제외한다.)

> **해설** 제1종 보통면허 소지자는 승차정원이 15인승 이하인 승합자동차만 운전할 수 있다.

36 다음 중 교통법규위반시 범칙금납부통고서로 범칙금을 납부할 것을 통고할 수 있는 사람은?

㉮ 경찰서장
㉯ 지방경찰청장
㉰ 시도지사
㉱ 국토교통부장관

> **해설** 경찰서장은 범칙자로 인정되는 사람에 대하여는 그 이유를 명시한 범칙금납부통고서로 범칙금을 납부할 것을 통고할 수 있다.

37 다음 중 4톤 이하 화물자동차가 앞지르기 방법을 위반했을 때의 범칙금액은 얼마인가?

㉮ 40,000원
㉯ 50,000원
㉰ 60,000원
㉱ 70,000원

> **해설** 신호·지시위반, 중앙선침범·통행구분위반, 속도위반(20KM/h 초과 40km/h이하), 횡단·유턴·후진 위반, 고속도로·자동차전용도로 갓길통행 등의 범칙행위시 4톤 이하 화물자동차는 6만원, 4톤 초과 화물자동차 및 특수자동차는 7만원의 범칙금액이 부과된다.

정답 28. ㉮ 29. ㉯ 30. ㉱ 31. ㉰ 32. ㉯ 33. ㉱ 34. ㉯ 35. ㉰ 36. ㉮ 37. ㉰

38 다음 중 적재중량 5톤인 화물자동차가 법정최고속도를 40km/h 초과하여 운행하다 단속되었을 때에 운전자에게 부과되는 범칙금은?

㉮ 3만원
㉯ 7만원
㉰ 9만원
㉱ 10만원

> **해설** 40km/h 초과 60km/h 이하 속도위반 시 4톤 초과 화물차는 10만 원의 범칙금이 부과된다.

39 다음 중 고속도로의 갓길 통행 시 부과되는 벌점은?

㉮ 20점
㉯ 30점
㉰ 10점
㉱ 40점

> **해설** 고속도로 · 자동차전용도로 갓길 통행 시에는 30점의 벌점이 부과된다.

40 다음 중 교통사고처리특례법에 따라 형사처벌의 특례(면책)를 적용받을 수 있는 사고는?

㉮ 앞지르기의 방법 · 금지 위반 사상사고
㉯ 사망사고
㉰ 뺑소니 인사사고
㉱ 500만 원 이상의 물적 피해사고

> **해설** 사망사고는 그 피해의 중대성과 심각성으로 말미암아 사고차량이 보험이나 공제에 가입되어 있더라도 이를 반의사불벌죄의 예외로 규정하여 형법 제268조에 따라 처벌한다. 따라서 사망사고 는 형사처벌 면책대상이 아니다. 물적 피해사고는 형사처벌의 특례를 적용받을 수 있다.

41 다음 중 교통사고처리특례법 적용 배제 사유에 해당하지 않는 것은?

㉮ 속도위반(10km/h 초과) 과속사고
㉯ 무면허운전사고
㉰ 중앙선 침범사고
㉱ 끼어들기 금지 위반사고

> **해설** 제한속도를 시속 20킬로미터 초과하여 운전하였을 때 발생한 사고에 대해 교통사고처리특례법이 적용된다.

42 차의 운전자가 업무상 필요한 주의를 게을리하거나 중대한 과실로 다른 사람의 건조물이나 그 밖의 재물을 손괴한 때에 받게 되는 벌칙은?

㉮ 1년 이하의 금고나 500만원 이하의 벌금
㉯ 2년 이하의 금고나 1000만원 이하의 벌금
㉰ 1년 이하의 금고나 1000만원 이하의 벌금
㉱ 2년 이하의 금고나 500만원 이하의 벌금

> **해설** 도로교통법 제151조(벌칙) 차의운전자가 업무상 필요한 주의를 게을리하거나 중대한 과실로 다른 사람의 건조물이나 그 밖의 재물을 손괴한 때에는 2년 이하의 금고나 500만원 이하의 벌금에 처한다.

43 차의 운전자가 업무상 과실 또는 중대한 과실로 인하여 사람을 사상에 이르게 한 자에 대한 벌칙은?

㉮ 5년 이하의 금고 또는 2천만원 이하의 벌금
㉯ 5년 이하의 징역 또는 3천만원 이하의 벌금
㉰ 3년 이하의 금고 또는 1천만원 이하의 벌금
㉱ 1년 이하의 징역 또는 3천만원 이하의 벌금

> **해설** 형법 제268조(업무과실,중과실 치사상) 업무상 과실 또는 중대한 과실로 인하여 사람을 사상에 이르게 한 자는 5년 이하의 금고 또는 2천만원 이하의 벌금에 처한다.

44 다음중 피해자를 치상하고 피해자를 구호하는 등의 조치를 취하지 않고 도주한 경우 가해 운전자가 받게 되는 처벌은?

㉮ 1년 이상의 유기징역 또는 500만원 이상 3천만원 이하의 벌금
㉯ 2년 이상의 유기징역 또는 1천만원 이상 5천만원 이하의 벌금
㉰ 1년 이하의 유기징역 또는 1천만원 이상의 벌금
㉱ 1년 이상의 유기징역 또는 1천만원 이하의 벌금

> **해설** 피해자를 치사하고 도주하거나, 도주 후에 피해자가 사망한 때는 무기 또는 5년 이상의 징역, 피해자를 치상하고 도주한 때에는 1년 이상의 유기징역 또는 500만원 이상 3천만원 이하의 벌금

45 다음 중 교통사고처리특례법상에서 말하는 과속은 도로교통법에 규정된 법정속도와 지정속도를 얼마나 초과한 경우를 말하는가?

㉮ 10km/h
㉯ 20km/h
㉰ 30km/h
㉱ 40km/h

> **해설** 일반적인 과속이란 도로교통법 상에 규정된 법정속도와 지정속도를 초과한 경우를 말하고, 교통사고처리특례법상 과속이란, 도로교통법 상에 규정된 법정속도와 지정속도를 20km/h 초과된 경우를 말한다.

46 다음 중 특정범죄가중처벌 등에 관한 법률에 의하여 도주사고에 해당되는 것은?

㉮ 부상피해자에 대한 적극적인 구호조치 없이 가버린 경우
㉯ 교통사고 가해운전자가 심한 부상을 입어 타인에게 의뢰하여 피해자를 후송 조치 한 경우
㉰ 경찰관이 환자를 후송하는 것을 보고 연락처를 주고 가버린 경우
㉱ 교통사고 장소가 혼잡하여 도저히 정지할 수 없어 일부 진행한 후 정지하고 되돌아 와 조치한 경우

> **해설** 부상피해자에 대한 적극적인 구호조치 없이 가버린 경우 도주사고로 적용된다.

47 다음 중 앞지르기 금지장소가 아닌 곳은?

㉮ 비탈길의 고갯마루 부근
㉯ 가파른 비탈길의 오르막
㉰ 도로의 구부러진 곳
㉱ 가파른 비탈길의 내리막

> **해설** 앞지르기를 금지하는 이유는, 운전자의 의사와 다르게 차량이 제어될 우려가 있기 때문이다. 운전자의 의사와 다르게 차량이 제어된다면 그만큼 사고가 발생할 가능성이 높아지므로 앞지르기 를 금지하는 것이다.
> 가파른 비탈길의 오르막은 높은 속도로 운행하기 어려운 곳이며, 따라서 운전자의 의사와 다르게 차량이 제어될 우려가 적은 곳이다.

정답 38. ㉱ 39. ㉯ 40. ㉱ 41. ㉮ 42. ㉱ 43. ㉮ 44. ㉮ 45. ㉯ 46. ㉮ 47. ㉯

48 교통사고처리특례법상 중앙선 침범에 해당하지 않는 경우는?

㉮ 사고피양 중 부득이하게 중앙선을 침범한 경우
㉯ 커브길 과속운행으로 중앙선을 침범한 경우
㉰ 중앙선을 걸친 상태로 계속 진행한 경우
㉱ 고의 또는 의도적으로 중앙선을 침범한 경우

> **해설** 사고피양 등 만부득이한 중앙선 침범사고는 중앙선 침범이 적용되지 않는다. 그렇지만, 해당 사고는 도로교통법상의 안전운전 불이행으로 처리된다. 만부득이한 경우로는 앞차의 정지를 보고 추돌을 피하려 중앙선을 침범한 사고, 보행자를 피양하다 중앙선을 침범한 사고, 빙판길에 미끄러지면서 중앙선을 침범한 사고 등이 있다.

49 다음 중 화물자동차 운수사업법의 목적으로 적절하지 않은 것은?

㉮ 운수사업의 효율적 관리
㉯ 화물의 원활한 운송
㉰ 공공복리 증진
㉱ 화물자동차 운수사업자의 이익 극대화

> **해설** 화물자동차 운수사업법은 운수사업의 효율적 관리, 화물의 원활한 운송, 공공복리 증진을 목적으로 하는 법이다. 운수사업자의 이익과 관련된 사항을 법으로 규정하지는 않는다.

50 다음 중 일정 대수 이상의 화물자동차를 사용하여 화물을 운송하는 사업을 무엇이라 하는가?

㉮ 일반화물자동차운송사업
㉯ 화물자동차운송가맹사업
㉰ 화물자동차운송체인사업
㉱ 화물자동차운송주선사업

> **해설** **화물자동차운송사업의 종류**
> ·일반화물자동차운송사업 : 일정 대수 이상의 화물자동차를 사용하여 화물을 운송하는 사업
> ·개별화물자동차운송사업 : 화물자동차 1대를 사용하여 화물을 운송하는 사업
> ·용달화물자동차운송사업 : 소형의 화물자동차를 사용하여 화물을 운송하는 사업

51 화물자동차 운수사업 법령에서 정의한 운수종사자에 해당하는 자는?

㉮ 자동차 보험회사 직원
㉯ 화물자동차 운전자
㉰ 1급 정비공장 정비원
㉱ 지방자치단체 교통 공무원

> **해설** 운수종사자란 화물자동차의 운전자, 화물의 운송 또는 주선에 관한 사무를 취급하는 사무원 및 이를 보조하는 보조원, 그 밖에 화물자동차 운수사업에 종사하는 자를 말한다.

52 다음 중 자동차관리법상 화물자동차의 조건이 아닌 것은?

㉮ 바닥면적이 최소 2제곱미터 이상인 화물적재공간을 갖춘 자동차
㉯ 화물적재공간의 바닥면적이 승차공간의 바닥면적보다 좁은 자동차
㉰ 화물운송기능을 갖추고 자체 적하,기타 작업설비를 갖춘 자동차
㉱ 승차공간과 화물적재공간이 분리된 자동차

> **해설** 화물자동차란 화물적재공간의 바닥면적이 승차공간의 바닥면적보다 넓은 자동차를 말한다.

53 다음 중 화물자동차운송 주선사업의 허가권자는 누구인가?

㉮ 협회
㉯ 지방경찰청장
㉰ 국토교통부장관
㉱ 교통안전공단이사장

> **해설** 화물자동차운송사업을 경영하고자 하는 자는 국토교통부장관의 허가(시·도지사에 권한 위임)를 받아야 한다.

54 다음 중 화물자동차운전자의 운전업무에 필요한 요건이 아닌 것은?

㉮ 운전면허   ㉯ 학력
㉰ 나이   ㉱ 운전경력

> **해설** 연령·운전경력 등의 요건
> ·제1종 또는 제2종 운전면허(소형 및 원동기면허 제외) 소지자
> ·20세 이상일 것
> ·운전경력 2년 이상(여객자동차 및 화물자동차 운수사업자동차 운전경력은 1년 이상)

55 다음 중 운수종사자가 아닌 사람은?

㉮ 화물의 운송 또는 운송주선에 관한 사무를 취급하는 사무원을 보조하는 보조원
㉯ 화물의 운송 또는 운송주선에 관한 사무를 취급하는 사무원
㉰ 화물자동차의 운전자
㉱ 화물 수탁인

> **해설** 운수종사자란 화물자동차의 운전자. 화물의 운송 또는 운송주선에 관한 사무를 취급하는 사무원 및 이를 보조하는 보조원. 그 밖에 화물자동차 운수사업에 종사하는 자를 말한다.

56 다음 중 다른 사람의 요구에 응하여 화물자동차를 사용하여 화물을 유상으로 운송하는 사업은?

㉮ 화물자동차 운송사업
㉯ 화물자동차 운반가맹사업
㉰ 화물자동차 운영사업
㉱ 화물자동차 영업사업

> **해설** 화물자동차 운송사업이란 다른 사람의 요구에 응하여 화물자동차를 사용하여 화물을 유상으로 운송하는 사업을 말한다.

57 다음 중 화물자동차운수사업법상 운전적성 정밀검사 중 신규검사의 대상자는?

㉮ 교통사고를 일으켜 사람을 사망하게 한 자
㉯ 교통사고를 일으켜 3주 이상의 치료를 요하는 상해를 입힌 자
㉰ 과거 1년간 도로교통법시행규칙에 의한 운전면허행정처분기분에 의하여 산출된 누산점수가 81점 이상인 자
㉱ 화물운송종사 자격증을 취득하고자 하는 자

> **해설** 화물운송종사 자격증을 취득하고자 하는 자는 신규검사 대상자이다.

정답 48.㉮ 49.㉱ 50.㉮ 51.㉯ 52.㉯ 53.㉰ 54.㉯ 55.㉱ 56.㉮ 57.㉱

58 화물운송종사자격증이 헐어 못쓰게 되었거나 잃어버린 경우 재교부 신청을 할 수 있는 곳은?

㉮ 연합회
㉯ 교통안전공단
㉰ 국토교통부장관
㉱ 시·도지사

> **해설** 자격증의 재교부 신청은 교통안전공단에, 자격증명의 재교부 신청은 협회에 한다.

59 다음 보기 중에 화물자동차 운송사업 중 화물자동차 1대를 사용하여 화물을 운송하는 사업은?

㉮ 특수화물자동차 운송사업
㉯ 용달화물자동차 운송사업
㉰ 개별화물자동차 운송사업
㉱ 일반화물자동차 운송사업

> **해설** 화물자동차 1대를 사용하여 화물을 운송하는 사업을 개별화물자동차 운송사업이라 하고, 최대 적재량은 1톤 초과 5톤 미만인 화물자동차를 이용하는 사업을 말한다. (화물자동차운수사업법 시행규칙 [별표 1] 화물자동차 운송사업의 허가기준(제 13조 관련))

60 다음 중 화물자동차 운송사업자가 국토교통부장관에게 운임 및 요금을 신고할 때 제출하여야 할 자료가 아닌 것은?

㉮ 운임·요금표
㉯ 운임 및 요금신고서
㉰ 공인회계사가 작성한 원가계산서
㉱ 차량의 구조 및 최대적재량

> **해설** 운임 및 요금 신고 시 필요자료는 운임 및 요금신고서, 공인회계사가 작성한 원가계산서, 운임·요금표, 운임 및 요금의 신·구 대비표(변경신고 시에만 해당)이다.

61 화물자동차운전자가 화물운송종사 자격증명의 게시 장소는?

㉮ 자동차 안 앞면 좌측하단
㉯ 자동차 안 앞면 우측상단
㉰ 자동차 안 앞면 좌측상단
㉱ 자동차 안 앞면 중앙

> **해설** 자격증명은 화물자동차 안 앞면 우측상단에 부착하여 게시하여야 한다.

62 다음 중 화물운송종사자격시험에 합격한 합격자가 정해진 교육과목을 이수해야 하는 교육시간은?

㉮ 10시간
㉯ 3시간
㉰ 8시간
㉱ 5시간

> **해설** 교육시행기관은 교통안전공단으로 교육시간은 8시간이다.

63 다음 중 보험 등 의무가입자 및 보험회사 등이 책임보험계약 등의 전부 또는 일부를 해제 또는 해지할 수 있는 사유가 아닌 것은?

㉮ 화물자동차 운송주선사업의 허가가 취소된 경우
㉯ 화물자동차 운송사업을 휴업하거나 폐업한 경우
㉰ 화물자동차 운송사업의 적자 누적으로 책임보험을 해제 또는 해지하고자 하는 경우
㉱ 보험회사 등이 파산 등의 사유로 영업을 계속할 수 없는 경우

> **해설** 사업의 적자를 사유로 책임보험계약을 해지해서는 안 된다.

64 다음 중 교통사고를 일으켜 5주 이상의 치료가 필요한 상해를 입힌 자가 받아야 하는 검사는?

㉮ 운전적성 정밀검사 중 유지검사
㉯ 운전적성 정밀검사 중 특별검사
㉰ 운전적성 정밀검사 중 갱신검사
㉱ 운전적성 정밀검사 중 신규검사

> **해설** 운전적성 정밀검사 중 특별검사는 교통사고를 일으켜 사람을 사망하게 하거나 5주 이상의 치료 가 필요한 상해를 입힌 사람, 과거 1년간 도로교통법 시행규칙에 따른 운전면허 행정처분기준에 따라 산출된 누산점수가 81점 이상인 사람이 받는 검사이다.

65 다음 중 국토교통부장관 또는 관할관청이 실시주체인 운송종사자의 교육 내용이 아닌 것은?

㉮ 화물운송과 관련한 업무수행에 필요한 사항
㉯ 그밖에 화물운송서비스증진 등을 위하여 필요한 사항
㉰ 화물자동차운수사업관계법령 및 도로교통 관계법령
㉱ 화물 자동차 정비 요령

66 다음 중 자동차관리법의 제종 목적에 해당되지 않는 것은?

㉮ 공공의 복리 증진
㉯ 자동차의 성능 및 안전을 확보
㉰ 자동차의 효율적 관리
㉱ 도로교통 질서 확립

> **해설** 자동차관리법은 자동차의 등록·안전기준·자기인증·제작결함시정·점검·정비·검사 및 자동차관리사업 등에 관한 사항을 정한 것이다.

67 다음 중 화물운송종사자격시험에 합격한 사람이 받아야 하는 법정교육시간은?

㉮ 12시간
㉯ 8시간
㉰ 4시간
㉱ 16시간

> **해설** 자격시험에 합격한 사람은 8시간 동안 법, 안전, 화물취급요령, 응급처치, 운송서비스에 관한 사항을 교육받아야 한다.

정답 58. ㉯ 59. ㉰ 60. ㉱ 61. ㉯ 62. ㉰ 63. ㉰ 64. ㉯ 65. ㉱ 66. ㉱ 67. ㉯

68 다음 중 화물운송종사자격증의 재발급 요건이 아닌 것은?

㉮ 자격증이 정지된 경우

㉯ 자격증 기재사항에 착오가 있는 경우

㉰ 자격증을 분실한 경우

㉱ 자격증이 헐어서 못쓰게 된 경우

해설 자격증이 정지된 경우는 재발급할 수 없다.

69 다음 중 자동차관리법상의 적용을 받는 자동차는 무엇인가?

㉮ 군수품관리법에 의한 차량

㉯ 화물자동차운수사업법에 의한 화물자동차

㉰ 건설기계관리법에 의한 건설기계

㉱ 궤도 또는 공중선에 의하여 운행되는 차량

해설 ㉮, ㉰, ㉱ 외에도, 농업기계화촉진법에 의한 농업기계 외·의료기기법에 의한 의료기기는 자동차관리법상의 적용에서 제외된다.

70 차의 연수(차령)가 2년 초과한 사업용 대형 화물차의 자동차 정기검사 유효기간은?

㉮ 2년

㉯ 6월

㉰ 3월

㉱ 1년

해설 사업용 대형 화물차의 경우 차의 연수(차령)가 2년 초과된 경우 자동차 정기검사 유효기간은 6월, 2년 이하인 경우는 1년이다.

71 다음 중 자동차의 점검 및 정비명령 등의 대상이 되는 자동차에 해당되지 않는 것은?

㉮ 운행 중 추돌사고가 발생한 자동차

㉯ 승인을 얻지 아니하고 구조 또는 장치를 변경한 자동차

㉰ 안전기준에 적합하지 아니하거나 안전운행에 지장이 있다고 인정되는 자동차

㉱ 여객자동차운수사업법 또는 화물자동차운수사업법에 의한 중대한 교통사고가 발생한 사업용자동차

해설 ㉯,㉰,㉱ 외에 정기검사를 받지 아니한 자동차는 자동차의 점검 및 정비명령 등의 대상이 된다.

72 다음 중 화물자동차 운전자의 화물운송종사 자격이 취소되거나 효력이 정지한 경우 화물운송종사 자격증명을 어디에 반납해야 하는가?

㉮ 국토교통부

㉯ 협회

㉰ 교통안전공단

㉱ 관할관청

해설 사업의 양도·양수 신고를 하는 경우(상호가 변경되는 경우에만)와 화물자동차 운전자의 화물운송종사자격이 취소되거나 효력이 정지된 경우에는 관할관청에 화물운송종사자격증명을 반납하여야 한다.

73 다음 중 화물자동차 운전자에게 최고속도 제한장치 또는 운행기록계가 정상적으로 작동되지 않는 상태에서 운행하도록 한 경우 일반화물자동차 운송사업자에 대한 과징금은 얼마인가?

㉮ 10만원

㉯ 5만원

㉰ 20만원

㉱ 60만원

해설 화물자동차 운전자에게 「자동차 및 자동차부품의 성능과 기준에 관한 규칙」 제54조 제2항에 따른 최고속도 제한장치 또는 같은 규칙 제56조에 따른 운행기록계가 설치된 운송사업용 화물자동차를 해당 장치 또는 기기가 정상적으로 작동되지 않는 상태에서 운행하도록 한 경우에는 일반화물의 경우 20만 원의 과징금이 처분된다.

74 다음 중 도로에서 운행이 제한되는 차량에 해당하지 않는 것은?

㉮ 축하중이 10톤을 초과하는 차량

㉯ 차량의 폭이 2.5미터를 초과하는 차량

㉰ 총중량이 40톤을 초과하는 차량

㉱ 차량의 길이가 11미터를 초과하는 차량

해설 차량의 길이가 16.7미터를 초과하는 차량은 운행제한 차량에 해당

75 다음의 보기 중 도로의 등급이 가장 낮은 것은?

㉮ 특별시·광역시도

㉯ 지방도

㉰ 일반국도

㉱ 구도

해설 도로의 등급은 1. 고속국도 → 2. 일반국도 → 3. 특별시·광역시도 → 4. 지방도 → 5. 시도 → 6. 군도 → 7. 구도이다.

76 자동차관리법이 정한 자동차정기검사나 종합검사를 받지 않은 경우의 과태료 부과 기준에 대한 설명으로 틀린 것은?

㉮ 검사를 받아야 할 기간만료일부터 30일을 초과한 경우에는 3일 초과 시마다 : 과태료 1만원

㉯ 검사를 받아야 할 기간만료일부터 30일 이내인 때 : 과태료 2만원

㉰ 과태료의 최고한도액 : 100만원

㉱ 과태료의 부과 : 기간만료일부터 계산됨

해설 과태료의 최고한도액은 30만원이다.

77 다음 중 대기환경보전법상 용어의 정의로 틀린 것은?

㉮ 입자상 물질 : 물질의 파쇄·선별·퇴적·이적기타 기계적으로 처리되거나 연소·합성·분해 시에 발생하는 고체상 또는 액체상의 미세한 물질

㉯ 가스 : 물질의 연소·합성·분해될 때에 발생하거나 물리적 성질에 의하여 발생하는 기체상물질

㉰ 매연 : 연소 시에 발생하는 산소와 수소를 주로 하는 물질

㉱ 대기오염물질 : 대기오염의 원인이 되는 가스·입자상 물질로서 환경부령으로 정하는 것

해설 매연은 연소할 때에 생기는 유리 탄소가 주가 되는 미세한 입자상 물질을 말한다.

정답 68. ㉮ 69. ㉯ 70. ㉯ 71. ㉮ 72. ㉱ 73. ㉰ 74. ㉱ 75. ㉱ 76. ㉰ 77. ㉰

78 다음 중 적재된 화물의 이탈을 방지하기 위한 덮개 · 포장 · 고정장치 등을 하지 않고 운행한 경우 개별화물자동차 운송사업자에 대한 과징금은 얼마인가?

㉮ 10만 원
㉯ 30만 원
㉰ 20만 원
㉱ 40만 원

해설 과징금 부과기준은 아래와 같다.

위반내용	해당조문	처분내용(단위 : 만 원)				
		화물자동차운송사업			화물자동차 운송주선사업	화물자동차 운송가맹사업
		일반	개별	용달		
8. 적재된 화물의 이탈을 방지하기 위한 덮개 · 포장 · 고정장치 등을 하지 않고 운행한 경우	시행규칙 제21조 제13호	20	10	10	—	20

79 다음 중 화물운송업과 관련된 업무 중 시 · 도에서 처리하는 업무가 아닌 것은?

㉮ 화물자동차 운송사업의 허가기준에 관한 사항의 신고
㉯ 운전적성 정밀검사의 시행
㉰ 운송사업자에 대한 개선명령
㉱ 화물운송종사자격의 취소 및 효력의 정지에 따른 청문

해설 운전적성 정밀검사는 교통안전공단에서 처리하는 업무이다.

80 다음 중 자동차관리법에 규정된 내용이 아닌 것은?

㉮ 자동차의 등록
㉯ 자동차의 검사
㉰ 자동차의 안전기준
㉱ 자동차의 통행방법

해설 자동차의 통행과 관련된 내용은 도로교통법에 규정되어 있다.

81 배출가스 배출상태를 수시로 점검하기 위해 이루어지는 운행차의 수시점검을 면제받을 수 있는 자동차에 해당되지 않는 것은?

㉮ 도로교통법에 따른 어린이통학버스
㉯ 군용 및 경호업무용 등 국가의 특수한 공용 목적으로 사용되는 자동차
㉰ 도로교통법에 따른 긴급자동차
㉱ 환경부장관이 정하는 저공해자동차

해설 운행차 수시점검을 면제받을 수 있는 자동차는 보기의 ㉯,㉰,㉱항이다.

82 다음 중 자동차등록원부에 등록하지 않은 상태에서 자동차를 운행할 수 있는 경우는?

㉮ 관계기관에 신고한 경우
㉯ 법적 승인을 마친 경우
㉰ 자동차검사에 합격한 경우
㉱ 임시운행허가를 얻어 허가기간 내에 운행하는 경우

해설 임시운행허가를 얻어 허가기간 내에 운행하는 경우에는 자동차등록원부에 등록하지 않은 상태에서 자동차를 운행할 수 있다.

83 다음 중 자동차 등록에 관한 설명 중 틀린 것은?

㉮ 등록된 자동차를 양수받은 자는 자동차 소유권의 변경등록을 신청하여야 한다.
㉯ 임시운행허가를 받은 경우에는 자동차등록원부에 등록하기 전에도 운행할 수 있다.
㉰ 말소등록 신청 시 자동차등록증,자동차등록번호판 및 봉인을 반납하여야 한다.
㉱ 자동차 해체 재활용업자에게 폐차를 요청한 경우에는 말소등록을 하여야 한다.

해설 등록된 자동차를 양수받은 자는 자동차 소유권의 이전등록을 신청하여야 한다.

84 다음 중 자동차관리법에 따른 명령이나 자동차 소유자의 신청을 받아 비정기적으로 실시하는 검사는?

㉮ 튜닝검사
㉯ 임시검사
㉰ 정기검사
㉱ 신규검사

해설 자동차관리법 또는 자동차관리법에 따른 명령이나 자동차 소유자의 신청을 받아 비정기적으로 실시하는 검사를 임시검사라 한다.

85 다음 중 종합검사의 검사기간은 검사유효기간의 마지막 날 전후 각각 며칠 이내인가?

㉮ 30일
㉯ 31일
㉰ 15일
㉱ 60일

해설 자동차 소유자가 종합검사를 받아야 하는 기간은 검사 유효기간의 마지막 날(검사 유효기간을 연장하거나 검사를 유예한 경우에는 그 연장 또는 유예된 기간의 마지막 날을 말한다) 전후 각각 31 일 이내로 한다.

86 다음 중 도로관리청이 국토교통부장관인 경우 자동차 전용도로를 지정하고자 할 때는 누구의 의견을 들어야 하는가?

㉮ 관할지방검찰청장
㉯ 경찰청장
㉰ 국민안전처 차관
㉱ 관할경찰서장

해설 자동차 전용도로를 지정할 때에는 도로관리청이 국토교통부장관이면 경찰청장. 특별시장 · 광역 시장 · 도지사 또는 특별자치도지사이면 관할지방경찰청장. 특별자치시장 · 시장 · 군수 또는 구청장이면 관할경찰서장의 의견을 각각 들어야 한다.

87 다음 중 대기환경보전법령에 따른 '자동차에서 배출되는 대기오염물질을 줄이기 위하여 자동차에 부착 또는 교체하는 장치로서 환경부령으로 정하는 저감효율에 적합한 장치'를 무엇이라 하는가?

㉮ 저공해엔진
㉯ 저공해자동차
㉰ 배출가스저감장치
㉱ 친환경자동차

해설 배출가스저감장치의 정의를 묻는 문제이다.

정답 78. ㉮ 79. ㉯ 80. ㉱ 81. ㉮ 82. ㉱ 83. ㉮ 84. ㉯ 85. ㉯ 86. ㉯ 87. ㉰

88 다음 중 시·도지사가 대기질 개선을 위하여 필요하다고 인정하여 그 지역에서 운행하는 자동차 중 일정 요건을 갖춘 자동차 소유자에게 권고하는 조치에 해당하지 않는 것은?

㉮ 저공해엔진으로의 개조
㉯ 배출가스저감장치의 부착
㉰ 저공해자동차로의 전환
㉱ 원동기장치자전거 구매

> **해설** 대기환경보전법 제58조에 따라 시·도지사는 대기질 개선을 위해 자동차 소유자에게 저공해자동차로의 전환, 배출가스저감장치의 부착,저공해엔진으로의 개조를 권고할 수 있다.

89 다음 중 시·도지사의 저공해자동차로의 전환명령을 이행하지 않은 차에 대한 처벌기준은?

㉮ 300만 원 이하의 과태료
㉯ 600만 원 이하의 과태료
㉰ 500만 원 이하의 과태료
㉱ 400만 원 이하의 과태료

> **해설** 저공해자동차로의 전환 또는 개조 명령, 배출가스저감장치의 부착·교체 명령 또는 배출가스 관련 부품의 교체명령, 저공해엔진(혼소엔진을 포함한다.)으로의 개조 또는 교체 명령을 이행하지 아니한 자에게는 300만 원 이하의 과태료를 부과할 수 있다.

90 다음 중 자동차등록증 상에 기재된 자동차 정기검사 유효기간 만료일로부터 30일이 경과한 후 검사를 받아 합격한 경우 과태료는 얼마인가?

㉮ 2만원
㉯ 4만원
㉰ 5만원
㉱ 3만원

> **해설** 정기검사나 종합검사를 받지 아니한 경우 검사를 받아야 할 기간만료일로부터 30일 이내인 때에 는 과태료 2만 원,검사를 받아야 할 기간만료일로부터 30일을 초과한 경우에는 3일 초과 시마다 과태료 1만원이 부과되며,과태료 최고 한도액은 30만 원이다.

제 2 편

화물 취급 요령

◑ 출제예상문제 ◐

1 화물 취급의 중요성과 운송장

1. 화물취급의 중요성

(1) 과적의 위험성

① 엔진, 차량자체 및 운행하는 도로 등에 악영향을 미친다.
② 자동차의 핸들 조작·제동장치조작·속도조절 등이 곤란하다.
③ 내리막길 운행 중 브레이크 파열이나 적재물의 쏠림에 의한 위험이 뒤따른다.

(2) 화물차량 운행상 유의할 사항(색다른 화물 운반)

① **드라이벌크탱크(Dry bulk tanks) 차량** : 흔히 무게중심이 높고 적재물이 이동하기 쉬우므로 커브길과 급회전시 운행에 주의해야 한다.

② **냉동차량** : 무게중심이 높기 때문에 급회전시 특별한 주의 운전과 서행운전이 필요하다.

③ **소나 돼지와 같은 가축 또는 살아있는 동물을 운반하는 차량** : 무게중심이 이동하여 전복될 우려가 높으므로 커브길 등에서 특별한 주의운전이 필요하다.

④ **비정상화물(Oversized loads)을 운반할 때** : 길이가 긴 화물, 폭이 넓은 화물 또는 부피에 비하여 중량이 무거운 화물 등 비정상 화물을 운반할 때는 적재물의 특성을 알리는 특수 장비를 갖추거나 경고표시를 하는 등 운행에 특별히 주의가 필요하다.

2. 운송장의 기능과 운영

(1) 운송장의 기능

① 계약서 기능
② 화물인수증 기능
③ 운송요금 영수증 기능
④ 정보처리 기본자료
⑤ 배달에 대한 증빙
⑥ 수입금 관리자료
⑦ 행선지 분류정보 제공

(2) 운송장의 형태

① **기본형 운송장(포켓타입)** : 기본적으로 운송회사(택배업체등)에서 사용하고 있는 운송장은 업체별로 디자인에 다소 차이는 있으나 기록되는 내용은 대동소이하며 아래와 같이 구성됨.

ㄱ 송하인용
ㄴ 전산처리용
ㄷ 수입관리용
ㄹ 배달표용
ㅁ 수하인용

② **보조운송장** : 동일 수하인에게 다수의 화물이 배달될 때 운송장비용을 절약하기 위하여 사용하는 운송장으로 원운송장과 연결시키는 내용만 기재한다.

③ **스티커형 운송장** : 운송장 제작비와 전산 입력비용을 절약하기 위하여 기업고객과 완벽한 EDI (전자문서교환 : Electronic Data Interchange) 시스템이 구축될 수 있는 경우에 이용된다. (라벨프린터기설치, 운송장 발행시스템, 출하정보전송시스템이 필요함)

ㄱ 배달표형 스티커 운송장 : 화물에 부착된 스티커형 운송장을 떼어 내어 배달표로 사용할 수 있는 운송장을 말한다.

ㄴ 바코드절취형 스티커 운송장 : 스티커에 부착된 바코드만을 절취하여 별도의 화물배달표에 부착하여 배달확인을 받는 운송장을 말한다.

> **해설**
>
> **면책사항**
> ① 포장이 불완전하거나 파손가능성이 높은 화물일 때 : "파손 면책"
> ② 수하인의 전화번호가 없을 때 : "배달지연 면책"·"배달 불능 면책"
> ③ 식품 등 정상적으로 배달해도 부패의 기능성이 있는 화물 : "부패 면책"

3. 운송장 기재요령과 부착

(1) 송하인 기재사항

① 송하인의 주소, 성명(또는 상호) 및 전화번호
② 수하인의 주소, 성명, 전화번호(거주지 또는 핸드폰번호)
③ 물품의 품명, 수량, 물품가격
④ 특약사항 약관설명 확인필 자필 서명
⑤ 파손품 및 냉동 부패성 물품의 경우 : 면책확인서(별도 양식) 자필 서명

(2) 운송장 기재 시 유의사항

① 화물 인수 시 적합성 여부를 확인한 다음, 고객이 직접 운송장 정보를 기입하도록 한다.
② 도착점 코드가 정확히 기재되었는지 확인한다.
③ 특약사항에 대하여 고객에게 고지한 후 특약사항 약관설명 확인필에 서명받는다.
④ 파손, 부패, 변질 등 물품의 특성상 문제의 소지가 있을 때는 면책확인서를 받는다.
⑤ 고가품에 대하여는 그 품목과 물품가격을 정확히 확인하여 기재하고, 할증료를 청구하여야 하며, 할증료 거절시 특약사항을 설명하고 보상한도에 대해 서명을 받는다.
⑥ 같은 곳으로 2개 이상 보내는 물품에 대하여는 보조송장을 기재하며, 보조송장도 주송장과 같이 정확한 주소와 전화번호를 기재한다.
⑦ 산간 오지, 섬 지역 등 지역특성을 고려하여 배송 예정일을 정한다.

(3) 운송장 부착요령

① 원칙적으로 접수 장소에서 매 건마다 작성하여 화물에 부착한다.
② 운송장은 물품의 정중앙 상단에 뚜렷하게 보이도록 부착한다.
③ 물품 정중앙 상단에 부착이 어려운 경우 최대한 잘 보이는 곳에 부착한다.
④ 운송장을 포장 표면에 부착할 수 없는 소형 및 변형화물은 박스에 넣어 수탁한 후 부착한다.
⑤ 박스 물품이 아닌 쌀, 매트, 카펫 등은 물품의 정중앙에 부착하며, 운송장이 떨어지지 않도록 테이프 등을 이용하여 이중 부착 하는 등의 방법으로 부착하되, 운송장의 바코드가 가려지지 않도록 한다.

⑥ 기존에 사용하던 박스 사용 시 구 운송장이 그대로 방치되면 물품의 오분류가 발생할 수 있으므로 반드시 구 운송장은 제거 하고 새로운 운송장을 부착하여 1개의 화물에 2개의 운송장이 부착되지 않도록 주의한다.

⑦ 취급주의 스티커의 경우 운송장 바로 우측 옆에 붙여서 눈에 띄도록 조치한다.

2 운송화물의 포장, 유의사항

1. 운송화물의 포장

(1) 포장의 개념 및 용어정의

구분		내용
개념		물품의 수송, 보관, 취급, 사용 등에 있어서 그것의 가치 및 상태를 보호하기 위하여 적절한 재료, 용기 등을 물품에 부여하는 기술 또는 그 상태를 말한다.
용어정의	개장	물품 개개의 포장. 물품의 상품가치를 높이기 위해 또는 물품 개개를 보호하기 위해 적절한 재료, 용기 등으로 물품을 포장하는 방법 및 포장한 상태. 낱개포장(단위포장)이라 한다.
	내장	포장 화물 내부의 포장. 물품에 대한 수분, 습기, 광열, 충격 등을 고려하여 적절한 재료, 용기 등으로 물품을 포장하는 방법 및 포장한 상태. 속포장(내부포장)이라 한다.
	외장	포장 화물 외부의 포장. 물품 또는 포장 물품을 상자, 포대, 나무통 및 금속관 등의 용기에 넣거나 용기를 사용하지 않고 결속하여 기호, 화물표시 등을 하는 방법 및 포장한 상태. 겉포장(외부포장)이라 한다.

(2) 포장의 기능

구분	내용
보호성	내용물을 보호하는 기능은 포장의 가장 기본적인 기능으로 내용물의 변질 방지, 물리적인 변화 등 내용물의 변형과 파손으로부터의 보호(완충포장), 이물질의 혼입과 오염으로부터의 보호, 기타의 병균으로부터 보호 등이 있다.
표시성	인쇄, 라벨 붙이기 등 포장에 의해 표시가 쉬워지는 것
상품성	생산공정을 거쳐 만들어진 물품은 자체 상품뿐 아니라 포장을 통해 상품화가 완성된다.
편리성	공업포장, 상업포장에 공통된 것으로서 설명서, 증서, 서비스품, 팜플릿(Pamphlet)등을 넣거나 진열이 쉽고 수송, 하역, 보관에 편리하다.
효율성	작업효율이 양호한 것을 의미하며, 구체적으로는 생산, 판매, 하역, 수배송 등의 작업이 효율적으로 이루어진다.
판매촉진성	판매의욕을 환기시킴과 동시에 광고 효과가 많이 나타난다.

2. 포장의 분류

(1) 포장 재료의 특성에 의한 분류

구분	내용
유연포장	포장된 포장물 또는 단위포장물이 포장재료나 용기의 유연성 때문에 본질적인 형태는 변화되지 않으나 일반적으로 외모가 변화될 수 있는 포장(종이, 플라스틱필름, 알루미늄포일, 면호 등의 유연성이 품부한 재료로 구성된 포장)
강성포장	포장된 포장물 또는 단위 포장물이 포장재나 용기의 경직성으로 형태가 변화되지 않고 고정되어 있는 포장(유연포장과 대비되는 포장으로 유리제 및 플라스틱제의 통(桶)이나 목제(木製) 및 금속제의 상자나 통(桶) 등 강성을 가진 포장)
반강성 포장	강성을 가진 포장 중에서 약간의 유연성을 갖는 골판지상자, 플라스틱보틀 등에 의한 포장(유연포장과 강성포장과의 중간적인 포장)

(2) 포장방법(포장기법)별 분류

구분	내용
방수포장	방수 포장재료, 방수 접착제 등을 사용하여 포장 내부에 물이 침입하는 것을 방지하는 포장
방습포장	포장 내용물을 습기의 피해로부터 보호하기 위하여 방습 포장재료 및 포장용 건조제를 사용하여 건조 상태로 유지하는 포장
방청포장	금속, 금속제품 및 부품을 수송 또는 보관할 때, 녹의 발생을 막기 위하여 하는 포장
완충포장	운송 또는 하역하는 과정에서 발생하는 진동이나 충격에 의한 물품파손을 방지하고, 외부로부터의 힘이 직접 물품에 가해지지 않도록 외부 압력을 완화시키는 포장
진공포장	밀봉 포장된 상태에서 공기를 빨아들여 밖으로 뽑아 버림으로써 물품의 변질 등을 방지하는 것을 목적으로 하는 포장
압축포장	포장비와 운송, 보관, 하역비 등을 절감하기 위하여 상품을 압축하여 적은 용적이 되게 한 후 결속재로 결체하는 포장
수축포장	물품을 1개 또는 여러 개를 합하여 수축 필름으로 덮고, 이것을 가열 수축시켜 물품을 강하게 고정·유지하는 포장

> **해설**
>
> **상업포장과 공업포장**
> ① 상업포장 : 보호성과 판매촉진이 주 기능(소비자 포장)
> ② 공업포장 : 보호성과 수송, 하역의 편리성이 주 기능(수송포장)

3. 화물포장의 유의사항

(1) 포장이 부실하거나 불량한 경우의 처리요령

① 포장을 보강하도록 고객에게 양해를 구한다.

② 포장비를 별도로 받고 포장할 수 있다.(포장 재료비는 실비로 수령)

③ 포장이 미비하거나 포장 보강을 고객이 거부할 경우, 집하를 거절할 수 있으며 부득이 발송할 경우에는 면책확인서에 고객의 자필 서명을 받고 집하한다.

④ 특약사항 약관설명 확인필 란에 자필서명, 면책확인서는 지점에서 보관한다.

(2) 특별 품목에 대한 포장 유의사항

① 꿀이나 병 제품 : 가능한 플라스틱 병으로 대체하거나 병이 움직이지 않도록 포장재를 보강하여 낱개로 포장한 뒤 박스로 포장하여 면책확인서 받고 집하한다.

② 식품류(김치, 특산물, 농수산물 등) : 스티로폼으로 포장하는 것을 원칙으로 하되, 스티로폼이 없을 경우 비닐로 3중 포장한 후 두꺼운 박스(사과 또는 배 박스)에 포장하여 집하한다.

③ 부패 또는 변질되기 쉬운 물품 : 아이스박스를 사용한다.

④ 깨지기 쉬운 물품 : 플라스틱 용기로 대체하여 충격 완화포장을 한다.
   ※ 도자기, 유리병 등 일부 물품은 원칙적으로 집하 금지 품목임

(3) 일반화물의 취급표시(한국 산업규격, KS A ISO 780)

호칭	표지	내용
깨지기 쉬움, 취급주의		내용물이 깨지기 쉬운 것이므로 주의하여 취급할 것
갈고리 금지		갈고리를 사용해서는 안 됨
위 쌓기		화물의 올바른 윗 방향을 표시
직사일광·열차폐		태양의 직사광선에 화물을 노출시켜선 안 됨
방사선 보호		방사선에 의해 상태가 나빠지거나 사용할 수 없게 될 수 있는 내용물 표시
무게 중심 위치		취급되는 최소 단위 화물의 무게 중심을 표시
손수레 삽입 금지		손수레를 끼우면 안 되는 면 표시
거는 위치		슬링을 거는 위치를 표시
온도 제한		포장 화물의 저장 또는 유통 시 온도 제한을 표시
굴림 방지		굴려서는 안 되는 화물을 표시
쌓은 단수 제한		위에 쌓을 수 있는 동일한 포장 화물의 수 표시, "n"은 한계 수
쌓기 금지		포장의 위에 다른 화물을 쌓으면 안 된다는 표시
위 쌓기 제한		위에 쌓을 수 있는 최대 무게를 표시

1 화물의 상·하차

1. 화물취급 전 준비사항 및 입·출고 작업요령

(1) 화물취급 전 준비사항

① 위험물, 유해물 취급 시는 반드시 보호구를 착용하고, 안전모는 턱끈을 메어 착용한다.

② 취급할 화물의 품목별, 포장별, 비포장별(산물, 분탄, 유해물) 등에 따른 취급방법 및 작업순서를 사전 검토한다.

③ 유해·유독화물 확인을 철저히 하고 위험에 대비한 약품, 세척 용구 등을 준비한다.

④ 산물·분탄화물의 낙하, 비산 등의 위험을 사전에 제거하고 작업을 시작한다.

(2) 창고 내 및 입·출고 작업요령

① 창고 내에서 작업할 때는 어떠한 경우라도 흡연을 금한다.

② 창고 내에서 화물을 옮길 때에는 다음과 같은 사항에 주의 할 것

ㄱ 창고의 통로등에 장애물이 없도록 한다.

ㄴ 작업안전통로를 충분히 확보한 후 화물을 적재한다.

ㄷ 바닥에 물건 등이 놓여 있으면 즉시 치우도록 한다.

ㄹ 바닥의 기름이나 물기는 즉시 제거하여 미끄럼 사고를 예방한다.

ㅁ 운반통로에 있는 맨홀이나 홈에 주의해야 한다.

③ 화물더미에서 작업할 때에는 다음과 같은 사항에 주의해야 한다.

ㄱ 화물더미 한쪽 가장자리에서 작업할 때 화물더미의 불안전한 상태를 수시 확인하여 위험이 발생하지 않도록 주의해야 한다.

ㄴ 화물더미에 오르내릴 때에는 화물의 쏠림이 발생하지 않도록 조심해야 한다.

ㄷ 화물을 쌓거나 내릴 때에는 순서에 맞게 신중히 하여야 한다.

ㄹ 화물더미의 화물을 출하할 때에는 화물더미 위에서부터 순차적으로 층계를 지으면서 헐어낸다.

ㅁ 화물더미의 상층과 하층에서 동시에 작업을 하지 않는다.

ㅂ 화물더미 위에서 작업을 할 때에는 발밑을 항상 조심한다.

ㅅ 화물더미 위로 오르고 내릴 때에는 안전한 승강시설을 이용한다.

④ 화물을 연속적으로 이동시키기 위해 컨베이어(Conveyor)를 사용할 때에는 다음과 같은 사항에 주의해야 한다.

ㄱ 상차용 컨베이어(Conveyor)를 이용하여 타이어 등을 상차할 때에는 타이어 등이 떨어지거나 떨어질 위험이 있는 곳에서 작업을 해서는 안 된다.

ㄴ 컨베이어(Conveyor) 위로는 절대 올라가서는 안 된다.

ㄷ 상차 작업자와 컨베이어(Conveyor)를 운전하는 작업자는 상호 간에 신호를 긴밀히 해야 한다.

⑤ 화물을 운반할 때에는 다음 사항에 주의해야 한다.

ㄱ 운반하는 물건이 시야를 가리지 않도록 한다.

ㄴ 뒷걸음질로 화물을 운반해서는 안 된다.

ㄷ 작업장 주변의 화물상태, 차량 통행 등을 항상 살핀다.

ㄹ 원기둥형을 굴릴 때는 앞으로 밀어 굴리고 뒤로 끌어서는 안 된다.

ㅁ 화물자동차에서 화물을 내릴 때 로프를 풀거나 옆문을 열 때는 화물 낙하 여부를 확인하고 안전위치에서 행한다.

⑥ 발판을 활용한 작업을 할 때에는 다음사항에 주의해야 한다.

ㄱ 발판은 경사를 완만하게 하여 사용한다.

ㄴ 발판을 이용하여 오르내릴 때에는 2명 이상이 동시에 통행하지 않는다.

ㄷ 발판의 넓이와 길이는 작업에 적합한 것이며 자체에 결함이 없는지 확인한다.

ㄹ 발판은 움직이지 않도록 목마 위에 설치하거나 발판 상·하부 위에 고정조치를 철저히 하도록 한다.

⑦ 화물의 붕괴를 막기 위하여 적재규정을 준수하고 있는지 확인한다.

⑧ 작업 종료 후 작업장 주의를 정리해야 한다.

2. 화물의 하역방법, 차량 내 적재 및 운송 방법

(1) 화물의 하역 방법

① 상자로 된 화물은 취급표지에 따라 다루어야 한다.

② 화물의 적하순서에 따라 작업을 한다.

③ 종류가 다른 것을 적치할 때는 무거운 것을 밑에 쌓는다.

④ 부피가 큰 것을 쌓을 때는 무거운 것은 밑에 가벼운 것은 위에 쌓는다 (화물종류별로 표시된 쌓는 단수 이상으로 적재하지 않는다).

⑤ 길이가 고르지 못하면 한 쪽 끝이 맞도록 한다.

⑥ 작은 화물 위에 큰 화물을 놓지 말아야 한다.

⑦ 물건을 야외에 적치할 때는 밑받침을 하여 부식을 방지하고, 덮개로 덮어야 한다.

⑧ 높이 올려 쌓는 화물은 무너질 염려가 없도록 하고, 쌓아 놓은 물건 위에 다른 물건을 던져 쌓아 화물이 무너지는 일이 없도록 하여야 한다.

⑨ 화물을 한 줄로 높이 쌓지 말아야 한다.

⑩ 화물을 내려서 밑바닥에 닿을 때에는 갑자기 화물이 무너지는 일이 있으므로 안전한 거리를 유지하고, 무심코 접근하지 말아야 한다.

⑪ 화물을 쌓아 올릴 때에 사용하는 깔판자체의 결함 및 깔판사이의 간격 등의 이상 유무를 확인 후 조치한다.

⑫ 화물을 싣고 내리는 작업을 할 때에는 화물더미 적재순서를 준수하여 화물의 붕괴 등을 예방한다.

⑬ 화물더미에서 한 쪽으로 치우치는 편중작업을 하고 있는 경우에는 붕괴, 전도 및 충격 등의 위험에 각별히 유의한다.

⑭ 화물을 적재할 때에는 소화기, 소화전, 배전함 등의 설비사용에 장애를 주지 않도록 해야 한다.

⑮ 포대화물을 적치할 때는 겹쳐쌓기, 벽돌쌓기, 단별방향 바꾸어쌓기 등 기본형으로 쌓고, 올라가면서 중심을 향하여 적당히 끌어 당겨야 하며, 화물더미의 주위와 중심을 일정하게 쌓아야 한다.

⑯ 바닥으로부터의 높이가 2m 이상 되는 화물더미(포대, 가마니 등으르 포장된 화물이 쌓여있는 곳)와 인접 화물더미 사이의 간격은 화물더미의 밑 부분을 기준으로 10cm 이상으로 하여야 한다.

⑰ 파렛트 화물을 적치할 때는 화물의 종류, 형상, 크기에 따라 적재방법과 높이를 정하고 운반 중 무너질 위험이 있는 것은 적재물을 묶어 파렛트에 고정시킨다.

⑱ 원목과 같은 원기둥형의 화물은 열을 지어 정방형을 만들고, 그 위에 직각으로 열을 지어 쌓거나 또는 열 사이에 끼워 쌓는 방법으로 하되, 구르기 쉬우므로 외측에 제동장치를 해야 한다.

⑲ 화물더미가 무너질 위험이 있는 경우에는 로프를 사용하여 묶거나 망을 치는 등 위험방지를 위한 조치를 해야 한다.

⑳ 높은곳에 적재할 때나 무거운 물건을 적재할 때는 절대 무리해서는 아니 되며, 안전모를 착용해야 한다.

㉑ 물건을 적재할 때 주변으로 넘어질 것을 대비하여 위험한 요소는 사전 제거한다.

㉒ 물품을 적재할 때는 구르거나 무너지지 않도록 받침대를 사용하거나 로프로 묶어야 한다.

㉓ 같은 종류 및 동일규격끼리 적재해야 한다.

(2) 차량 내 적재방법

① 무거운 화물을 적재함 뒤쪽에 실으면 앞바퀴가 들려 조향이 마음대로 되지 않아 위험하다.

② 무거운 화물을 적재함 앞쪽에 실으면 조향이 무겁고, 제동할 때에 뒷바퀴가 먼저 제동되어 좌·우로 틀어지는 경우가 발생한다.

③ 화물을 적재할 때에는 최대한 무게가 골고루 분산될 수 있도록 하고, 무거운 화물은 중간부분에 무게가 집중될 수 있도록 적재한다.

④ 냉동 및 냉장차량은 공기가 화물전체에 통하게 하여 균등한 온도를 유지하도록 열과 열 사이 및 주의에 공간을 남기도록 유의하고, 화물을 적재 전에 적절한 온도를 유지되고 있는지 확인한다.

⑤ 가축은 화물칸에서 이리저리 움직여 차량이 흔들릴 수 있어 차량운전에 문제를 발생시킬 수 있으므로, 가축이 화물칸에 완전히 차지 않을 경우에는 가축을 한데 몰아 움직임을 제한하는 임시 칸막이를 사용한다.

⑥ 차량의 전복을 방지하기 위하여 적재물 전체의 무게 중심의 위치는 적재함 전후좌우의 중심위치로 하는 것이 바람직하다.

⑦ 가벼운 화물이라도 너무 높게 또는 적재폭을 초과하지 않도록 한다.

⑧ 물건을 적재한 후에는 이동거리가 멀건 가깝건 간에 짐이 넘어지지 않게 로프나 체인 등으로 단단히 묶어야 한다.

⑨ 둥글고 구르기 쉬운 물건은 상자 등으로 포장한 후 적재한다.

⑩ 볼트와 같이 세밀한 물건은 상자 등에 넣어 적재한다.

⑪ 방수천은 로프, 직물, 끈 또는 고리가 달린 고무 끈을 사용하여 주행 시 펄럭이지 않도록 묶는다.

⑫ 적재함 위에서 화물을 결박할 때에는 옆으로 서서 고무 바를 짧게 잡고 조금씩 여러 번 당긴다. 또한 앞에서 뒤로 당겨 떨어지지 않도록 주의한다.

⑬ 지상에서 결박하는 사람은 한 발을 타이어 및 차량 하단부를 밟고 당기지 않는다.

⑭ 적재 후 밴딩 끈을 사용할 때 견고하게 묶었는지 여부를 항상 점검한다.

⑮ 컨테이너는 트레일러에 단단히 고정되어야 한다.

⑯ 헤더보드는 화물이 이동하여 트렉터 운전실을 덮치는 것을 방지하므로, 차량에 헤더보드가 없다면 화물을 차단하거나 잘 묶어야 한다.

⑰ 체인은 화물 위나 둘레에 높이도록 하고, 화물이 움직이지 않을 정도로 탄탄하게 당길 수 있도록 바인더를 사용한다.

⑱ 트랙터 차량의 캡과 적재물의 간격을 120cm 이상으로 유지해야 한다.

　※ 경사주행 시 캡과 적재물의 충돌로 인하여 차량파손 밑 인체상의 상해가 발생할 수 있다.

(3) 운송 방법

① 물품 및 박스의 날카로운 모서리나 가시를 제거한다.

② 공동 작업을 할 때의 방법

　㉠ 상호 간에 신호를 정확히 하고 진행 속도를 맞춘다.
　㉡ 체력이나 신체조건 들을 고려하여 균형 있게 조를 구성하고, 리더의 통제 하에 큰 소리로 신호하여 진행 속도를 맞춘다.
　㉢ 긴 화물을 들어 올릴 때에는 두 사람이 화물을 향하여 평행으로 서서 화물양단을 잡고 구령에 따라 속도를 맞추어 들어 올린다.

③ 물품을 들어올릴 때의 자세 및 방법

　㉠ 몸의 균형을 유지하기 위해서 발을 어깨넓이만큼 벌리고 물품으로 향한다.
　㉡ 물품과 몸의 거리는 물품의 크기에 따라 다르나 물품을 수직으로 들어 올릴 수 있는 위치에 몸을 준비한다.
　㉢ 물품을 들 때는 허리를 똑바로 펴야한다.
　㉣ 다리와 어깨의 근육에 힘을 넣고 팔꿈치를 바로 펴서 서서히 물품을 들어올린다.
　㉤ 허리의 힘으로 드는 것이 아니고 무릎을 굽혀 펴는 힘으로 물품을 든다.

④ 단독으로 화물을 운반하고자 할 때의 인력운반중량 권장기준 준수

　㉠ 일시작업(시간당 2회 이하)

　　성인남자 : 25~30kg
　　성인여자 : 15~20kg

　㉡ 계속작업(시간당 3회 이상)

　　성인남자 : 10~15kg
　　성인여자 : 5~10kg

⑤ 물품을 들어올리기에 힘겨운 것은 단독작업을 금(피)하고, 무거운 물품은 공동운반하거나 운반차를 이용한다.

⑥ 긴 물건을 어깨에 메고 운반할 때에는 앞부분의 끝을 운반자 신장보다 약간 높게 하여 모서리 등에 충돌하지 않도록 운반한다.

⑦ 시야를 가리는 물품은 계단이나 사다리를 이용하여 운반하지 않는다.

⑧ 화물을 놓을 때는 다리는 굽히면서 한 쪽 귀를 놓은 다음 손을 뺀다(화물을 운반할 때에는 들었다 놓았다 하지 말고 직선거리로 운반한다).

⑨ 장척물, 구르기 쉬운 화물은 단독 운반을 피하고 중량물은 하역기계를 사용한다.

(4) 수작업 운반과 기계 운반의 기준

수작업 운반작업	기계작업 운반작업
• 두뇌작업이 필요한 작업에 대한 분류, 판독, 검사 • 단속적이고 소량취급 작업 • 취급물의 형상, 성질, 크기 등이 일정치 않은 작업 • 취급물이 경량인 작업	• 단순하고 반복적인 작업에 대한 분류, 판독, 검사 • 표준화되어 있어 지속적이고 운반량이 많은 작업 • 취급물의 형상, 성질, 크기 등이 일정한 작업 • 취급물이 중량물인 작업

3. 고압가스 및 컨테이너 취급 요령

(1) 고압가스의 취급요령

① 고압가스를 운반할 때에는 그 고압가스의 명칭, 성질 및 이동 중의 재해방지를 위해 필요한 주의사항을 기재한 서면을 운전책임자 또는 운반자에게 교부하여 휴대하게 하고, 운반차량의 고장이나 교통사정, 운전자의 휴식 또는 부득이한 경우를 제외하고는 운전자와 운반책임자가 동시에 이탈하지 아니할 것

② 200km 이상의 거리를 운행하는 경우에는 중간에 충분한 휴식을 취한 후 운전할 것

③ 노면이 나쁜 도로에서는 가능한 한 운행하지 말 것이며, 부득이 운행할 때에는 운행개시 전에 충전용기의 적재상황을 재검사하여 이상이 없는가를 확인하고 운행 후에는 안전한 장소에 일시 정지하여 적재 상황, 용기밸브, 로프, 등의 풀림 등이 없는가를 확인할 것

(2) 컨테이너의 취급요령

① 위험물의 수납방법 및 주의사항

㉠ 컨테이너에 위험물을 수납하기 전에 철저히 점검하여 그 구조와 상태 등이 불안한 컨테이너를 사용해서는 안 되며, 특히 개·폐문의 방수상태를 점검 할 것

㉡ 수납되는 위험물 용기의 포장 및 표찰이 완전한가를 충분히 점검하여 포장 및 용기가 파손되었거나 불완전한 것은 수납을 금지시킬 것

㉢ 수납이 완료되면 즉시 문을 폐쇄할 것

㉣ 품명이 틀린 위험물 또는 위험물과 위험물 이외의 화물이 상호작용에 발열 및 가스를 발생하고 부식작용이 일어나거나 기타 물리적 화학작용이 일어날 염려가 있을 때에는 동일 컨테이너의 수납을 금지할 것

② 위험물의 표시 및 적재방법

㉠ 컨테이너에 수납되어 있는 위험물의 분류명, 표찰 및 컨테이너 번호를 외측부 가장 잘 보이는 곳에 표시할 것

㉡ 위험물이 수납되어 있는 컨테이너를 적재하는 이동, 전도, 손상, 압괴 등이 생기지 않도록 적재할 것

㉢ 위험물이 수납되어 수밀의 금속제 컨테이너를 적재하기 위해 설비를 갖추고 있는 선창 또는 구획에 적재할 경우는 상호 관계를 참조하여 적재하도록 할 것

㉣ 컨테이너를 적재 후 반드시 콘 잠금장치를 작동할 것

4. 위험물 취급 등의 확인점검

(1) 위험물 취급 시의 확인점검

① 탱크로리에 커플링(coupling)은 잘 연결되었는가 확인할 것

② 접지는 연결시켰는가 확인할 것

③ 플렌지(flange) 등 연결부분에 새는 곳은 없는가 확인할 것

④ 플렉서블 호스(flexible hose)는 고정시켰는가 확인할 것

⑤ 담당자 이외에는 손대지 않도록 조치할 것

⑥ 주위에 위험표지를 설치할 것

(2) 주유취급소의 위험물 취급기준

① 자동차 등에 주유할 때에는 고정주유설비를 사용하여 직접 주유할 것

② 자동차 등을 주유할 때는 자동차 등의 원동기는 정지할 것

③ 자동차 등의 일부 또는 전부가 주유취급소의 공지밖에 나온 채로 주유를 금지할 것

④ 유분리장치에 고인 유류는 넘치지 아니하도록 수시점검할 것

(3) 독극물 취급 시 주의사항

① 독극물을 취급하거나 운반할 때는 소정의 안전한 용기, 도구, 운반구 및 운반차를 이용할 것

② 독극물 저장소, 드럼통, 용기, 배관 등은 내용물을 알 수 있도록 확실하게 표시하여 놓을 것

③ 용기가 깨어질 염려가 있는 것은 나무상자나 플라스틱상자 속에 넣고, 쌓아둔 것은 울타리나 철망으로 둘러놓을 것

④ 취급하는 독극물의 물리적, 화학적 특성을 충분히 알고, 그 성질에 따라 방호수단을 알고 있을 것

⑤ 독극물이 새거나 엎질러졌을 때는 신속히 제거할 수 있는 안전한 조치를 하여 놓을 것

2 적재물 결박·덮개 설치

1. 파렛트(Pallet) 화물 적재 방식

(1) 밴드걸기 방식

① 나무상자를 파렛트에 쌓는 경우의 붕괴 방지에 많이 사용되는 방법으로 어느 쪽이나 밴드가 걸려 있는 부분은 화물의 움직임을 억제하지만, 밴드가 걸리지 않은 부분의 화물이 튀어나오는 결점이 있다.

② 수평 밴드걸기 방식과 수직 밴드걸기 방식의 두 종류가 있다.

(2) 주연어프 방식

① 파렛트의 가장자리를 높게 하여 포장화물을 안쪽으로 기울여서, 화물이 갈라지는 것을 방지하는 방법이다.

② 주연어프 방식만으로는 화물이 갈라지는 것을 방지하기는 어려우며, 다른 방법과 병용하는 것이 안전이다.

(3) 슬립멈추기 시트삽입 방식

① 포장과 포장 사이에 미끄럼을 멈추는 시트를 넣음으로써 안전을 도모하는 방법이며, 부대화물에는 효과가 있다.

② 상자는 진동하면 튀어오르는 단점이 있다.

(4) 풀붙이기 접착방식

① 방지대책의 자동차·기계화가 가능하고, 코스트도 저렴한 방식이다.

② 풀은 온도에 의해 변화하는 수도 있는 만큼, 포장화물의 중량이나 형태에 따라서 풀의 양이나 풀칠하는 방식을 결정하여야 한다.

⑸ 수평 밴드걸기 풀붙이기 방식

① 풀붙이기와 밴드걸기를 병용한 방식이다.
② 화물의 붕괴를 방지하는 효과를 한층 더 높이는 방법이다.

⑹ 슈링크 방식

① 열수축성 플라스틱 필름을 파렛트 화물에 씌우고 슈링크 터널을 통과시킬 때 가열하여 필름을 수축시켜서, 파렛트와 밀착시키는 방식이다.

② 물이나 먼지도 막아내기 때문에 우천 시의 하역이나 야적보관도 가능하다.

③ 통기성이 없고, 고열(120~130°C)의 터널을 통과하는 탓으로 상품에 따라서는 이용할 수가 없고, 비용도 높다는 결점이 있다.

⑺ 스트레치 방식

① 스트레치 포장기를 사용하여 플라스틱 필름을 파렛트 화물에 감아서 움직이지 않게 하는 방법이다.

② 슈링크 방식과는 달라서 열처리는 행하지 않고, 통기성은 없으나 비용이 높은 것이 단점이다.

⑻ 박스 테두리 방식

① 파렛트에 테두리를 붙이는 박스 파렛트와 같은 형태는 화물이 무너지는 것을 방지하는 효과가 크다.

② 평파렛트에 비해 제조원가가 높아진다.

2. 파렛트 화물붕괴 방지요령

⑴ 파렛트 화물 사이에 생기는 틈바구니를 적당한 재료로 메우는 방법

① 파렛트 화물이 서로 얽혀 버리지 않도록 사이사이에 합판을 삽입한다.
② 여러 가지 두께에 발포 스티롤판으로 틈바구니를 없앤다.
③ 에어백이라는 공기가 든 부대를 사용한다.

⑵ 차량에 특수장치를 설치하는 방법

① 천장이나 측벽 따위가 파렛트 화물을 누르는 방법이다.

② 하대가 파렛트 화물치수에 맞추어서 작은 칸으로 구분되어 있는 것
(예 : 청량음료의 전용차)

③ 차량 등에 가하는 화물붕괴 방지요령으로는 시트나 로프를 거는 방법이 일반적이다.

화물 취급 요령

제2편

제3장. 운행 및 화물의 인수·인계 요령

1 화물차의 운행요령

1. 포장화물 운송과정의 외압과 보호요령

(1) 하역시의 충격

일반적으로 수하역의 경우에 낙하의 높이는 아래와 같다.

① 견하역 : 100cm 이상
② 요하역 : 10cm 정도
③ 파렛트 쌓기의 수하역 : 40cm 정도

(2) 보관 및 수송중의 압축하중

① 포장화물은 보관 중 또는 수송 중에 밑에 쌓은 화물이 반드시 압축하중을 받는다.
② 통상 높이는 창고에서는 4m, 트럭이나 화차에서는 2m이지만, 주행 중에서는 상하진동을 받음으로 2배 정도 압축하중을 받게 된다.

2. 고속도로 제한차량 및 운행허가(한국도로공사 교통안전관리 운영지침)

(1) 고속도로 운행제한차량

고속도로를 운행하고자 하는 차량 중 아래사항에 저촉되는 차량은 운행제한차량에 해당한다.

① 축하중 : 차량의 축하중이 10톤을 초과
② 총중량 : 차량 총중량이 40톤을 초과
③ 길이 : 적재물을 포함한 차량의 길이가 16.7m 초과
④ 폭 : 적재물을 포함한 차량의 폭이 2.5m초과
⑤ 높이 : 적재물을 포함한 차량의 높이가 4.2m 초과
⑥ 다음의 각 항목에 해당하는 적재 불량 차량
　　㉠ 편중적재
　　㉡ 적재함 개방
　　㉢ 스페어타이어 고정 불량
　　㉣ 결속상태 불량
　　㉤ 적재함 청소상태 불량
　　㉥ 액체 적재물 방류차량
　　㉦ 차량 휴대품 관리소홀
　　㉧ 덮개 미부착 차량
⑦ 저속 : 정상운행속도가 50km/h 미만 차량
⑧ 이상 기후 시(적설량 10cm 이상 또는 영하 20℃이하) 연결 화물차량(풀카고, 트레일러 등)

(2) 제한차량의 운행을 허가하고자 할 때의 차량호송 대상

① 적재물을 포함하여 차폭 3.6m 또는 길이 20m를 초과하는 차량으로서 운행상 호송이 필요하다고 인정되는 경우
② 구조물통과 하중계산서를 필요로 하는 중량제한차량
③ 주행속도 50km/h 미만인 차량의 경우

(3) 과적 차량에 대한 단속 근거

① 단속의 필요성 : 관리청은 도로의 구조를 보전하고 운행의 위험을 방지하기 위하여 필요하다고 인정될 때 차량의 운행을 제한 할 수 있다.
② 「도로법」 근거와 위반행위 벌칙
　　㉠ 「도로법」 제 77조 또는 제117조 → 500만 원 이하 과태료
　　　• 총중량 40톤, 축하중 10톤, 높이 4.2m, 길이 16.7m, 폭 2.5m를 초과·운행제한을 위반하도록 지시하거나 요구한 자
　　　• 운행제한 위반의 지시·요구 금지를 위반한자
　　㉡ 「도로법」 제 80조 또는 제 114조 → 2년 이하 징역 또는 2천만 원 이하 벌금
　　　• 도로관리청의 차량 회차, 적재물 분리 운송, 차량 운행중지 명령에 따르지 아니한 자
　　㉢ 「도로법」 제 77조, 78조 또는 제115조 → 1년 이하 징역 또는 1천만 원 이하 벌금
　　　• 적재량 측정을 위한 공무원의 차량동승 요구 및 관계서류 제출요구를 거부한 자
　　　• 적재량 재측정요구에 따르지 아니한 자
　　　• 차량의 장치를 조작하는 등 차량 적재량 측정을 방해한 자

※ 화주, 화물자동차 운송사업자, 화물자동차 운송주선 사업자등의 지시 또는 요구에 따라서 운행제한을 위반한 운전자가 그 사실을 신고하여 화주 등에게 과태료를 부과한 경우 운전자에게는 과태료를 부과하지 않음

(4) 과적의 폐해

① 과적차량에 의한 인명피해
　　㉠ 해마다 끊이지 않는 화물차량 교통사고 중 총중량 5톤 이상인 중차량으로 인한 사고 사망자 발생비율은 일반 승용차의 경우 전체 사고 건수 대비 1.1%이나 중차량의 경우보다 무려 4배 이상 높은 4.75%로 나타남
　　㉡ 일반 승용차나 버스, 소형트럭의 교통사고 발생비율은 96%, 중차량은 4%에 불과하지만 중차량에 의한 사망자 비율은 12.5%로 치사율이 일반교통사고의 3배 이상으로 매우 심각함

② 과적차량의 안전운행 취약 특성
　　㉠ 축하중 증가에 따른 타이어 파손 및 타이어 내구 수명 감소로 사고 위험성 증가
　　㉡ 과적에 의해 차량이 무거워지면 제동거리가 길어져 사고의 위험성 증가
　　㉢ 과적에 의한 차량의 무게중심 상승으로 인해 차량이 균형을 잃어 전도될 가능성도 높아지며, 특히 나들목이나 분기점 램프와 같이 심한 곡선부에서는 약간의 과속으로도 승용차에 비해 전도될 위험성이 매우 높아짐

③ 과적차량이 도로에 미치는 영향
　　㉠ 도로포장은 기후 및 환경적인 요인에 의한 파손, 포장 재료의 성질과 시공 부주의에 의한 손상 그리고 차량의 반복적인 통과 및 과적차량의 운행에 따른 손상들이 복합적으로 영향을 끼치며, 이중과적에 의한 축하중은 도로포장 손상에 직접적으로 가장 큰 영향을 미치는 원인임

ㄴ 축하중이 증가할수록 포장의 수명은 급격하게 감소

과적 차량 통행이 도로포장에 미치는 영향

축하중	도로포장에 미치는 영향	파손비율
10톤	승용차 7만대 통행과 같은 도로파손	1.0배
11톤	승용차 11만대 통행과 같은 도로파손	1.5배
13톤	승용차 21만대 통행과 같은 도로파손	3.0배
15톤	승용차 39만대 통행곽 같은 도로파손	5.5배

(5) 과적재 방지 방법

① 과적재의 주요원인 및 현황

ㄱ 운전자는 과적재하고 싶지 않지만 화주의 요청으로 어쩔 수 없이 하는 경우

ㄴ 과적재를 하지 않으면 수입에 영향을 주므로 어쩔 수 없이 하는 경우

ㄷ 과적재는 교통사고나 교통공해 등을 유발하여 자신이나 타인의 생활을 위협하는 요인으로 작용

② 과적재 방지를 위한 노력

ㄱ 운전자

• 과적재를 하지 않겠다는 운전자의 의식변화가 필요하다.

• 과적재 요구에 대한 거절의사를 표시한다.

ㄴ 운송사업자, 화주

• 과적재로 인해 발생할 수 있는 각종 위험요소 및 위법행위에 대한 올바른 인식을 통해 안전운행을 확보한다.

• 화주는 과적재를 요구해서는 안 되며, 운송사업자는 운송차량이나 운전자의 부족 등의 사유로 과적재 운행계획 수립은 금물이다.

• 사업자와 화주와의 협력체계를 구축한다.

• 중량계 설치를 통한 중량증명을 실시한다.

② 화물의 인수·인계 요령 ‖‖‖‖‖‖‖‖‖‖‖‖‖‖‖

1. 화물의 인수 및 적재요령

(1) 화물의 인수요령

① 집하 자제품목 및 집하 금지품목(취급불가 화물품목)의 경우는 그 취지를 알리고 양해를 구한 후 정중히 거절한다.

② 집하물품의 도착지와 고객의 배당요청일이 당사의 배송 소요 일수 내에 가능한지 필히 확인하고 기간 내에 배송 가능한 물품을 인수한다(0월 0일 0시까지 배달 등 조건부 운송물품 인수금지).

③ 제주도 및 도서지역인 경우 그 지역에 적용되는 부대비용(항공료, 도선료)을 수하인에게 징수할 수 있음을 반드시 알려주고 양해를 구한 뒤 인수한다.

④ 항공을 이용한 운송의 경우 항공이 탑재 불가물품(총포류, 화약류, 기타 공항에서 정한 물품)과 공항유치물품(가전제품, 전자제품)은 집하 시 고객에게 이해를 구하여 고객과의 마찰을 방지한다(만약 항공료가 착불일 경우 기타 란에 항공료 착불이라고 기재하고 합계란은 공란 처리).

⑤ 운송장에 대한 비용이 항상 발생하므로 운송장을 작성하기 전에 물품

의 성질, 규격, 포장상태, 운임, 파손면책 등 부대사항을 고객에게 통보하고 상호 동의가 되었을 때 운송장을 교부, 작성하게 하여 불필요한 운송장 낭비를 방지한다.

⑥ 인수(집하)예약은 반드시 접수대장에 기재하여 누락되는 일이 없도록 조치한다.

⑦ 거래처 및 집하지점의 반품요청 시 반품요청일 익일로부터 수일(3일 등) 이내 처리한다.

(2) 화물의 적재요령

① 긴급을 요하는 화물(부패성 식품 등)을 우선순위로 배송토록 하며, 쉽게 꺼낼 수 있도록 적재 한다.

② 취급주의 스티커 부착 화물을 적재함 별도공간에 위치하도록 하고 중량화물을 하단에 적재하여 다른 화물을 누르는 등의 영향을 최소화 한다.

③ 다수화물 도착 시 미도착 수량이 있는지 여부를 확인한다.

2. 화물의 인계요령 및 인수증 관리요령

(1) 화물의 인계요령

① 지점에 도착된 물품에 대해서는 당일배송을 원칙으로 한다. 단, 산간 오지 및 당일 배송이 불가능한 경우 소비자의 양해를 구한 뒤 조치하도록 한다.

② 수하인에게 물품을 인계할 시 인계물품의 이상 유무를 확인하여, 이상이 있을 경우 즉시 지점에 통보하여 조치하도록 한다.

③ 각 영업소로 분류된 물품은 수하인에게 물품의 도착 사실을 알리고 배송 가능한 시간을 약속한다.

④ 1인이 배송하기 힘든 물품의 경우 원칙적으로 집하해서는 안 되는 물품이지만 도착된 물품에 대해서는 수하인에게 정중히 요청하여 같이 운반 할 수 있도록 조치한다.

⑤ 물품을 고객에게 인계 시 물품의 이상 유무를 확인시키고 인수증에 정자로 인수자 서명을 받아 향후 발생할 수 있는 손해배상을 예방하도록 한다(인수자 서명이 없을 경우 수하인이 물품인수를 부인하면 그 책임이 배송지점에 전가됨).

⑥ 배송 시 수하인의 부재로 인해 배송이 곤란할 경우, 임의적으로 방치 또는 집안으로 무단 투기하지 말고 수하인과 통화하여 지정하는 장소에 전달하고, 수하인에게 통보한다(특히 아파트의 소화전이나 집 앞에 물건을 방치해 두지 말 것). 만약 수하인과 통화가 되지 않을 경우 송하인과 통화하여 반송 또는 익일 재배송 할 수 있도록 조치한다.

⑦ 방문시간에 수하인 부재 시에는 부재중 방문표를 활용하여 방문 근거를 남기되 우편함에 넣거나 문틈으로 밀어 넣어 타인이 볼 수 없도록 조치한다.

⑧ 수하인에게 인계가 어려워 부득이하게 대리인에게 인계 시 사후 조치로 실제 수하인과 연락을 취하여 확인한다.

⑨ 수하인과 연락이 안 되어 물품을 다른 곳에 맡길 경우, 반드시 수하인과 통화하여 맡겨놓은 위치 및 연락처를 남겨 물품인수를 확인한다.

⑩ 수하인이 장기부재, 휴가, 주소불명, 기타사유 등으로 배송이 안 될 경우, 집하지점 또는 송하인과 연락하여 조치하도록 한다.

⑪ 물품배송 중 발생할 수 있는 도난에 대비하여 근거리 배송이라도 차에서 떠날 때는 반드시 잠금장치를 하여 사고를 미연에 방지한다.

⑫ 당일 배송하지 못한 물품에 대해서는 익일 영업시간까지 물품이 안전하게 보관될 수 있는 장소에 물품을 보관한다.

(2) 인수증 관리요령

① 인수증은 반드시 인수자 확인란에 실수령이 누구인지 인수자가 정자(正字)를 자필로 기재하도록 한다.
② 실수령인지 구분 : 본인, 동거인, 관리인, 지정인, 기타 등으로 구분하여 확인한다.
③ 수령인이 물품의 수하인과 틀린 경우 반드시 수하인과의 관계를 기재하여야 한다.
④ 물품 인도일 기준으로 1년 내 인수근거 요청 시 입증자료를 제시할 수 있도록 조치한다.
⑤ 인수증상에 인수자 서명을 운전자가 임의 기재한 경우는 무효로 간주되며, 문제 발생 시 배송완료로 인정받을 수 없다.

3. 고객 유의사항

(1) 고객 유의사항의 필요성

① 택배는 소화물 운송으로 무한책임이 아닌 과실 책임에 한정하여 변상할 필요성
② 내용검사가 부적당한 수탁물에 대한 송하인의 책임을 명확히 설명할 필요성
③ 운송인이 통보 받지 못한 위험부분까지 책임지는 부담 해소

(2) 고객 유의사항 확인 요구 물품

① 중고 가전제품 및 A/S용 물품
② 기계류, 장비 등 중량 고가물로 40kg 초과물품
③ 포장 부실물품 및 무포장 물품(비닐포장 또는 쇼핑백 등)
④ 파손 우려 물품 및 내용검사가 부적당하다고 판단되는 부적합물품

4. 화물사고의 유형과 원인, 방지요령

(1) 파손사고

구분	내용
원인	• 집하 시 화물의 포장상태 미확인한 경우 • 화물을 함부로 던지거나 발로 차거나 끄는 경우 • 화물적재 시 무분별한 적재로 압착되는 경우 • 차량 상·하차 시 벨트에서 떨어져 파손되는 경우
대책	• 집하 시 고객에게 내용물에 관한 정보를 충분히 듣고 포장상태 확인 • 가까운 거리거나 가벼운 화물이라도 절대 함부로 취급금지 • 사고위험품은 안전박스에 적재하거나 별도 적재 관리 • 충격에 약한 화물은 보강포장 및 특기사항을 표기

(2) 오손사고

구분	내용
원인	• 김치, 젓갈, 한약류 등 수량에 비해 포장이 약함 • 화물적재 시 중량물을 상단에 적재하는 경우 하단 화물 오손피해 발생 • 쇼핑백, 이불, 카펫 등 포장이 미비한 화물을 중심으로 오손피해 발생
대책	• 상급 오손제공 화물은 안전박스에 적재하여 위험으로부터 격리 • 중량물은 하단, 경량물은 상단 적재 규정준수

(3) 분실사고

구분	내용
원인	• 대량화물 취급 시 수량 미확인 및 이중송장 화물집하 시 발생 • 집배송 차량 이송 때 차량 내 화물 도난사고 발생 • 인계 시 인수자 확인(서명 등) 부실
대책	• 집하 시 화물수량 및 운송장 부착여부 확인 등 분실원인사항 제거 • 차량 이석 시 시건장치 철저 확인(점소 방범시설 확인) • 인계 시 인수자 확인은 반드시 본인이 직접 서명하도록 할 것

(4) 오배달사고

구분	내용
원인	• 화주 부재 시 임의 장소에 두고 간 후 미확인 사고 • 화주의 신분 확인 없이 화물을 인계한 사고
대책	• 화주 본인 확인 작업 필히 실시 • 우편함, 우유통, 소화전 등 임의장소에 화물 방치 행위 엄금

(5) 지연배달사고

구분	내용
원인	• 사전연락 미실시로 화주에게 배송률 저하 • 당일 미배송 화물에 대한 별도 관리 미흡 • 제3자 배송 후 사실 미통지 • 집하 부주의, 터미널 오분류로 터미널 오착 및 잔류
대책	• 사전 전화연락 후 배송계획 수립으로 효율적 배송 시행 • 미배송 명단 작성과 조치사항 확인으로 최대한의 사고예방 조치 • 부재중 방문표의 사용으로 방문사실을 고객에게 알려 고객과의 분쟁 예방

1 화물자동차의 종류

1. 한국산업규격에 의한 화물자동차의 종류

(1) **보닛 트럭** : 원동기부의 덮개가 운전실의 앞쪽에 나와 있는 트럭

(2) **캡오버 엔진 트럭** : 원동기의 전부 또는 대부분이 운전실의 아래쪽에 있는 트럭

(3) **밴** : 상자형 화물실을 갖추고 있는 트럭, 지붕이 없는 것(open-top)도 포함

(4) **픽업** : 화물실의 지붕이 없고, 옆판이 운전대와 일체로 되어 있는 소형트럭

(5) **특수자동차**
  ① **특수용 자동차(특용차)** : 특별한 목적을 위하여 보디를 특수한 것으로 하거나 특수한 기구를 갖추고 있는 특별차(선전차, 구급차, 우편차, 냉장차 등)
  ② **특수장비차 (특장차)** : 특별한 기계를 갖추고 그것을 자동차의 원동기로 구동할 수 있도록 되어 있는 특별차로 합리화 특장차가 해당됨. 별도의 적재 원동기로 구동할 수도 있음(탱크차, 덤프차, 믹서차, 위생차, 소방차, 레커차, 냉동차, 트럭 크레인, 크레인 붙이 트럭 등)

(6) **냉장차** : 냉각제를 이용하여 수송물품을 냉각하는 설비를 갖추고 있는 특별용도차. 단, 수송물품을 냉동기를 사용하여 냉장하는 설비를 갖추고 있는 냉동차는 특별장비차에 해당 됨

(7) **탱크차** : 탱크모양의 용기와 펌프 등을 갖추고 물, 휘발유 등과 같은 액체를 수송하는 특별장비차

(8) **덤프차** : 화물대를 기울여 적재물을 중력으로 쉽게 미끄러지게 내리는 구조의 특별 장비차

(9) **믹서자동차** : 시멘트, 골재(모래, 자갈), 물을 드럼 내에서 혼합 반죽해서 콘크리트로 하는 특별장비차로 생 콘크리트를 교반하면서 수송하는 것을 아지테이터(agitator)라고 함

(10) **레커차** : 크레인 등을 갖추고 고장차의 앞 또는 뒤를 매달아 올려서 수송하는 특별장비차

(11) **트럭 크레인** : 크레인을 갖추고 크레인 작업을 하는 특별장비차로 통상 레커차는 제외

(12) **크레인 붙이 트럭** : 차에 실은 화물의 쌓기·내리기용 크레인을 갖춘 특별장비차

(13) **풀 트레일러 트랙터** : 주로 풀 트레일러를 견인하도록 설계된 모터 비이클. 폴 트레일러를 견인하지 않는 경우는 트럭으로서 사용가능

(14) **세미 트레일러 트랙터** : 세미 트레일러를 견인하도록 설계된 모터 비이클

(15) **폴 트레일러 트랙터** : 폴 트레일러를 견인하도록 설계된 모터 비이클

2. 트레일러의 장점 및 종류

(1) 트레일러의 장점

트레일러란 동력을 갖추지 않고, 모터 비이클에 의하여 견인되고, 사람 또는 물품을 수송하는 목적을 위하여 설계되어 도로상을 주행하는 차량을 말한다. 트레일러의 장점은 다음과 같다.

① 트랙터의 효율적 이용
② 효과적인 적재량
③ 탄력적인 작업
④ 트랙터와 운전자의 효율적 운영
⑤ 일시보관기능의 실현
⑥ 중계지점에서의 탄력적인 이용

(2) 트레일러의 종류

구분	내용
풀 트레일러 (Full)	• 트랙터와 트레일러가 완전 분리되어 있으며, 트랙터 자체도 보디를 가지고 있으며, 총 하중을 트레일러만으로 지탱되도록 설계되어 트랙터를 갖춘 트레일러 • 돌리와 조합된 세미 트레일러는 풀 트레일러로 해석되며 적재톤수 (세미 : 14톤, 폴 : 17톤), 적재량, 용적 모두 유리
세미 트레일러 (Semi)	• 세미 트레일러용 트랙터에 연결하여 총 하중의 일부분이 견인자동차에 의해 지탱되도록 설계된 것으로 현재 가동중인 트레일러 중에서는 가장 많고 일반적인 것 • 잡화수송용 : 밴형, 중량물 수송 : 중량용, 중저상식
폴 트레일러 (Pole)	• 기둥, 통나무 등 장척의 적하물이 트랙터와 트레일러의 연결부분을 구성하는 구조 • 파이프, H형강 등 장척물 수송을 목적으로 하며, 풀 트레일러를 연결해 적재함과 턴테이블이 적재물 고정시키는 것으로 축 거리는 적하물 길이에 따라 조정가능
돌리 (Dolly)	• 세미 트랙터와 조합하여 풀(Full) 트레일러로 하기 위한 견인구를 갖춘 대차

(3) 트레일러 자체의 구조 형상에 따른 종류

구분	내용
평상식	전장의 프레임 상면이 평면의 화대를 가진 구조로서 일반화물이나 강재 등의 수송에 적합
저상식	적재시 전고가 낮은 화대를 가진 트레일러로서 불도저나 기중기 등 건설장비의 운반에 적합
중저상식	저상식 트레일러 가운데 프레임 중앙 화대부가 오목하게 낮은 트레일러로서 대형 핫 코일이나 중량 블록 화물 등 중량화물의 운반에 편리
스케레탈 트레일러	컨테이너 운송을 위해 제작된 트레일러로서 전후단에 컨테이너 고정장치를 부착
밴 트레일러	화대부에 밴형의 보데가 장치된 트레일러로서 일반잡화 및 냉동화물 등의 운반용으로 사용
오픈탑 트레일러	밴형 트레일러의 일종으로서 천장에 개구부가 있어 채광이 들어가게 만든 고척화물 운반용
특수용도 트레일러	덤프 트레일러, 탱크 트레일러, 자동차 운반용 트레일러 등

(4) 연결차량의 종류

① **연결차량** : 1대의 모터 비이클에 1대 또는 그 이상의 트레일러를 결합시킨 것

② **단차** : 연결 상태가 아닌 자동차 및 트레일러를 지칭하는 말로 연결차량에 대응하여 사용되는 용어

③ **연결차량의 종류**
  ㉠ **풀 트레일러 연결차량** : 보통 트럭에 비하여 적재량을 늘릴 수 있다. 트랙터 한 대에 트레일러 두 세대를 달 수 있어 트랙터와 운전자의 효율적 운용을 도모할 수 있다. 트랙터와 트레일러에 각기 다른 발송지별 또는 품목별 화물을 수송할 수 있게 되어 있다.

ⓛ **세미 트레일러 연결차량** : 1대의 세미 트레일러 트랙터와 1대의 세미 트레일러로 이루는 조합. 자체 차량중량과 적하의 총 중량 중 상당부분을 연결 장치가 끼워진 세미 트레일러 트랙터에 지탱시키는 하나 이상의 자축을 가진 트레일러를 갖춘 트럭으로 트레일러의 일부 하중을 트랙터가 부담하는 형태

ⓒ **더블 트레일러 연결차량** : 1대의 세미 트레일러용 트랙터와 1대의 세미 트레일러 및 1대의 풀 트레일러로 이루는 조합

ⓔ **풀 트레일러 연결차량** : 1대의 풀 트레일러용 트랙터와 1대의 풀 트레일러로 이루는 조합

(5) 적재함 구조에 의한 화물자동차의 종류

종류	구조(현상)
카고 트럭	• 하대에 간단히 접는 형식의 문짝을 단 차량으로 트럭 또는 카고 트럭이라고 함 • 카고 트럭은 우리나라에서 가장 보유대수가 많고 일반화된 것
전용 특장차	• 특장차란 차량의 적재함을 특수한 화물에 적합하도록 구조를 갖추거나 특수한 작업이 가능하도록 기계장치를 부착한 차량을 의미 • 덤프트럭, 믹서차량, 분립체 수송차(벌크차량), 액체 수송차, 냉동차 등이 전용 특장차에 해당
합리화 특장차	• 실내하역기기 장비차 : 적재함 바닥면에 롤러컨베이어, 로더용레일, 파렛트 이동용 파렛트 슬라이더 또는 컨베이어 등을 장치 • 측방 개폐차 : 스태빌라이저차는 보디에 스태빌라이저를 장치하고 수송중의 화물이 무너지는 것을 방지할 목적으로 개발된 것 • 쌓기·부리기 합리화차 : 차량 뒷부분에 리프트 게이트를 장치한 리프트게이트 부착 트럭 또는 크레인 부착 트럭도 있음 • 시스템 차량 : 트레일러 방식의 소형트럭으로 CB(Changeable body)차 또는 탈착 보디차를 말함

2 화물운송의 책임한계 ||||||||||||||||||||

1. 이사화물표준약관의 규정

(1) 인수 거절할 수 있는 품목

① 현금, 유가증권, 귀금속, 예금통장, 신용카드, 인감 등 고객이 휴대할 수 있는 귀중품
② 위험물, 불결한 물품 등 다른 화물에 손해를 끼칠 염려가 있는 물건
③ 동식물, 미술품, 골동품 등 운송에 특수한 관리를 요하기 때문에 다른 화물과 동시에 운송하기에 적합하지 않은 물건
④ 일반이사화물의 종류, 무게, 부피, 운송거리 등에 따라 운송에 적합하도록 포장할 것을 사업자가 요청하였으나 고객이 이를 거절한 물건

> **해설**
> 이사화물표준약관의 규정에 따른 인수거절 가능 물품이더라도 사업자는 그 운송을 위한 특별한 조건을 고객과 합의한 경우에는 이를 인수할 수 있음

(2) 계약해제

① 고객의 책임 사유로 계약을 해제한 경우 다음의 손해배상액을 사업자에게 지급
  ㉠ 고객이 약정된 이사화물의 인수일 1일전까지 해제를 통지한 경우 : 계약금
  ㉡ 고객이 약정된 이사화물의 인수일 당일에 해제를 통지한 경우 : 계약금의 배액

② 사업자의 책임 사유로 계약을 해제한 경우 다음의 손해배상액을 고객에게 지급. 단, 고객이 이미 지급한 계약금이 있는 경우에는 그 금액을 공제할 수 있다.

  ㉠ 사업자가 약정된 이사화물의 인수일 2일전까지 해제를 통지한 경우 : 계약금의 배액
  ㉡ 사업자가 약정된 이사화물의 인수일 1일전까지 해제를 통지한 경우 : 계약금의 4배액
  ㉢ 사업자가 약정된 이사화물의 인수일 당일에 해제를 통지한 경우 : 계약금의 6배액
  ㉣ 사업자가 약정된 이사화물의 인수일 당일에도 해제를 통지하지 않은 경우 : 계약금의 10배액

③ 이사화물의 인수가 사업자의 귀책사유로 약정된 인수일시로부터 2시간 이상 지연된 경우에는 고객은 계약을 해제하고 이미 지급한 계약금의 반환 및 계약금의 6배액의 손해배상을 청구할 수 있다.

(3) 손해배상

① 연착되지 않은 경우
  ㉠ 전부 또는 일부 멸실된 경우 : 약정된 인도일과 도착장소에서의 이사화물의 가액을 기준으로 산정한 손해액의 지급
  ㉡ 훼손된 경우 : 수선이 가능한 경우에는 수선해 주고, 수선이 불가능한 경우에는 ㉠항목에 따름

② 연착된 경우
  ㉠ 멸실 및 훼손되지 않은 경우 : 계약금의 10배액 한도에서 약정된 인도일시로부터 연착된 1시간마다 계약금의 반액을 곱한 금액 (연착시간 수 ×1/2)의 지급. 다만, 연착시간수의 계산에서 1시간 미만의 시간은 산입하지 않음
  ㉡ 일부 멸실된 경우 : "① 연착되지 않은 경우의 ㉠의 금액" 및 "② 연착된 경우의 ㉠의 금액지급"
  ㉢ 훼손된 경우 : 수선이 가능한 경우에는 수선해 주고 "② 연착된 경우의 ㉠의 금액지급", 수선이 불가능한 경우에는 "②연착된 경우의 ㉡의 규정"에 의함

③ 이사화물의 멸실, 훼손 또는 연착이 사업자 또는 그의 사용인 등의 고의 또는 중대한 과실로 인하여 발생한 때 또는 고객이 이사 화물의 멸실, 훼손 또는 연착으로 인하여 실제 발생한 손해액을 입증한 경우에는 사업자는 본 규정과 관계없이 민법 제393조의 규정에 따라 그 손해를 배상

(4) 고객의 손해배상

① 고객의 책임 있는 사유로 이사화물의 인수가 지체된 경우에는, 고객은 약정된 인수일시로부터 지체된 1시간마다 계약금의 반액을 곱한 금액 (지체 시간 수 × 계약금 × 1/2)을 손해배상액으로 사업자에게 지급해야 함. 다만, 계약금의 배액을 한도로 하며, 지체시간수의 계산에서 1시간미만의 시간은 산입하지 않음

② 고객의 귀책사유로 이사화물의 인수가 약정된 일시로부터 2시간 이상 지체된 경우에는, 사업자는 계약을 해제하고 계약금의 배액을 손해배상으로 청구할 수 있음. 이 경우 고객은 그가 이미 지급한 계약금이 있는 경우에는 손해배상액에서 그 금액을 공제할 수 있음

(5) 사업자의 면책

① 이사화물의 결함, 자연적 소모
② 이사화물의 성질에 의한 발화, 폭발, 뭉그러짐, 곰팡이 발생, 부패, 변색 등
③ 법령 또는 공권력의 발동에 의한 운송의 금지, 개봉, 몰수, 압류 또는 제3자에 대한 인도
④ 천재지변 등 불가항력적인 사유

(6) 멸실·훼손과 운임 등

① 이사화물이 천재지변 등 불가항력적 사유 또는 고객의 책임 없는 사유로 전부 또는 일부 멸실 되거나 수선이 불가능할 정도로 훼손된 경우에는, 사업자는 그 멸실·훼손된 이사화물에 대한 운임 등은 이를 청구하지 못하며, 사업자가 이미 그 운임 등을 받을 때에는 이를 반환한다.

② 이사화물이 그 성질이나 하자 등 고객의 책임 있는 사유로 전부 또는 일부 멸실 되거나 수선이 불가능할 정도로 훼손된 경우에는, 사업자는 그 멸실·훼손된 이사화물에 대한 운임 등도 이를 청구할 수 있다.

(7) 책임의 특별소멸사유와 시효

① 이사화물의 일부 멸실 또는 훼손에 대한 사업자의 손해배상책임은, 고객이 이사화물을 인도받은 날로부터 30일 이내에 그 일부 멸실 또는 훼손의 사실을 사업자에게 통지하지 아니하면 소멸한다.

② 이사화물의 멸실, 훼손 또는 연착에 대한 사업자의 손해배상책임은, 고객이 이사화물을 인도받은 날로부터 1년이 경과하면 소멸한다. 다만, 이사화물이 전부 멸실된 경우에는 약정된 인도일부터 기산한다.

2. 택배표준약관의 규정

(1) 운송물의 수탁을 거절할 수 있는 경우

① 고객이 운송장에 필요한 사항을 기재하지 아니한 경우
② 운송물이 화약류, 인화물질 등 위험한 물건인 경우
③ 운송물이 밀수품, 군수품, 부정임산물 등 위법한 물건인 경우
④ 운송물이 현금, 카드, 어음, 수표, 유가증권 등 현금화가 가능한 물건인 경우
⑤ 운송물이 재생 불가능한 계약서, 원고, 서류 등인 경우
⑥ 운송물이 살아있는 동물, 동물사체 등인 경우
⑦ 운송이 법령, 사회질서, 기타 선량한 풍속에 반하는 경우
⑧ 운송이 천재지변, 기타 불가항력적인 사유로 불가능한 경우

(2) 수하인 부재 시의 조치

① 사업자는 운송물의 인도 시 수하인으로부터 인도확인을 받아야 하며, 수하인의 대리인에게 운송물을 인도하였을 경우에는 수하인에게 그 사실을 통지한다.

② 사업자는 수하인의 부재로 인하여 운송물을 인도할 수 없는 경우에는 수하인에게 운송물을 인도하고자 할 일시, 사업자의 명칭, 문의할 전화번호, 기타 운송물의 인도에 필요한 사항을 기재한 서면('부재중 방문표')으로 통지한 후 사업소에 운송물을 보관한다.

(3) 사업자의 손해배상

① 고객이 운송장에 운송물의 가액을 기재한 경우에는 사업자의 손해배상은 다음 각 호에 의한다.

㉠ 전부 또는 일부 멸실된 때 : 운송장에 기재된 운송물의 가액을 기준으로 산정한 손해액의 지급

㉡ 훼손된 때
- 수선이 가능한 경우 : 수선해 줌
- 수선이 불가능한 경우 : "㉠ 전부 또는 일부 멸실된 때"에 의함

㉢ 연착되고 일부 멸실 및 훼손되지 않은 때
- 일반적인 경우 : 인도예정일을 초과한 일수에 사업자가 운송장에 기재한 운임액(이하 '운송장기재운임액'이라 함)의 50%를 곱한 금액(초과일수 × 운송장기재운임액 × 50%)의 지급. 다만, 운송장기재운임액의 200%를 한도로 한다.

특정 일시에 사용할 운송물의 경우 : 운송장 기재 운임액의 200%를 지급한다.

㉣ 연착되고 일부 멸실 또는 훼손된 때 : "㉠ 전부 또는 일부 멸실된 때" 또는 "㉡ 훼손된 때"에 의한다.

② 고객이 운송장에 운송물의 가액을 기재하지 않은 경우에는 사업자의 손해배상은 다음 각 호에 의함. 이 경우 손해배상 한도액은 50만원으로 하되, 운송물의 가액에 따라 할증요금을 지급하는 경우의 손해배상한도액은 각 운송가액 구간별 운송물의 최고가액으로 함

㉠ 전부 멸실된 때 : 인도예정일의 인도예정 장소에서의 운송물 가액을 기준으로 산정한 손해액의 지급

㉡ 일부 멸실된 때 : 인도일의 인도 장소에서의 운송물 가액을 기준으로 산정한 손해액의 지급

㉢ 훼손된 때
- 수선이 가능한 경우 : 수선해 줌
- 수선이 불가능한 경우 : "㉡ 일부 멸실된 때"에 의함

㉣ 연착되고 일부 멸실 및 훼손되지 않은 때 : 위 "①"의 ㉢을 준용함

㉤ 연착되고 일부 멸실 또는 훼손된 때 : "㉡ 일부 멸실 된 때" 또는 "㉢ 훼손된 때"에 의하되, '인도일'을 '인도예정일'로 함

③ 운송물의 멸실, 훼손 또는 연착이 사업자 또는 그의 사용인의 고의 또는 중대한 과실로 인하여 발생한 때에는, 사업자는 모든 손해를 배상한다.

(4) 사업자의 면책, 책임의 특별소멸사유 등

① 사업자는 천재지변, 기타 불가항력적인 사유에 의하여 발생한 운송물의 멸실, 훼손 또는 연착에 대해서는 손해배상책임을 지지 아니한다.

② 운송물의 일부 멸실 또는 훼손에 대한 사업자의 손해배상책임은 수하인이 운송물을 수령한 날로부터 14일 이내에 그 일부 멸실 또는 훼손의 사실을 사업자에게 통지하지 아니하면 소멸한다.

③ 운송물의 일부멸실, 훼손 또는 연착에 대한 사업자의 손해배상 책임은 수하인이 운송물을 수령한 날로부터 1년이 경과하면 소멸한다. 다만, 운송물이 전부 멸실된 경우에는 그 인도예정일로부터 기산한다.

01 다음 중 운송장의 기능이라고 볼 수 없는 것은?

㉮ 화물인수증 기능
㉯ 배달에 대한 증빙
㉰ 행선지 분류정보 제공
㉱ 화물의 품질보증 기능

> **해설** 운송장은 ① 계약서 기능, ② 화물인수증 기능, ③ 운송요금 영수증 기능, ④ 정보처리 기본자료, ⑤배달에 대한 증빙, ⑥ 수입금 관리자료, ⑦ 행선지 분류정보 제공의 기능을 제공한다.

02 다음 중 운송장의 기재사항에 대한 설명으로 틀린 것은?

㉮ 수하인의 정확한 주소는 필수적으로 기재하며, 전화번호는 필요한 경우에만 기재한다.
㉯ 화물명이 취급금지 품목임을 알고도 화물을 수탁한 때에는 운송회사가 그 책임을 져야 한다.
㉰ 고가물인 경우는 고가물을 할증요금을 적용해야 하기 때문에 화물의 가격을 정확하게 기재한다.
㉱ 특약사항에 대하여 고객에게 고지한 후 특약사항 약관 설명 확인필에 서명을 받는다.

> **해설** 운송장에 수하인의 정보를 기재할 때는 정확한 주소 (통, 반 및 번지까지) 및 전화번호를 기재한다.

03 다음 중 운송장의 기록에 대한 사항 중 맞지 않는 것은?

㉮ 화물을 인수할 사람의 정확한 이름과 주소와 전화번호를 기록해야 한다.
㉯ 운송장 번호와 그 번호를 나타내는 바코드는 운송장을 인쇄할 때 기록되기 때문에 운전자가 별도로 기록할 필요는 없다.
㉰ 운송장 번호는 상당 기간이 지나면 중복되어도 상관없다.
㉱ 배송이 어려운 경우를 대비하여 송하인의 전화번호를 반드시 확보하여야 한다.

> **해설** 운송장 번호는 상당 기간 중복되는 번호가 발생되지 않도록 충분한 자릿수가 확보되어야 한다.

04 다음 중 운송장에 기록되어야 할 사항이 아닌 것은?

㉮ 수하인의 주소, 성명 및 전화번호
㉯ 운전자의 전자우편주소
㉰ 화물명과 수량
㉱ 운송장 번호와 바코드

> **해설** 운송장에 운전자의 전자우편주소(이메일 주소)는 기록하지 않아도 된다.

05 다음은 고객으로부터의 화물 집하 시 면책 확인서를 받아야 하는 품목을 짝 지은 것이다. 바른 것은?

㉮ 병 제품, 도자기
㉯ 노트북, 휴대폰
㉰ 김치, 옥매트
㉱ 꿀, 가구류

> **해설** 꿀이나 병 제품의 경우 가능한 플라스틱 병으로 대체하거나 병이 움직이지 않도록 포장재를 보강하여 낱개로 포장한 뒤 박스로 포장하여 면책확인서를 받고 집하하며, 가구류의 경우 박스포장하고 모서리부분을 에어캡으로 포장처리 후 면책확인서를 받아 집하한다.

06 다음 중 운송장 기재사항 중에서 집하담당자의 기재사항이 아닌 것은?

㉮ 접수일자
㉯ 발송점
㉰ 물품의 수량
㉱ 운송료

> **해설** 물품의 수량은 집하담당자의 기재사항이 아니다.

07 포장이 불완전하거나 파손 가능성이 높은 화물일 때 해당되는 면책 사항은?

㉮ 파손 면책
㉯ 배달 지연 면책
㉰ 부패 면책
㉱ 면책 사항 아님

> **해설** **면책사항**
> ·포장이 불완전하거나 파손가능성이 높은 화물일 때 : "파손 면책"
> ·수하인의 전화번호가 없을 때 : "배달 지연 면책" "배달 불능 면책"
> ·식품 등 정상적으로 배달해도 부패의 가능성이 있는 화물 : "부패 면책"

08 다음 중 고가품 배송을 의뢰한 고객의 운송장 기재 시 유의사항에 대한 설명으로 틀린 것은?

㉮ 할증료를 거절한 경우에는 특약사항을 설명하고 보상한도에 대해 서명을 받는다.
㉯ 박스를 개봉하여 고가품목의 내용물을 철저히 확인한다.
㉰ 고가품목 배송에 대한 할증료를 청구한다.
㉱ 고가품목의 물품가격을 정확히 확인하여 기재한다.

> **해설** 휴대폰 및 노트북 등 고가품의 경우 내용물이 확인되지 않도록 별도의 박스로 이중포장한다.

09 다음 중 포장의 기능 중에서 가장 기본적인 기능은?

㉮ 보호성
㉯ 표시성
㉰ 상품성
㉱ 통일성

> **해설** 포장의 기능에는 보호성, 표시성, 상품성, 편리성, 효율성, 판매촉진성이 있으며, 이 중 가장 기본적인 기능은 보호성이다.

10 다음 중 운송화물의 포장 중 분류의 성격이 다른 하나는?

㉮ 진공포장
㉯ 압축포장
㉰ 방습포장
㉱ 유연포장

> **해설** 포장기법별 포장의 종류에는 방수, 방습, 방청, 완충, 진공, 압축, 수축포장이 있으며, 포장재료의 특성에 따라서는 유연포장과 감성포장, 반감성포장이 있다.

11 다음 중 화물에 운송장을 부착하는 방법으로 부적절한 것은?

㉮ 운송장이 떨어질 우려가 큰 물품은 송하인의 동의를 얻어 포장재에 수하인 주소 혹 은 전화번호 등의 필요한 사항을 기재한다.
㉯ 박스 후면 또는 측면 부착으로 혼동을 주어서는 안 된다.
㉰ 운송장 부착은 원칙적으로 접수장소에서 매 건마다 화물에 부착한다.
㉱ 박스 물품이 아닌 쌀,매트,카펫 등은 물품의 모서리에 부착한다.

> **해설** 박스 물품이 아닌 쌀, 매트 카펫 등에 운송장을 부착할 때에는 물품의 정중앙에 운송장을 부착한다.

정답 01. ㉱   02. ㉮   03. ㉰   04. ㉯   05. ㉱   06. ㉰   07. ㉮   08. ㉯   09. ㉮   10. ㉱   11. ㉱

12 다음 중 운송장 부착에 대한 설명으로 맞는 것은?

㉮ 물품박스 정중앙 상단에 부착한다.
㉯ 물품박스 좌우 모서리에 부착한다.
㉰ 물품박스 바닥면에 부착한다.
㉱ 물품박스 우측 면에 부착한다.

> **해설** 운송장은 물품박스 정중앙 상단에 부착한다.

13 다음 중 진동이나 충격에 의한 물품파손을 방지하고 외부로부터 힘이 직접 물품에 가해지지 않도록 외부 압력을 완화시키는 포장방법은?

㉮ 완충포장　　　　㉯ 압축포장
㉰ 진공포장　　　　㉱ 수축포장

> **해설** 외부로부터 힘이 직접 물품에 가해지지 않도록 외부 압력을 완화시키는 포장방법은 완충포장이다.

14 다음 중 부패 또는 변질되기 쉬운 물품의 적절한 포장방법은?

㉮ 종이박스 포장　　　　㉯ 아이스박스 포장
㉰ 삼중 포장　　　　㉱ 플라스틱 비닐 포장

> **해설** 부패 또는 변질되기 쉬운 물품의 경우 아이스박스를 사용한다.

15 다음 중 창고 내 및 입·출고 작업요령에 대한 설명으로 잘못된 것은?

㉮ 작업안전통로를 충분히 확보해서 적재한다.
㉯ 하적단의 화물 출하 시는 하적단 아래에서부터 순차적으로 층계를 지으면서 출하한다.
㉰ 화물을 쌓거나 내릴 때에는 순서에 맞게 신중히 하여야 한다.
㉱ 들머리 작업 시에는 적재더미의 불안전한 상태를 수시 확인하여 붕괴 등의 위험을 예방한다.

> **해설** 하적단의 화물 출하 시는 하적단 위에서부터 순차적으로 층계를 지으면서 헐어내고, 층계의 높이는 가급적 1.5m 이하를 유지하여야 한다. 또한, 하적단의 상층과 하층에서 동시작업을 금지하여야 한다.

16 다음 중 주유취급소의 위험물 취급기준에 대한 설명으로 틀린 것은?

㉮ 주유할 때에는 고정주유설비를 사용하여 직접 주유한다.
㉯ 주유할 때는 자동차 등의 원동기는 정지할 필요가 없다.
㉰ 자동차 등의 일부 또는 전부가 주유취급소의 공지밖에 나온 채로 주유를 금지한다.
㉱ 유분리장치에 고인 유류는 넘치지 아니하도록 수시로 점검한다.

> **해설** 자동차 등에 주유할 때에는 정당한 이유 없이 다른 자동차 등을 그 주유취급소 안에 주차시켜서는 아니 되며(다만, 재해발생의 우려가 없는 경우에는 그러하지 아니하다), 자동차 등의 원동기는 정지하여야 한다.

17 다음 중 화물의 하역방법에 대한 설명으로 틀린 것은?

㉮ 길이가 고르지 못하면 한쪽 끝이 맞도록 한다.
㉯ 종류가 다른 것을 적치할 때는 가벼운 것을 밑에 쌓는다.
㉰ 물품을 야외에 적치할 때에는 밑받침을 하고 덮개로 덮는다.
㉱ 상자로 된 화물은 취급표지에 따라 다루어야 한다.

> **해설** 종류가 다른 것을 적치할 때는 무거운 것을 밑에, 가벼운 것은 위에 쌓는다.

18 다음 중 화물의 하역방법으로 적합하지 않은 것은?

㉮ 별도로 안전통로를 확보할 필요는 없다.
㉯ 높은 곳에 무거운 물건을 적재할 때는 안전모를 착용한다.
㉰ 물품을 적재할 때는 구르거나 무너지지 않도록 받침대나 로프로 묶어야 한다.
㉱ 물건 적재 시 주위에 넘어질 것을 대비하여 위험한 요인을 제거한다.

> **해설** 화물 적재 시에는 반드시 별도의 안전통로를 확보한 후 적재하여야 한다.

19 다음 중 운송화물의 포장기능으로 틀린 것은?

㉮ 보호성　　　　㉯ 표시성
㉰ 상품성　　　　㉱ 보관성

> **해설** ㉮, ㉯, ㉰이외에도 편리성, 효율성, 판매 촉진성이 있다.

20 다음 중 상업포장의 기능에 대한 설명이 아닌 것은?

㉮ 판매를 촉진시키는 기능
㉯ 진열판매의 편리성
㉰ 작업의 효율성을 도모하는 기능
㉱ 수송·하역의 편리성이 중요시 된다(수송포장)

> **해설** "수송·하역의 편리성이 중요시 된다(수송포장)"는 공업포장의 기능을 말한다. 상업포장을 "소비자 포장 또는 판매포장"이라고도 한다.

21 다음 중 컨베이어를 사용한 화물 이동 시 주의사항으로 맞는 것은?

㉮ 컨베이어 주변의 장애물을 치우는 것은 컨베이어 작동시에만 하여야 한다.
㉯ 컨베이어 위로는 절대 올라가서는 안 된다.
㉰ 상차용 컨베이어를 이용하여 타이어 등을 상차할 때는 타이어 등이 떨어지는 것을 확인한 후 작업위치를 이동해도 무관하다.
㉱ 작업 시에 컨베이어 운전자는 상호 간 신호를 해서는 안 된다.

> **해설** 컨베이어 위로는 절대 올라가서는 안 된다.

22 다음 중 화물의 길이와 크기가 일정하지 않을 경우의 적재방법 중 옳은 것은?

㉮ 길이에 관계없이 쌓는다.
㉯ 길이가 고르지 못하면 한쪽 끝이 맞도록 한다.
㉰ 작은 화물 위에 큰 화물을 놓는다.
㉱ 큰 화물과 작은 화물을 섞어서 쌓는다.

> **해설** 길이가 고르지 못하면 한쪽 끝이 맞도록 한다.

23 다음 중 차량 내 화물 적재방법으로 맞지 않는 것은?

㉮ 차의 요동으로 안정이 파괴되기 쉬운 짐은 결박하지 않는다.
㉯ 정차 시 넘어지지 않도록 질서있게 정리하여 적재한다.
㉰ 긴 물건을 적재할 때는 적재함 밖으로 나온 부위에 위험표시를 하여 둔다.
㉱ 둥글고 구르기 쉬운 물건은 상자에 넣어 적재한다.

> **해설** 차의 요동으로 안정이 파괴되기 쉬운 짐은 결박을 철저히 한다.

정답 12. ㉮　13. ㉮　14. ㉯　15. ㉯　16. ㉯　17. ㉯　18. ㉮　19. ㉱　20. ㉱　21. ㉯　22. ㉯　23. ㉮

24 다음 중 독극물을 운반할 때의 방법으로 적절하지 않은 것은?

㉮ 독극물의 취급 및 운반은 거칠게 다루지 않는다.
㉯ 취급불명의 독극물은 함부로 다루지 않는다.
㉰ 독극물이 들어 있는 용기는 손으로 직접 다루지 말고, 굴려서 운반한다.
㉱ 도난방지를 위해 보관을 철저히 한다.

> **해설**
> · 독극물이 들어 있는 용기는 쓰러지거나 미끄러지거나 튀지 않도록 철저히 고정하여야 한다.
> · 독극물이 들어 있는 용기를 굴리면 내용물이 새거나 쏟아져나올 수 있으므로 매우 위험하다.

25 다음 중 팔레트 화물의 붕괴를 방지하기 위한 방식이 아닌 것은?

㉮ 밴드걸기 방식
㉯ 완충포장 방식
㉰ 박스테두리 방식
㉱ 스트레치 방식

> **해설**
> · 박스테두리 방식 : 팔레트에 테두리를 붙여 화물 붕괴방지
> · 스트레치 방식 : 플라스틱 필름을 화물에 감아 고정하여 붕괴방지
> · 밴드걸기 방식 : 나무상자를 팔레트에 쌓는 경우 붕괴방지에 사용
> · 완충포장 방식 : 완충포장은 운송이나 하역 중에 발생되는 가속도의 증가에서 발생되는 물품의 파손을 방지하기 위해서 적용되는 포장방법으로서 소요완형재의 두께를 산정, 조건에 적응할 수 있는 포장을 의미한다.

26 다음 중 독극물 취급시의 주의 사항에 대한 설명으로 틀린 것은?

㉮ 독극물을 취급하거나 운반할 때는 소정의 안전한 용기, 도구, 운반구 및 운반차를 이용한다.
㉯ 독극물 저장소, 드럼통, 용기, 배관 등은 내용물을 알 수 있도록 확실하게 표시하여 놓는다.
㉰ 용기가 깨어질 염려가 있는 것은 울타리나 철망으로만 둘러놓고 운행한다.
㉱ 독극물이 새거나 엎질러졌을 때는 신속히 제거할 수 있는 안전한 조치를 하여 놓는다.

> **해설**
> 용기가 깨어질 염려가 있는 것은 나무상자나 플라스틱상자 속에 넣고 쌓아둔 것은 울타리나 철망으로 둘러놓고 운행해야 하며, 취급하는 독극물의 물리적, 화학적 특성을 충분히 알고, 그 성질에 따라 방호수단을 알고 있어야 한다.

27 다음 중 운행이 제한되는 차량의 운행을 허가하고자 할 때의 차량호송이 필요한 대상이 아닌 것은?

㉮ 적재물을 포함하여 차폭이 3.6m를 초과하는 차량으로서 운행상 호송이 필요하다고 인정되는 경우
㉯ 구조물통과 하중계산서를 필요로 하는 중량제한 차량
㉰ 주행속도 50km/h 미만인 차량의 경우
㉱ 적재물을 포함하여 길이30m를 초과하는 차량으로서 운행상 호송이 필요하다고 인정되는 경우

> **해설**
> 적재물을 포함하여 차폭 3.6m 또는 길이 20m를 초과하는 차량으로서 운행 상 호송이 필요하다고 인정되는 경우 제한차량의 운행을 허가 할 수 있다.

28 다음 중 슈링크 방식과 스트레치 방식을 비교 설명한 것으로 틀린 것은?

㉮ 슈링크 방식은 슈링크 터널을 사용하고, 스트레치 방식은 스트레치 포장기를 사용한다.
㉯ 두 가지 모두 비용이 많이 든다는 결점이 있다.
㉰ 두 가지 모두 플라스틱 필름을 사용한다.
㉱ 두 가지 모두 고열을 가한다.

> **해설**
> 슈링크 방식은 고열을 가하지만, 스트레치 방식은 고열을 가하지 않는다는 점에서 차이가 있다.

29 다음 중 화물의 포장과 포장 사이에 미끄럼이 발생하지 않도록 조치하여 팔레트 화물의 붕괴를 방지하는 방식은?

㉮ 주연어프 방식
㉯ 밴드걸기 방식
㉰ 슬립멈추기 시트삽입방식
㉱ 풀붙이기 접착방식

> **해설**
> 화물의 포장과 포장 사이에 미끄럼을 멈추는 시트를 넣음으로써 안전을 도모하는 방식은 슬립멈추기 시트삽입방식이다.

30 다음 중 포장방법(포장기법)별 분류에 대한 설명이다. 아닌 것은?

㉮ 방청 포장　　　㉯ 완충 포장
㉰ 진공 포장　　　㉱ 판매 포장

> **해설**
> 판매포장은 상업포장의 하나의 명칭이다.

31 다음 중 고속도로에서 운행이 가능한 차량은?

㉮ 차량의 축하중이 10톤을 초과하는 차량
㉯ 적재물을 포함한 차량의 길이가 19m를 초과하는 차량
㉰ 적재물을 포함한 차량의 높이가 4m 초과하는 차량
㉱ 적재물을 포함한 차량의 폭이 3m 초과하는 차량

> **해설**
> ㉮, ㉯, ㉱ 외에도 차량 총중량이 40톤을 초과하는 차량, 적재물을 포함한 차량의 높이가 4.2m 초과하는 차량은 고속도로에서의 운행이 제한된다.

32 다음은 인수증 관리 시 주의사항에 대한 설명이다. 틀린 것은?

㉮ 인수증은 반드시 인수자 확인란에 실 수령인지 인수자가 정자(正字)를 자필로 기재하도록 한다.
㉯ 인수증상에 인수자 서명을 운전자가 임의로 기재한 경우는 무효로 간주된다.
㉰ 물품 인도일 기준으로 2년 내 인수근거 요청 시 입증 자료를 제시해야 한다.
㉱ 실수령인 구분시 본인, 동거인, 관리인, 지정인, 기타 사항에 확인하여야 한다.

> **해설**
> 수령인이 물품의 수하인과 틀린 경우 반드시 수하인과의 관계를 기재하여야 하며, 물품 인도일 기준으로 1년 내 인수근거 요청 시 입증자료를 제시할 수 있도록 조치하여야 한다.

정답 24. ㉰　25. ㉯　26. ㉰　27. ㉱　28. ㉱　29. ㉰　30. ㉱　31. ㉰　32. ㉰

33 다음 중 고객 유의사항 확인 요구 물품에 해당되지 않는 것은?

㉮ 중고 가전제품 A/S용 물품

㉯ 기계류, 장비 등 중량 고가물로 20kg를 초과하는 물품

㉰ 포장 부실물품 및 무포장 물품(비닐포장 또는 쇼핑백 등)

㉱ 파손 우려 물품 및 내용검사가 부적당하다고 판단되는 부적합 물품

> **해설** 기계류, 장비 등 중량 고가물인 경우 40kg를 초과하는 물품이 고객 유의사항 확인 요구 물품에 해당된다.

34 다음 중 화물의 파손 또는 오손사고를 방지하기 위한 대책으로 가장 거리가 먼 것은?

㉮ 집하할 때에는 내용물에 관한 정보를 충분히 듣고 포장한다.

㉯ 충격에 약한 화물은 보강포장 및 특기사항을 표기해 둔다.

㉰ 중량물은 상단, 경량물은 하단에 적재한다.

㉱ 집하 시 화물의 포장상태를 확인한다.

> **해설** 중량물은 무거운 화물이고 경량물은 가벼운 화물이므로 중량물을 밑에 놓고 경량물을 위에 놓아야 파손, 오손사고를 예방할 수 있다.

35 다음 중 화물의 인수요령으로 옳은 것은?

㉮ 운송인의 책임은 물품을 인수하기 전 배차를 받은 시점부터 발생한다.

㉯ 전화로 물품을 접수받을 때 반드시 집하 가능한 일자와 배송요구 일자를 확인한다.

㉰ 두 개 이상의 화물을 하나의 화물로 밴딩 처리한 경우에는 수축포장한다.

㉱ 집하 자체품목은 고객이 요구하면 서비스 차원에서 인수한다.

> **해설**
> ・전화로 발송할 물품을 접수받을 때 반드시 집하 가능한 일자와 고객의 배송요구일자를 확인한 후 배송 가능한 경우에 고객과 약속하고, 약속 불이행으로 불만이 발생하지 않도록 한다.
> ・집하 자체품목을 인수하게 되면 인수한 순간부터 운송회사가 책임을 져야하므로 집하 자체품목의 경우는 그 취지를 알리고 양해를 구한 후 정중히 거절하여야 한다.
> ・수축포장이란 수축필름으로 덮고 가열수축시켜 고정유지하는 포장법을 말한다. 수축포장 시에는 가열과정에서의 변형이 일어나지 않는 물품인지 우선적으로 확인하여야 한다.
> ・운송인의 책임은 물품을 인수한 시점부터 발생한다.

36 다음 중 화물의 인수요령에 대한 설명으로 틀린 것은?

㉮ 화물은 취급가능 화물규격 및 중량,취급 불가 화물품목을 확인하고, 화물의 안전 수송과 타 화물의 보호를 위하여 포장상태 및 화물의 상태를 확인한 후 접수 여부를 결정한다.

㉯ 신용업체의 대량화물을 집하할 때 수량 착오가 발생하지 않도록 일부를 선별하여 박스 수량과 운송장에 표기된 수량을 확인한다.

㉰ 두 개 이상의 화물을 하나의 화물로 밴딩처리한 경우 반드시 고객에게 파손 가능성 을 설명하고 각각 운송장 및 보조송장을 부착하여 집하한다.

㉱ 운송인의 책임은 물품을 인수하고 운송장을 교부한 시점부터 발생한다.

> **해설** 신용업체의 대량화물을 집하할 때 수량 착오가 발생하지 않도록 하려면 일부를 선별하여 수량을 확인해서는 안 되고 반드시 모든 박스의 수량과 운송장에 기재된 수량을 확인하여야 한다.

37 다음 중 화물을 운반할 때의 주의사항으로 틀린 것은?

㉮ 운반하는 물건이 시야를 가리지 않도록 한다.

㉯ 뒷걸음질로 화물을 운반해도 된다.

㉰ 작업장 주변의 화물상태, 차량통행 등을 항상 살핀다.

㉱ 원기둥을 굴릴 때는 앞으로 밀어 굴리고 뒤로 끌어서는 안 된다.

38 다음 중 화물을 인계할 때 인수자 확인인은 반드시 인수자가 직접 서명하도록 하는 것은 어떤 화물사고의 방지대책인가?

㉮ 지연배달사고

㉯ 분실사고

㉰ 파손사고

㉱ 내용물 부족사고

> **해설** 인계할 때 인수자 확인은 반드시 인수자가 직접 서명하도록 하는 이유는 분실사고를 방지하기 위해서이다.

39 다음 중 차량 내 화물 적재방법에 대한 설명으로 잘못된 것은?

㉮ 화물을 적재할 때는 한쪽으로 기울지 않게 쌓고, 적재하중을 초과하지 않도록 한다.

㉯ 무거운 화물을 적재함 뒤쪽에 실으면 앞바퀴가 들려 조향이 마음대로 안 되어 위험하다.

㉰ 무거운 화물을 적재함 앞쪽에 실으면 조향이 무겁고 제동할 때에 뒷바퀴가 먼저 제동되어 좌·우로 틀어지는 경우가 발생한다.

㉱ 화물을 적재할 때에는 최대한 무게가 골고루 분산될 수 있도록 하고, 무거운 화물은 적재함의 앞부분에 무게가 집중될 수 있도록 적재한다.

40 다음 중 화물의 인계요령에 대한 설명으로 틀린 것은?

㉮ 수하인의 주소 및 수하인이 맞는지 확인한 후 에 인계한다.

㉯ 지점에 도착된 물품은 당일 배송을 원칙으로 한다.

㉰ 수하인의 부재로 인해 배송이 곤란할 경우 일단 집으로 투거하고 해당 사실을 연락한다.

㉱ 각 영업소로 분류된 물품은 수하인에게 물품의 도착 사실을 알리고 배송 가능한 시간을 약속한다.

> **해설** 수하인의 부재로 인해 배송이 곤란할 경우, 임의적으로 방치 또는 집안으로 무단투거하지 말고 수하인과 통화하여 지정하는 장소에 전달하고, 수하인에게 통보한다.

41 다음 중 트레일러에 대한 설명으로 틀린 것은?

㉮ 트레일러란 자동차의 동력부분(견인차 또는 트랙터)과 적화부분(피인견차)으로 분할한 차량이다.

㉯ 트레일러란 동력을 갖추지 않고 모우터 비이클에 의하여 견인되는 차량이다.

㉰ 세미 트랙터와 조합해서 풀(Full) 트레일러로 하기 위한 견인구를 갖춘 대차를 폴(Pole) 트레일러라 한다.

㉱ 트레일러란 동력을 갖추지 않고 모터 비이클에 의하여 견인된다.

> **해설** 세미 트랙터와 조합해서 풀(Full) 트레일러로 하기 위한 견인구를 갖춘 대차는 돌리(Dolly)이다.

정답 33. ㉯ 34. ㉰ 35. ㉯ 36. ㉯ 37. ㉯ 38. ㉯ 39. ㉱ 40. ㉰ 41. ㉰

42 다음 중 오배달 또는 지연배달사고의 원인이 아닌 것은?

㉮ 당일 미배송 화물에 대한 별도 관리 미흡
㉯ 수령인의 신분 확인 없이 화물을 인계한 경우
㉰ 화물터미널에서의 화물의 체계적인 분류
㉱ 수령인 부재 시 임의장소에 화물을 두고 간 후 미확인

> **해설** 화물터미널에서 화물을 체계적으로 분류하면 오배달, 지연배달사고를 방지할 수 있다.

43 다음 중 트레일러의 종류에 해당하지 않는 것은?

㉮ 풀(Full) 트레일러
㉯ 세미(Semi) 트레일러
㉰ 하프(Half) 트레일러
㉱ 돌리(Dolly)

> **해설** 트레일러의 종류에는 풀(Full) 트레일러, 세미(Semi) 트레일러, 폴(pole) 트레일러, 돌리(Dolly)가 있다.

44 다음 중 화물의 파손사고의 원인이 아닌 것은?

㉮ 차량에 상차할 때 컨베이어 벨트 등에서 떨어져 파손되는 경우
㉯ 김치,젓갈,한약류 등 수량에 비해 포장이 약한 경우
㉰ 화물을 함부로 던지거나 발로 차거나 끄는 경우
㉱ 화물을 적재할 때 무분별한 적재로 압착되는 경우

> **해설** 김치. 젓갈. 한약류 등 수량에 비해 포장이 약한 경우는 오손사고의 원인이다.

45 다음 중 이사화물표준약관의 규정에 따라 인수를 거절할 수 있는 물품에 해당되지 않는 것은?

㉮ 현금, 유가증권, 귀금속, 예금통장, 신용카드, 인감 등 고객이 휴대할 수 있는 귀중품
㉯ 위험물, 불결한 물품 등 다른 화물에 손해를 끼칠 염려가 있는 물건
㉰ 운송에 특수한 관리를 요하기 때문에 다른 화물과 동시에 운송하기에 적합하지 않은 물품
㉱ 인수거절 가능 물품 중 운송을 위한 특별한 조건을 고객과 합의한 물품

> **해설** 이사화물표준약관의 규정에 따른 인수거절 가능 물품이더라도 사업자는 그 운송을 위한 특별한 조건을 고객과 합의한 경우에는 이를 인수할 수 있다.

46 다음 중 풀 트레일러(Full trailer)의 이점이라고 보기 힘든 것은?

㉮ 보통 트럭에 비하여 적재량을 늘릴 수 있다.
㉯ 트랙터 한 대에 트레일러 두 세대를 달 수 있어 트랙터와 운전자의 효율적 운용을 도모할 수 있다.
㉰ 수송 과정 중에 화물이 무너지는 것을 방지할 수 있다.
㉱ 트랙터와 트레일러에 각기 다른 발송지별 또는 품목별 화물을 수송할 수 있게 되어 있다.

> **해설** 보기 중 ㉰는 측방 개폐차 중 스태빌라이저차에 대한 설명이다. 참고로 스태빌라이저차는 보디에 스태빌라이저를 장치하고 수송 중의 화물이 무너지는 것을 방지할 목적으로 개발된 것이다.

47 다음 중 세미 트레일러(Semi trailer)의 특징으로 잘못 설명된 것은?

㉮ 기둥, 통나무 등 장척의 적하물 자체가 트랙터와 트레일러의 연결부분을 구성하는 구조의 트레일러이다.
㉯ 가동중인 트레일러 중에서는 가장 많고 일반적인 트레일러이다
㉰ 빌작지에서의 트레일러 탈착이 용이하고 공간을 적게 차지해서 후진하는 운전을 하기가 쉽다.
㉱ 세미 트레일러용 트랙터 에 연결하여, 총 하중의 일부분이 견인하는 자동차에 의해서 지탱되도록 설계된 트레일러이다.

> **해설** 기둥, 통나무 등 장척의 적하물 자체가 트랙터와 트레일러의 연결부분을 구성하는 구조의 트레일러는 폴 트레일러(Pole trailer)이다.

48 다음 중 차량의 적재함을 특수한 화물에 적합하도록 구조물을 갖추거나 작업이 가능하도록 기계장치를 부착한 특장차의 종류가 아닌 것은?

㉮ 냉동차
㉯ 밴
㉰ 믹서차량
㉱ 덤프트럭

> **해설** '특수장비차'를 줄여서 '특장차'라고 부르는데 탱크차, 덤프차, 믹서자동차, 위생자동차, 소방차, 레커차, 냉동차,트럭크레인, 크레인붙이트럭 등이 해당된다.

49 다음 중 한국산업표준(KS)에 따른 화물자동차에 대한 설명으로 틀린 것은?

㉮ 캡오버엔진트럭은 원동기의 전부 또는 대부분이 운전실의 아래쪽에 있는 트럭을 말한다.
㉯ 밴은 상자형 화물실을 갖추고 있는 트럭으로 지붕이 없는 것은 제외한다.
㉰ 레커차는 크레인 등을 갖추고 고장차의 옆 또는 뒤를 매달아 올려서 수송하는 특수 장비 자동차를 말한다.
㉱ 냉장차는 수송물품을 냉각제를 사용하여 냉장하는 설비를 갖추고 있는 특수 용도 자동차를 말한다.

> **해설** 밴(van)은 상자형 화물실을 갖추고 있는 트럭으로 지붕이 없는 것(오픈 톱형)도 포함한다.

50 사업자의 책임 사유로 사업자가 약정된 이사화물의 인수일 당일에도 해제를 통지하지 않은 경우 고객이 받을 수 있는 손해 배상액은?

㉮ 계약금의 배액
㉯ 계약금의 4배액
㉰ 계약금의 6배액
㉱ 계약금의 10배액

> **해설** ㉮ : 인수일 2일전, ㉯ : 인수일 1일전, ㉰ : 인수일 당일

51 이사화물의 인도 과정에서 고객이 이사화물의 일부 멸실 또는 훼손의 사실을 몇 일 이내에 사업자에게 통지하지 않으면 사업자의 손해배상책임이 소멸되는가?

㉮ 15일
㉯ 30일
㉰ 45일
㉱ 60일

> **해설** 이사화물의 일부 멸실 또는 훼손에 대한 사업자의 손해배상책임은, 고객이 이사화물을 인도받은 날부터 30일 이내에 그 일부 멸실 또는 훼손의 사실을 사업자에게 통지하지 아니하면 소멸된다.

정답 42. ㉰ 43. ㉰ 44. ㉯ 45. ㉱ 46. ㉰ 47. ㉮ 48. ㉯ 49. ㉯ 50. ㉱ 51. ㉯

52 다음 중 화물자동차의 적재량 구조에 따른 합리화 특장차의 종류에 해당하지 않는 것은?

㉮ 분입체 수송차
㉯ 실내하역기기 장비차
㉱ 시스템 차량
㉰ 측방 개폐차

> **해설** 합리화 특장차에는 실내하역기기 장비차, 측방 개폐차, 쌓기·부리기 합리화차, 시스템 차량이 있다.

53 다음 중 수송 중에 화물이 무너지는 것을 방지할 목적으로 개발된 합리적 특장차는?

㉮ 스태빌라이저 차량
㉯ 돌리
㉱ 픽업
㉰ 시스템 차량

> **해설** 스태빌라이저차는 보디에 스태빌라이저를 장치하고 수송 중의 화물이 무너지는 것을 방지할 목적으로 개발된 것이다.

54 다음 중 파렛트 화물 사이에 생기는 틈바구니를 적당한 재료로 메우는 방법이 아닌 것은?

㉮ 파렛트 화물이 서로 얽혀 버리지 않도록 사이사이에 합판을 넣는다.
㉯ 여러 가지 두께의 발포 스티롤판으로 틈바구니를 없앤다.
㉱ 에어백이라는 공기가 든 부대를 사용한다.
㉰ 화물과 화물 사이에 쐐기를 박아 무너짐을 막는다.

55 다음 중 화물붕괴 방지요령으로 차량에 특수 장치를 설치하는 방법이 아닌 것은?

㉮ 화물붕괴 방지와 짐을 싣고 부리는 작업성을 생각해, 차량에 특수한 장치를 설치한다.
㉯ 파렛트 화물의 높이가 일정하다면 적재함의 천정이나 측벽에서 파렛트 화물이 붕괴되지 않도록 누르는 장치를 설치한다.
㉱ 포장 화물은 운송과정에서 각종 충격, 진동 또는 압축하중을 받는다.
㉰ 청량음료 전용차와 같이 적재공간의 파렛트 화물치수에 맞추어 작은 칸으로 구분되는 장치를 설치한다.

> **해설** ㉱의 문장은 "포장화물 운송과정의 외압과 보호 요령" 중 하나이다.

56 택배표준약관상 사업자는 운송장에 인도예정일의 기재가 없는 경우 일반 지역의 운송물은 운송장에 기재된 운송물의 수탁일로부터 며칠 이내에 인도해야 하는가?

㉮ 2일
㉯ 1일
㉱ 3일
㉰ 4일

> **해설** 운송장에 인도예정일의 기재가 없는 경우 일반지역의 운송물은 2일, 도서, 산간벽지는 3일 이내에 인도해야 한다.

57 이사화물 표준약관상 고객은 사업자의 귀책사유로 이사화물의 인수가 지연될 경우 계약을 해제하고 사업자에게 손해배상을 청구할 수 있다. 몇 시간 이상 지연될 경우인가?

㉮ 1시간 이상
㉯ 2시간 이상
㉱ 24시간 이상
㉰ 1시간 이상

> **해설** 이사화물의 인수가 사업자의 귀책사유로 약정된 인수일시로부터 2시간 이상 지연된 경우 고객은 계약을 해제하고 이미 지급한 계약금액의 반환 및 계약금 6배액의 손해배상을 청구할 수 있다.

58 이사화물 표준약관상 이사화물의 운송 중에 멸실, 훼손 또는 연착된 경우 사업자는 고객의 요청이 있으면 사고증명서를 발행해야 하는데, 얼마 동안 발행하여야 하는가?

㉮ 1년에 한하여 발행한다.
㉯ 2년에 한하여 발행한다.
㉱ 3년에 한하여 발행한다.
㉰ 4년에 한하여 발행한다.

> **해설** 사고증명서는 1년에 한하여 발행한다.

59 택배 운송물의 일부 멸실 또는 훼손 시 수하인이 운송물을 수령한 날로부터 몇일 이내에 사업자의 손해배상책임이 소멸되는가?

㉮ 10일
㉯ 14일
㉱ 24일
㉰ 30일

> **해설** 운송물의 일부 멸실 또는 훼손에 대한 사업자의 손해배상책임은 수하인이 운송물을 수령한 날로부터 14일 이내에 그 일부 멸실 또는 훼손의 사실을 사업자에게 통지하지 아니하면 소멸한다.

60 다음은 독극물 취급 시의 주의 사항이다. 틀린 것은?

㉮ 취급하는 독극물의 물리적, 화학적, 특성을 충분히 알고, 그 성질을 알고 있을 것
㉯ 독극물을 취급하거나 운반할 때는 소정의 안전한 용기, 도구, 운반구 및 운반차를 이용할 것
㉱ 독극물 저장소, 드럼통, 용기, 배관 등은 내용물을 알 수 있도록 표시하여 놓을 것
㉰ 취급불명의 독극물은 함부로 다루지 말고, 독극물 취급방법을 확인한 후 취급할 것

> **해설** ①의 문장 중에 "성질을 알고 있을 것"이 아니고, "방호수단을 알고 있을 것"이 맞는 말이다. 이외에도, "도난방지 및 오용(誤用)방지를 위해 보관을 철저히 할 것"등이 있다.

제 3 편

안전운행

1 교통사고의 요인

종류		구조(현상)
인적요인		• 신체, 생리, 심리, 적성, 습관, 태도 요인 등을 포함 • 운전자 또는 보행자의 신체적 생리적 조건, 위험의 인지와 회피에 대한 판단, 심리적 조건 등에 관한 것 • 운전자의 적성과 자질, 운전습관, 내적 태도 등에 관한 것
차량요인		• 차량구조장치 • 부속품 또는 적하(積荷)
도로 환경 요인	도로 요인	• 도로구조 : 도로의 선형, 노면, 차로수, 노폭, 구배 • 안전시설 : 신호기, 노면표시, 방호책
	환경 요인	• 자연환경 : 기상, 일광 등 자연조건 • 교통환경 : 차량 교통량, 운행차 구성, 보행자 교통량 등의 교통상황 • 사회환경 : 일반국민·운전자·보행자 등의 교통도덕, 정부의 교통정책, 교통단속과 형사처벌 등 • 구조환경 : 교통여건변화, 차량점검 및 정비관리자와 운전자의 책임한계 등

> **해설**
>
> **도로 교통 체계의 구성요소**
> ① 운전자 및 보행자를 비롯한 도로 사용자
> ② 도로 및 교통신호등 등의 환경
> ③ 차량
>
> **교통사고의 3대요인·4대 요인**
> ① 3대요인 : 인적요인, 차량요인, 도로 ·환경요인
> ② 4대요인 : 인적요인, 차량요인, 도로요인, 환경요인

2 운전특성 및 시각특성

1. 운전특성

(1) 인지판단조작

① 운전과정 : "인지 → 판단 → 조작"의 과정을 수없이 반복하는 것이다.
② 운전자 요인에 의한 교통사고 원인 : 인지과정의 결함에 의한 사고가 절반 이상이며, 이어서 판단과정의 결함, 조작과정의 결함 순이다.
③ 인적요인은 차량요인, 도로환경요인 등 다른 요인에 비하여 변화시키거나 수정이 상대적으로 매우 어렵다.

(2) 운전특성

① 운전자의 신체·생리적 조건 : 피로, 약물, 질병 등
② 운전자의 심리적 조건 : 흥미, 욕구, 정서 등

2. 시각 특성

(1) 운전과 관련된 시각특성

① 운전자는 운전에 필요한 정보의 대부분을 시각을 통하여 획득한다.
② 속도가 빨라질수록 시력은 떨어진다.
③ 속도가 빨라질수록 시야의 범위가 좁아진다.
④ 속도가 빨라질수록 전방주시점은 멀어진다.

(2) 정지시력

① 정지시력이란 : 1/3인치(0.85cm) 크기의 글자를 20피트(6.10m)거리에서 읽을 수 있는 사람의 시력을 말하며 정상시력은 20/20으로 나타냄
② 20/40이란 : 정상시력을 가진 사람이 40피트 거리에서 분명하게 볼 수 있는데도 불구하고 측정대상자는 20피트 거리에서야 그 글자를 분명히 읽을 수 있는 것을 의미한다.

(3) 시각기준(교정시력 포함)

면허종별	필요한 시력
제 1종 면허	두 눈을 동시에 뜨고 잰 시력이 0.8이상, 양쪽 눈의 시력이 각각 0.5이상
제 2종 면허	두 눈을 동시에 뜨고 잰 시력이 0.5이상. 다만, 한쪽 눈을 보지 못하는 사람은 다른 쪽 눈의 시력이 0.6이상
공통사항	적색, 녹색, 황색의 색채식별이 가능

(4) 동체시력의 특징

① 개념 : 움직이는 물체(자동차, 사람 등) 또는 움직이면서(운전하면서) 다른 자동차나 사람 등의 물체를 보는 시력을 말한다.
② 특징
  ㉠ 동체시력은 물체의 이동속도가 빠를수록 상대적으로 저하된다.
  ㉡ 동체시력은 연령이 높을수록 더욱 저하된다.
  ㉢ 동체시력은 장시간 운전에 의한 피로상태에서도 저하된다.

(5) 야간시력

① 가장 운전하기 힘든 시간 : 해질 무렵
② 야간시력과 주시대상
  ㉠ 무엇인가가 있다는 것을 인지하기 쉬운 옷 색깔 : 흰색 → 옅은황색 → 흑색
  ㉡ 무엇인가가 사람이라는 것을 확인하기 쉬운 옷 색깔 : 적색 → 백색 → 흑색
  ㉢ 움직이는 방향을 알아 맞추는데 가장 쉬운 옷 색깔 : 적색 → 흑색
③ 통행인의 노상위치와 확인거리 : 야간에는 대향차량간의 전조등에 의한 현혹현상(눈부심 현상)으로 중앙선상의 통행인을 우측 갓길에 있는 통행인보다 확인하기 어렵다.

(6) 암순응과 명순응, 심시력

구분	내용
암순응	• 일광 또는 조명이 밝은 조건에서 어두운 조건으로 변할 때 사람의 눈이 그 상황에 적응하여 시력을 회복하는 것을 말한다. • 주간 운전 시 터널을 막 진입하였을 때 더욱 조심스러운 안전운전이 요구 되는 이유이다.
명순응	• 일광 또는 조명이 어두운 조건에서 밝은 조건으로 변할 때 사람의 눈이 그 상황에 적응하여 시력을 회복하는 것을 말한다. • 명순응에 걸리는 시간은 암순응보다 빨라 수초~1분에 불과하다.
심시력	• 전방에 있는 대상물까지의 거리를 목측하는 것을 심경각이라고 하며, 그 기능을 심시력이라고 한다. • 심시력의 결함은 입체공간 측정의 결함으로 인한 교통사고를 초래할 수 있다.

(7) 시야

① 시야와 주변시력

ⓐ 정지한 상태에서 정상적인 시력을 가진 사람의 시야범위 : 180도 ~ 200도

ⓑ 시축에서 벗어나는 시각(視角)에 따라 시력이 저하된다(시축(視軸)에서 시각 약 3도 벗어나면 약 80%, 6도 벗어나면 약 90%, 12도 벗어나면 약 99%가 저하).

ⓒ 주행중인 운전자는 전방의 한 곳에만 주의를 집중하기보다는 시야를 넓게 갖도록 하고 주시점을 끊임없이 이동시키거나 머리를 움직여 상황에 대응하는 운전을 해야 한다.

② 속도와 시야

ⓐ 시야의 범위는 자동차 속도에 반비례하여 좁아진다(시속 40Km로 운전 중이라면 그의 시야범위는 약 100도, 시속 70km면 약 65도, 시속 100km면 약 40도).

ⓑ 속도가 높아질수록 시야의 범위는 점점 좁아진다.

(8) 주행시공간(走行視空間)의 특성

① 속도가 빨라질수록 주시점은 멀어지고 시야는 좁아진다. 빠른 속도에 대비하여 위험을 그만큼 먼저 파악하고자 사람이 자동적으로 대응하는 과정이며 결과이다.

② 속도가 빨라질수록 가까운 곳의 풍경(근경)은 더욱 흐려지고 작고 복잡한 대상은 잘 확인되지 않는다. 고속주행로상에 설치하는 표지판을 크고 단순한 모양으로 하는 것은 이런 점을 고려한 것이다.

---

3. 사고의 심리 및 운전피로, 보행자 |||||||||||||||||||

1. 사고의 심리

(1) 교통사고의 요인

구분	내용
간접적 요인	• 운전자에 대한 홍보활동결여 또는 훈련의 결여 • 차량의 운전 전 점검습관의 결여 • 안전운전을 위하여 필요한 교육태만, 안전지식 결여 • 무리한 운행 계획 • 직장이나 가정에서의 인간관계불량
중간적 요인	• 운전자의 지능 • 운전자의 성격 • 운전자의 심신기능 • 불량한 운전태도 • 음주 및 과로
직접적 요인	• 사고 직전 과속과 같은 법규위반 • 위험인지의 지연 • 운전조작의 잘못, 잘못된 위기대처

(2) 사고의 심리적 요인

구분	내용
교통사고 운전자의 특성	• 선천적 능력(타고난 심신기능 특성) 부족 • 후천적 능력(학습에 의해서 습득한 운전에 관계되는 지식과 기능) 부족 • 바람직한 동기와 사회적 태도(각양의 운전 상태에 대하여 인지, 판단, 조작하는 태도) 결여 • 불안정한 생활환경 등이다.

---

(3) 착각의 구분

① 착각의 정도는 사람에 따라 다소 차이가 있다.

② 착각은 사람이 태어날 때부터 지닌 감각에 속한다.

구분		내용
착각	크기	어두운 곳에서는 가로 폭보다 세로 폭을 보다 넓은 것으로 판단
	원근	작은 것은 멀리 있는 것 같이, 덜 밝은 것은 멀리 있는 것으로 느껴짐
	경사	작은 경사와 내림 경사는 실제보다 작게, 큰 경사와 오름 경사는 실제보다 크게 보임
	속도	좁은 시야에서는 빠르게, 비교 대상이 먼 곳에 있을 때는 느리게 느껴짐
	상반	• 주행 중 급정거시 반대방향으로 움직이는 것처럼 보임 • 큰 것들 가운데 있는 작은 것은 작은 것들 가운데 있는 같은 것 보다 작아 보임 • 한쪽 곡선을 보고 반대방향의 곡선을 봤을 경우 실제보다 더 구부러져 있는 것처럼 보임

2. 운전 피로

(1) 운전피로의 3가지 요인

① **생활요인** : 수면 · 생활환경 등

② **운전작업중의 요인** : 차내 환경 · 차외환경 · 운행조건 등

③ **운전자요인** : 신체조건 · 경험조건 · 연령조건 · 성별조건 · 성격 · 질병 등

(2) 피로와 교통사고

① 피로의 정도가 지나치면 과로가 되고 정상적인 운전이 곤란해진다.

② 피로 또는 과로 상태 → 졸음운전 → 교통사고 유발가능

③ 연속운전은 일시적으로 급성피로 유발, 장시간 연속운전은 심신의 기능을 현저히 저하시킨다.

④ 운전피로는 운전조작의 잘못, 주의력 집중의 편재, 외부의 정보를 차단하는 졸음 등을 초래한다.

⑤ 운행계획에 휴식시간을 삽입하고 생활 관리를 철저히 해야 한다.

(3) 피로와 운전착오

① **운전 작업의 착오** : 운전업무 개시 후 · 종료 시에 많이 발생

② **개시직후의 착오** : 정적 부조화가 원인

③ **종료 시의 착오** : 운전피로가 원인

④ **운전시간 경과와 더불어 운전피로가 증가** : 운전기능, 판단착오, 작업단절현상을 초래

3. 보행자 사고의 실태와 요인

(1) 보행자 사고의 실태

① **차대 사람의 사고가 가장 많은 보행 유형** : 횡단중의 사고가 가장 많이 발생한다.

② **횡단중 사고** : 횡단보도 횡단, 횡단보도부근 횡단, 육교부근 횡단, 기타 횡단

(2) 보행자 사고의 요인

① 음주 상태

② 등교 또는 출근시간 때문에 급하게 서둘러 걷고 있었다.

③ 횡단 중 한쪽 방향에만 주의를 기울였다.
④ 동행자와 이야기 또는 놀이에 집중했다.
⑤ 피곤한 상태에서 주의력이 저하되었다.
⑥ 다른 생각을 하면서 보행하고 있었다.

4 음주와 운전, 교통약자

1. 음주와 운전

(1) 음주운전 교통사고의 특징

① 주차 중인 자동차와 같은 정지물체 등에 충돌할 가능성이 높다.
② 전신주, 가로시설물, 가로수 등과 같은 고정물체와 충돌할 가능성이 높다.
③ 치사율이 높다.
④ 차량단독사고의 가능성이 높다(차량단독 도로이탈사고 등).

(2) 음주의 개인차

① **음주량과 체내 알콜 농도의 관계**

㉠ 매일 알콜을 접하는 습관성 음주자는 음주 30분 후에 체내 알콜 농도가 정점에 도달하였지만 그 체내 알콜 농도는 중간적(평균적) 음주자의 절반 수준이었다.

㉡ 중간적 음주자는 음주 후 60분에서 90분 사이에 체내 알콜 농도가 정점에 달하였지만 그 농도는 습관성 음주자의 2배 수준이었다.

② **체내 알콜 농도의 남녀 차**

㉠ 여자는 음주 30분 후에, 남자는 60분 후에 체내 알콜 농도가 정점에 도달한다.

㉡ 이는 개인차를 고려하더라도, 성별에 따라 체내 알콜 농도가 정점에 도달하는 시간의 차이가 존재하며 여자가 먼저 정점이 도달한다는 사실을 시사하고 있다.

③ 이 밖에는 음주자의 체중, 음주시의 신체적 조건 및 심리적 조건에 따라 체내 알콜 농도 및 그 농도의 시간적 변화에 차이가 있다.

(3) 체내 알콜농도와 제거 소요시간

알콜 농도	0.05%	0.1%	0.2%	0.5%
알콜 제거 소요시간	7시간	10시간	19시간	30시간

* 보통의 성인남자 기준임

2. 고령자 교통안전

(1) 고령자 교통안전 장애 요인

① 자동차 주행속도와 거리의 측정능력 결여
② 시력 및 청력 약화
③ 위험한 교통상황에 대처함에 있어 이를 회피할 수 있는 능력의 부족
④ 기동성 및 반사 동작의 둔화 등

(2) 고령 보행자 교통안전 계몽 사항

① 단독보다는 다수 또는 부축을 받아 도로를 횡단하는 방법
② 야간에 운전자들의 눈에 잘 보이게 하는 방법(의복, 야광재의 보조)
③ 필요시는 안경 및 보청기 사용
④ 필요시 주차된 자동차 사이를 안전하게 통과하는 방법

3. 어린이 교통안전

(1) 어린이의 일반적 특성과 행동능력

구분	연령대	특성과 행동능력
감각적 운동단계	0세~2세	교통상황에 대처할 능력도 전혀 없으며, 전적으로 보호자에게 의존하는 단계
전 조직단계	2세~7세	2가지 이상을 동시에 생각하고 행동할 능력이 매우 미약함
구체적 조직단계	7세~12세	추상적 사고의 폭이 넓어지고, 개념의 발달과 그 사용의 증가로 교통상황을 충분히 인식하며, 추상적 교통규칙을 이해할 수 있는 수준에 도달
형식적 조직단계	12세 이상	논리적 사고가 발달하고 보행자로서 교통에 참여할 수 있음

(2) 어린이 교통사고

구분	내 용
교통사고의 특징	• 어릴수록 그리고 학년이 낮을수록 교통사고 많이 발생 • 보행 중 교통사고를 당하여 사망하는 비율이 가장 높음 • 시간대별 어린이 보행 사상자는 오후 4시에서 오후 6시 사이세 가장 많음 • 보행 중 사상자는 집에서 2km 이내의 거리에서 가장 많이 발생
교통 행동 특성	• 교통상황에 대한 주의력이 부족 • 판단력이 부족하고 모방행동이 많음 • 사고방식이 단순 • 추상적인 말은 잘 이해하지 못하는 경우가 많음 • 호기심이 많고 모험심이 강함 • 눈에 보이지 않는 것은 없다고 생각함 • 자신의 감정을 억제하거나 참아내는 능력이 약함 • 제한된 주의 및 지각능력을 갖고 있음
교통사고 유형	• 도로에 갑자기 뛰어들기 • 도로 횡단중의 부주의 • 도로상에서 위험한 놀이 • 자전거 사고 • 차내 안전사고

(3) 어린이가 승용차에 탑승했을 때

① 안전띠를 착용 : 가급적 어린이는 뒷자석 2점 안전띠의 길이를 조정하여 사용한다.
② 여름철 주차 시 : 차내에 어린이를 혼자 방치하지 않도록 한다.
③ 문을 어른이 열고 닫는다.
④ 차를 떠날 때는 같이 떠난다.
⑤ 어린이는 뒷 자석에 태우고 도어의 안전잠금장치를 잠근다.

안전운행

제3편 제2장. 자동차요인과 안전운행

1 자동차의 안전장치와 물리적 현상

1. 자동차의 주요 안전장치

(1) 제동장치

① **주차 브레이크**
- ㉠ 차를 주차 또는 정차시킬 때 사용하는 제동장치로서 주로 손으로 조작한다.
- ㉡ 풋 브레이크와 달리 좌우의 뒷바퀴가 고정된다.

② **풋 브레이크**
- ㉠ 주행 중에 발로써 조작하는 제동장치를 말한다.
- ㉡ 휠 실린더의 피스톤에 의해 브레이크 라이닝을 밀어 주어 타이어와 함께 회전하는 드럼을 잡아 멈추게 한다.

③ **엔진 브레이크**
- ㉠ 가속 페달을 놓거나 저단기어로 바꾸게 되면 엔진 브레이크가 작용하여 속도가 떨어지게 된다.
- ㉡ 내리막길에서 풋 브레이크만 사용하게 되면 라이닝의 마찰에 의해 제동력이 떨어지므로 엔진 브레이크를 사용하는 것이 안전하다.

④ **ABS**
- ㉠ 네 바퀴에 달려있는 감지기를 통해 노면의 상태에 따라 자동적으로 제동력을 제어하여 제동 안전성을 보다 높게 확보 할 수 있도록 한 제동장치이다.
- ㉡ ABS 장착 후 제동 시
  후륜 잠김 현상을 방지하여 방향 안전성 확보, 전륜 잠김 현상을 방지하여 조종 확보를 통해 장애물 회피, 차로변경 및 선회가 가능하며, 불쾌한 스키드(skid)음을 막고, 타이어 잠김에 따른 편마모를 방지해 타이어의 수명을 연장할 수 있다.

(2) 주행 장치(타이어)

① 휠의 림에 끼워져서 일체로 회전하며 자동차가 달리거나 멈추는 것을 원활히 한다.
② 자동차의 중량을 떠받쳐 주는 역할을 한다.
③ 지면에서부터 받는 충격을 흡수해 승차감을 좋게 한다.
④ 자동차의 진행방향을 전환시킨다.

(3) 조향장치

장치	내용
토우인 (Toe-in)	• 앞바퀴를 위에서 보았을 때 앞쪽이 뒤쪽보다 좁은 상태 • 타이어의 마모를 방지하기 위해 있는 것인데 바퀴를 원활하게 회전시켜서 핸들의 조작을 용이하게 함
캠버 (Camber)	• 자동차를 앞에서 보았을 때, 위쪽이 아래보다 약간 바깥쪽으로 기울어져 있는데, 이것을 (+) 캠버, 위쪽이 아래보다 약간 안쪽으로 기울어져 있는 것을 (−) 캠버라고 말함 • 앞바퀴가 하중을 받았을 때 아래로 벌어지는 것을 방지하고 핸들 조작을 가볍게 함
캐스터 (Caster)	• 자동차를 옆에서 보았을 때 차축과 연결되는 킹핀의 중심선이 약간 뒤로 기울어져 있는 것 • 앞바퀴에 직진성을 부여하여 차의 롤링을 방지하고 핸들의 복원성을 좋게 하기 위하여 필요

(4) 현가장치

① 현가장치는 차량의 무게를 지탱하여 차체가 직접 차축에 얹히지 않도록 해주며 도로 충격을 흡수하여 운전자와 화물에 더욱 유연한 승차를 제공해 준다.
② 현가장치의 유형에는 코일 스프링(Coil spring), 비틀림 막대 스프링(Torsion bar spring), 공기 스프링(Air spring), 충격흡수 장치(Shock absorber)가 있다.

유형	구조
판 스프링 (Leaf Spring) (주로 화물 자동차에 사용)	• 구조 ① 유연한 금속층을 함께 붙인 것 ② 차축은 스프링의 중앙에 놓이게 되며 ③ 스프링의 앞과 뒤가 차체에 부착된다. • 특징 ① 구조가 간단하거나 승차감이 나쁘다. ② 내구성이 크다. ③ 판간 마찰력을 이용하여 진동을 억제 하나, 작은 진동을 흡수하기에는 적합하지 않다. ④ 너무 부드러운 판 스프링을 사용하면, 차축의 지지력이 부족하여 차체가 불안정하게 된다.
코일 스프링 (Coil Spring) (승용자동차에 사용)	• 각 차륜에 내구성이 강한 금속나선을 놓은 것으로 • 코일의 상단은 차체에 부착하는 반면, 하단은 차륜에 간접적으로 연결된다.
비틀림 스프링 (Torsion Bar Spring)	• 뒤틀림에 의한 충격을 흡수하여, 뒤틀린 후에도 원형을 되찾는 특수 금속으로 제조된다. • 도로의 용기나 함몰지점에 대응하여 신축하거나 비틀려 차륜이 도로표면에 따라 아래위로 움직이도록 하는 한편, 차체는 수평으로 유지하도록 해준다.
공기 스프링 (Air Spring)	• 고무인포로 제조되어 압축공기로 채워지며 • 에어백이 신축하도록 됨(버스와 같은 대형차량에 사용).
충격흡수장치 (Shock Absorber)	• 작동유를 채운 실린더로서 스프링의 동작에 반응하여, 피스톤이 위, 아래로 움직이며, 운전자에게 전달되는 반동량을 줄여준다.

2. 자동차의 물리적 현상

(1) 원심력

① 원심력은 속도의 제곱에 비례하여 변한다(시속 50km로 커브를 도는 차량은 시속 25km로 도는 차량보다 4배의 원심력을 지니는 것).
② 원심력은 속도가 빠를수록, 커브가 작을수록(급할수록), 또 중량이 무거울수록 커진다.
③ 커브에 진입하기 전에 속도를 줄여 노면에 대한 타이어의 접지력(grip)이 원심력을 안전하게 극복 할 수 있도록 하여야 한다.
④ 커브가 예각을 이룰수록 원심력은 커지므로 안전하게 회전하려면 이러한 커브에서 보다 감속하여야 한다.

(2) 스탠딩웨이브(Standing wave) 현상

① 타이어의 회전속도가 빨라지면 접지부에서 받은 타이어의 변형(주름)이 다음 접지 시점까지도 복원되지 않고 접지의 뒤쪽에 진동의 물결이 일어나는 현상을 말한다.
② 스탠딩웨이브 현상이 계속되면 타이어는 쉽게 과열되고 원심력으로 인해 트레이드부가 변형될 뿐 아니라 오래가지 못해 파열된다.
③ 일반적인 승용차 타이어의 경우 150km/h 전후의 주행속도에서 발생한다(단, 조건이 나쁠 경우 150km/h 이하의 저속력에서도 발생).

(3) 수막(Hydroplaning) 현상

① 물이 고인 노면을 고속으로 주행할 때 물의 저항에 의해 노면으로부터 떠올라 물위를 미끄러지듯이 되는 현상을 말한다.

② 수막현상이 발생하는 최저의 물깊이는 자동차의 속도, 타이어의 마모 정도, 노면의 거침 등에 따라 다르지만 2.5mm~10mm정도라고 보고 있다.

(4) 페이드(Fade) 현상

① 브레이크를 반복하여 사용하면 마찰열이 라이닝에 축적되어 브레이크의 제동력이 저하되는 현상을 말한다.

② 브레이크 라이닝의 온도상승으로 라이닝 면의 마찰계수가 저하되기 때문에 페달을 강하게 밟아도 제동이 잘 되지 않는다.

(5) 베이퍼록(Vapour lock) 현상

① 액체를 사용하는 계통에서 열에 의하여 액체가 증가(베이퍼)로 되어 어떤 부분에 갇혀 계통의 기능이 상실되는 현상이다.

② 브레이크액이 기화하여 페달을 밟아도 스펀지를 밟는 것 같고 유압이 전달되지 않아 브레이크가 작용하지 않는 현상이다.

(6) 모닝록(Morning lock) 현상

① 비가 자주 오거나 습도가 높은 날, 또는 오랜 시간 주차한 후에는 브레이크 드럼에 미세한 녹이 발생하는 모닝록 현상이 나타나기 쉽다.

② 브레이크 패드와 디스크의 마찰계수가 높아져 평소보다 브레이크가 지나치게 예민하게 작동된다.

(7) 현가장치 관련 현상

증상		설명
자동차의 진동	바운싱 (상하진동)	차체가 Z축 방향과 평행운동을 하는 고유 진동
	피칭 (앞뒤 진동)	차체가 Y축을 중심으로 회전운동 하는 고유 진동
	롤링 (좌우 진동)	차체가 X축을 중심으로 회전운동 하는 고유 진동
	요잉 (차체 후부 진동)	차체가 Z축을 중심으로 회전운동 하는 고유 진동
노즈다운 (다이브)		자동차를 제동할 때 바퀴는 정지하려고 차체는 관성에 의해 이동하려는 성질 때문에 앞 범퍼 부분이 내려가는 현상
노즈업 (스쿼트)		자동차가 출발할 때 구동 바퀴는 이동하려 하지만 차체는 정지하고 있기 때문에 앞 범퍼 부분이 들리는 현상

(8) 내륜차와 외륜차

① 핸들을 조작했을 때 앞바퀴의 안쪽과 뒷바퀴의 안쪽과의 차이를 내륜차(內輪差)라 하고 바깥 바퀴의 차이를 외륜차(外輪差)라고 하며, 대형차일수록 이 차이는 크게 발생한다.

② 자동차가 전진할 경우에는 내륜차에 의해, 후진할 경우에는 외륜차에 의한 교통사고 위험이 있다.

(9) 유체자극 현상

① 유체자극이란 고속으로 주행하게 되면 주변의 경관은 거의 흐르는 선과 같이 되어 눈을 자극하는 현상을 의미한다.

② 유체자극에 의해 앞차와 같은 속도나 일정한 거리를 두고 주행하게 되면 눈의 시점이 한곳에만 집중하게 되어 시계의 입체감을 잃게 되고, 속도감과 거리감 등이 마비되어 반응도 둔해지게 된다.

3. 정지거리와 정지시간

구분	내용
공주시간	운전자가 자동차를 정지시켜야 할 상황임을 지각하고 브레이크로 발을 옮겨 브레이크가 작동을 시작하는 순간까지의 시간
공주거리	공주시간이 발생하는 동안 자동차가 진행한 거리
제동시간	운전자가 브레이크에 발을 올려 브레이크가 막 작동을 시작하는 순간부터 자동차가 완전히 정지할 때까지의 시간
제동거리	제동시간이 발생하는 동안 자동차가 진행한 거리
정지시간	운전자가 위험을 인지하고 자동차를 정지시키려고 시작하는 순간부터 자동차가 완전히 정지할 때까지의 시간(공주시간과 제동시간을 합한 시간)
정지거리	정지시간이 발생하는 동안 자동차가 진행한 거리(공주거리와 제동거리를 합한 거리)

2 **자동차 응급조치 방법**

1. 오감으로 판별하는 자동차 이상 징후

(1) 오감을 이용한 점검방법

감각	점검방법	적용사례
시각	부품이나 장치의 외부 굽음·변형·부식 등	물·오일·연료의 누설, 자동차의 기울어짐
청각	이상한 음(소리)	마찰음, 걸리는 쇳소리, 노킹소리, 긁히는 소리 등
촉각	느슨함, 흔들림, 발열상태 등	볼트 너트의 이완, 유격, 브레이크 시 차량이 한쪽으로 쏠림, 전기 배선 불량 등
후각	이상 발열·냄새	배터리액의 누출, 연료 누설, 전선 등이 타는 냄새 등

(2) 고장이 자주 일어나는 부분 점검

① 진동과 소리가 날 때

ㄱ) 엔진의 점화 장치 부분 : 주행 전 차체에 이상한 진동이 느껴질 때는 엔진에서의 고장이 주원인이다. 플러그 배선이 빠져있거나 플러그 자체가 나쁠 때 발생하는 현상이다.

ㄴ) 클러치 부분 : 클러치를 밟고 있을 때 "달달달" 떨리는 소리와 함께 차체가 떨리고 있다면, 이것은 클러치 릴리스 베어링의 고장이다.

ㄷ) 브레이크 부분 : 브레이크 페달을 밟아 차를 세우려고 할 때 바퀴에서 "끼익!"하는 소리가 나는 경우는 브레이크 라이닝의 마모가 심하거나 라이닝에 결함이 있을 때의 현상이다.

ㄹ) 조향 장치 부분 : 핸들이 어느 속도에 이르면 극단적으로 흔들리면 앞 차륜 정렬(휠 얼라인먼트)이 맞지 않거나 바퀴자체의 휠 밸런스가 맞지 않을 때 주로 일어난다.

② 냄새와 열이 날 때의 이상부분

ㄱ) 전기 장치 부분 : 고무 같은 것이 타는 냄새가 날 때는 대개 엔진실 내의 배선 등의 피복이 녹아 벗겨서 합선에 의해 전선이 타면서 나는 냄새가 대부분이다.

ㄴ) 바퀴 부분 : 바퀴마다 드럼에 손을 대보면 어느 한쪽만 뜨거울 경우가 있는데, 이때는 브레이크 라이닝 간격이 좁아 브레이크가 끌리기 때문이다.

③ 배출가스로 구분할 수 있는 고장부분

ㄱ) 무색 : 완전 연소 시 배출 가스의 색은 정상 상태에서 무색 또는 약간 엷은 청색을 띤다.

ㄴ) 검은색 : 농후한 혼합 가스가 들어가 불완전 연소되는 경우이다. 초크 고장이나 에어 클리너 엘리먼트의 막힘, 연료 장치 고장 등이 원인이다.

ㄷ) 백색 : 엔진 안에서 다량의 엔진 오일이 실린더 위로 올라와 연소되는 경우이다.

2. 고장유형별 조치방법

(1) 엔진 계통

유형	점검사항	예방 및 조치방법
엔진오일 과다소모	• 배기 배출가스 육안 확인 • 에어클리너 오염도 확인(과다 오염) • 블로바이 가스 배출 확인 • 에어클리너 청소 및 교환주기 비준수, 엔진과 콤프레셔 피스톤 링 과다마모 • 에어 탱크 및 에어 드라이에서 오일 누출 확인	• 엔진 피스톤 링 교환 • 실린더라이너 교환 • 실린더 교환이나 보링작업 • 오일팬이나 가스킷 교환 • 에어클리너 청소 및 장착 방법 준수 철저
엔진온도 과열	• 냉각수 및 엔진오일양 확인, 누출여부 확인 • 냉각팬 및 워터펌프의 작동 확인 • 라디에이터외관 형태 및 써머스태트 작동상태 확인 • 팬 및 워터펌프벨트 확인 • 수온조절기의 열림 확인	• 냉각수 보충 • 팬벨트 장력조정 • 냉각팬휴즈 및 배선상태 확인 • 팬벨트 교환 • 수온조절기 교환 • 냉각수 온도 감지센서 교환
엔진 과회전	• 내리막길에서 순간적으로 고단에서 저단으로 기어 변속시(감속시) 엔진 내부 손상확인 • 로커암 캡을 열고 푸쉬로드 휜 상태, 밸브 스템 등 손상 확인	• 과도한 엔진 브레이크 사용 지양(내리막길) • 최대회전속도를 초과한 운전 금지 • 고단에서 저단으로 급격한 기어 변속 금지(특히, 내리막길) • 푸쉬로드 휨 등 간단한 경우는 손상부품 교환후 밸브 조정으로 가능
엔진매연 과다발생	• 엔진 오일 및 필터 상태 점검 • 에어클리너 오염 상태 및 덕트 내부 상태 확인 • 블로바이 가스발생 여부 확인 • 연료의 질 분석 및 흡·배기 밸브 간극 점검(소리로 확인)	• 에어클리너 오염 확인 후 청소 • 에어클리너 덕트 내부 확인(부풀음 또는 폐쇄 확인하여 흡입 공기량이 충분토록 조치) • 밸브 간극 조정 실시

유형	점검사항	예방 및 조치방법
엔진시동 꺼짐	• 연료량 확인 • 연료파이프 누유 및 공기유입 확인 • 연료 탱크 내 이물질 혼입 여부 확인 • 워터 세퍼레이터 공기 유입 확인	• 연료공급 계통의 공기빼기 작업 • 워터 세퍼레이터 공기 유입 부분 확인하여 현장에서 조치, 불가시 응급 조치하여 공장 입고
혹한기 주행중 시동꺼짐	• 연료 파이프 밑 호스 연결부분 에어 유입 확인 • 연료 차단 솔레노이드 밸브 작동 상태 확인 • 워터 세퍼레이터 내 결빙 확인	• 인젝션 펌프 에어빼기 작업 • 워터 세퍼레이터 수분 제거 • 연료 탱크 내 수분제거
엔진시동 불량	• 연료 파이프 에어 유입 및 누유 점검 • 펌프 내부에 이 물질이 유입되어 연료 공급이 안됨	• 플라이밍 펌프 작동시 에어 유입 확인 및 에어빼기 • 플라이밍 펌프 내부의 필터 청소

(2) 섀시 계통

유형	점검사항	예방 및 조치방법
덤프 작동 불량	• P.T.O 작동상태 점검(반 클러치 정상작동) • 호이스트 오일 누출 상태 점검 • 클러치 스위치 점검 • P.T.O 스위치 작동 불량 발견	• P.T.O 스위치 교환
ABS 경고등 점등	• 자기 진단 점검 • 휠 스피드 센서 단선 단락 • 휠 센서 단품 점검 이상 발견 • 변속기 체인지 레버 작동시 간섭으로 컨넥터 빠짐	• 휠 스피드 센서 저항 측정 • 센서 불량인지 확인 및 교환 • 배선부분 불량인지 확인 및 교환
주행 제동시 차량 쏠림	• 좌·우 타이어의 공기압 점검 • 좌·우 브레이크 라이닝 간극 및 드럼 손상 점검 • 브레이크 에어 및 오일 파이프 점검 • 듀얼 브레이크 점검 • 공기 빼기 작업 • 에어 및 오일 파이프 라인 이상 발견	• 타이어의 공기압 좌·우 동일하게 주입 • 좌·우 브레이크 라이닝 간극 재조정 • 브레이크 드럼 교환 • 리어 앞 브레이크 컨넥터의 장착 불량으로 유압 오작동
주행 제동시 차체 진동	• 조향 계통 및 파워스티어링 펌프 점검 확인 • 사이드 슬립 및 제동력 테스트 • 앞 브레이크 드럼 및 라이닝 점검 확인 • 앞 브레이크 드럼의 진원도 불량	• 조향핸들 유격 점검 • 허브베어링 교환, 허브너트 다시 조임 • 앞 브레이크 드럼 연마 작업 또는 교환

(3) 전기 계통

유형	점검사항	예방 및 조치방법
제동 등 계속 작동	• 제동 등 스위치 접점 고착 점검 • 전원 연결배선 점검 • 배선의 차체 및 간섭 점검	• 제동 등 스위치 교환 • 전원 연결배선 교환 • 배선의 절연상태 보완
수온 게이지 작동 불량	• 온도 메터 게이지 교환 후 동일현상 여부 점검 • 수온센서 교환 동일현상여부 점검 • 배선 및 컨넥터 점검 • 프레임과 엔진 배선 중간부위 과다하게 꺾임 확인	• 온동메터 게이지 교환 • 수온센서 교환 • 배선 및 건넥터 교환 • 단선된 부위 납땜 조치 후 테이핑
와이퍼 불 작동	• 모터가 돌고 있는 지 점검	• 모터 작동 시 블레이드 암의 고정 너트를 조이거나 링크기구 교환 • 모터 미작동시 퓨즈, 모터, 스위치, 컨넥터 점검 및 손상부품 교환
와이퍼 작동 시 소음 발생	• 와이퍼 암을 세워놓고 작동 • 소음발생시 링크기구 탈거하여 점검	• 소음 미발생시 와이퍼블레이드 및 와이퍼 암 교환
와셔액 분출 불량	• 와셔액 분사 스위치 작동	• 분출 안될 때는 와셔액의 양을 점검하고 가는 철사로 막힌 구멍 뚫기 • 분출방향 불량시는 가는 철사를 구멍에 넣어 분사방향 조절
비상등 작동 불량	• 좌측 비상등 전구 교환 후 동일현상 발생여부 점검 • 컨넥터 점검	• 전원 연결 정상여부 확인 • 턴 시그널 릴레이 점검 • 턴 시그널 릴레이 교환

1 도로 요인과 조건

조 건	내 용
형태성	차로의 설치, 비포장의 경우에는 노면의 균일성 유지 등으로 자동차 기타 운송수단의 통행에 용이한 형태를 갖춘 것
이용성	사람의 왕래, 화물의 수송, 자동차 운행 등 공중의 교통영역으로 이용되고 있는 곳
공개성	공중교통에 이용되고 있는 불특정 다수인 및 예상할 수 없을 정도로 바뀌는 숫자의 사람을 위해 이용이 허용되고 실제 이용되고 있는 곳
교통경찰권	공공의 안전과 질서유지를 위하여 교통경찰권이 발동될 수 있는 장소

해설

교통사고 발생에 있어서 도로요인은 인적요인, 차량요인에 비하여 수동적 성격을 가지며, 도로 그 자체는 운전자와 차량이 하나의 유기체로 움직이는 터전이다.

2 도로의 선형과 횡단면

1. 도로의 선형과 교통사고

① **평면선형과 교통사고**

㉠ 일본의 조사 결과에 따르면 일반도로에서는 곡선반경이 100m 이내일 때 사고율이 높다.

㉡ 곡선부가 오르막 내리막의 종단경사와 중복되는 곳은 사고 위험성이 증가된다.

㉢ 곡선부는 미끄럼 사고가 발생하기 쉬운 곳이다.

② **종단선형과 교통사고**

㉠ 일본의 예에 의하면 일반적으로 종단경사(오르막 내리막 경사)가 커짐에 따라 사고율이 높다.

㉡ 종단선형이 자주 바뀌면 종단곡선의 정점에서 시거가 단축되어 사고의 위험성이 증가된다.

㉢ 양호한 선형조건에서 제한시기가 불규칙적으로 나타나면 평균사고율보다 훨씬 높은 사고율을 보인다.

해설

곡선부 방호울타리의 기능
① 자동차의 차도이탈을 방지하는 것
② 탑승자의 상해 및 자동차의 파손을 감소시키는 것
③ 자동차를 정상적인 진행방향으로 복귀시키는 것
④ 운전자의 시선을 유도하는 것

2. 횡단면과 교통사고

(1) **차로수, 차로폭과 교통사고**

① **차로수와 교통사고** : 일반적으로 차로수가 많으면 사고가 많으나 이는 그 도로의 교통량과 교차로가 많으며, 도로변의 개발밀도가 높기 때문일 수도 있기 때문이다.

② **차로폭과 교통사고** : 일반적으로 횡단면의 차로폭이 넓을수록 교통사고예방의 효과가 있으며 교통량과 사고율이 높은 구간의 차로폭을 넓히면 그 효과는 더욱 크다.

(2) **길에깨(노견, 갓길)와 교통사고**

① 길어깨가 넓으면 차량의 이동공간이 넓고, 시계가 넓으며, 고장차량을 주행차로 밖으로 이동시킬 수 있기 때문에 안전성이 큰 것은 확실하다.

② 길어깨가 토사나 자갈 또는 잔디보다는 포장된 노면이 더 안전하며, 포장이 되어 있지 않을 경우에는 건조하고 유지관리가 용이할수록 안전하다.

③ 길어깨의 역할

㉠ 고장차가 본선차도로부터 대피할 수 있어 사고시 교통의 혼잡을 방지하는 역할을 한다.

㉡ 측방 여유폭을 가지므로 교통의 안전성과 쾌적성에 기여한다.

㉢ 유지관리 작업장이나 지하매설물에 대한 장소로 제공된다.

㉣ 절토부 등에서는 곡선부의 시거가 증대되기 때문에 교통의 안전성이 높다.

㉤ 유지가 잘되어 있는 길어깨는 도로 미관을 높인다.

㉥ 보도 등이 없는 도로에서는 보행자 등의 통행 장소로 제공된다.

(3) **중앙분리대와 교통사고**

① 중앙분리대의 종류
㉠ 방호울타리형   ㉡ 연석형   ㉢ 광폭 중앙분리대

② 중앙분리대로 설치된 방호울타리는 사고를 방지한다기보다는 사고의 유형을 변환시켜주기 때문에 효과적이다(정면충돌사고를 차량 단독사고로 변환).

③ 중앙분리대의 일반적인 기능

㉠ 상하 차도의 교통 분리 : 차량의 중앙선 침범에 의한 치명적인 정면충돌 사고 방지, 도로 중심선 축의 교통마찰을 감소시켜 교통용량을 증대시킨다.

㉡ 평면교차로가 있는 도로에서는 폭이 충분할 때 좌회전 차로로 활용할 수 있어 교통처리가 유연하다.

㉢ 광폭 분리대의 경우 사고 및 고장 차량이 정지할 수 있는 여유 공간을 제공 : 분리대에 진입한 차량에 타고 있는 탑승자의 안전 확보(진입차의 분리대 내 정차 또는 조정 능력 회복)

㉣ 보행자에 대한 안전섬이 됨으로써 횡단시 안전하다.

㉤ 필요에 따라 유턴(U-Turm) 방지 : 교통류의 혼잡을 피함으로써 안전성을 높인다.

㉥ 대형차의 현광 방지 : 야간 주행 시 전조등의 불빛을 방지한다.

㉦ 도로표지, 기타 교통 관제시설 등을 설치할 수 있는 장소를 제공한다.

(4) **교량과 교통사고**

① 교량의 폭, 교량 접근부 등은 교통사고와 밀접한 관계가 있다.

② 교량 접근로의 폭에 비하여 교량의 폭이 좁을수록 사고가 더 많이 발생한다.

③ 교량의 접근로 폭과 교량의 폭이 같을 때 사고율이 가장 낮다.

④ 교량의 접근로 폭과 교량의 폭이 서로 다른 경우에도 교통통제설비, 즉 안전표지, 시선유도표지, 교량끝단의 노면표시를 효과적으로 설치함으로써 사고율을 현저히 감소시킬 수 있다.

제3편

1 방어운전

1. 방어운전의 개념 및 요령

(1) 안전운전과 방어운전의 개념

① **안전운전** : 운전자가 자동차를 그 본래의 목적에 따라 운행함에 있어서 운전자 자신이 위험한 운전을 하거나 교통사고를 유발하지 않도록 주의하여 운전하는 것을 말한다.

② **방어운전** : 운전자가 다른 운전자나 보행자가 교통법규를 지키지 않거나 위험한 행동을 하더라도 이에 대처할 수 있는 운전 자세를 갖추어 미리 위험한 상황을 피하여 운전하는 것, 위험한 상황을 만들지 않고 운전하는 것, 위험한 상황에 직면했을 때는 이를 효과적으로 회피할 수 있도록 운전하는 것을 말한다.

(2) 실전 방어운전 요령

① 운전자는 앞차의 전방까지 시야를 멀리 두며, 보행자, 어린이 등 장애물이 갑자기 나타나 앞차가 브레이크를 밟았을 때 즉시 브레이크를 밟을 수 있도록 준비 태세를 갖춘다.

② 앞차를 뒤따라 갈 때는 차간거리를 충분히 유지하고, 4~5대 앞차의 움직임까지 살핀다. 또한 대형차를 뒤따라 갈 때는 가능한 앞지르기를 하지 않도록 주의한다.

③ 밤에 마주 오는 차가 전조등 불빛을 줄이거나 하향하지 않고 접근해 올 때는 불빛을 정면으로 보지 말고 시선을 약간 오른쪽으로 돌리면서 감속 또는 서행하거나 일시 정지한다.

④ 어린이가 진로 부근에 있을 때는 어린이와 안전한 간격을 두고 진행·서행 또는 일시 정지

⑤ 신호기가 설치되어 있지 않은 교차로에서 좁은 도로로부터 우선순위를 무시하고 진입하는 자동차가 있는 만큼 속도를 줄이고 좌우의 안전을 확인한 후에 통행한다.

⑥ 다른 차량이 갑자기 뛰어들거나 내가 차로를 변경할 필요가 있을 때 꼼짝할 수 없게 되므로 가능한 한 뒤로 물러서거나 앞으로 나아가 다른 차량과 나란히 주행하지 않도록 주의한다.

⑦ 차량이 많을 때 가장 안전한 속도는 다른 차량의 속도와 같을 때 이므로 법정한도 내에서는 다른 차량과 같은 속도로 운전하고 안전한 차간거리를 유지한다.

2. 운전상황별 방어운전 요령

운전 상황	방어운전 요령
출발할 때	• 차의 전·후·좌·우는 물론 차의 밑과 위까지 안전을 확인한다. • 도로의 가장자리에서 도로를 진입하는 경우에는 반드시 신호를 한다. • 교통류에 합류할 때에는 진행하는 차의 간격상태를 확인하고 합류한다.
주행 시 속도 조절	• 교통량이 많은 곳, 노면의 상태가 나쁜 도로에서는 속도를 줄여서 주행한다. • 기상상태나 도로조건 등으로 시계조건이 나쁜 곳에서는 속도를 줄여서 주행한다. • 해질 무렵, 터널 등 조명조건이 나쁠 때에는 속도를 줄여서 주행한다. • 주택가 이면도로 등에서는 과속이나 난폭운전을 하지 않는다. • 곡선반경이 작은 도로나 신호의 설치간격이 좁은 도로는 속도를 낮추어 안전하게 통과한다. • 주행하는 차들과 물 흐르듯 속도를 맞추어 주행한다.

운전 상황	방어운전 요령
주행차로의 사용	• 자기 차로를 선택하여 가능한 한 변경하지 않고 주행한다. • 필요한 경우가 아니면 중앙의 차로 주행을 자제한다. • 급차로 변경 금지 • 차로를 바꾸는 경우에는 반드시 신호한다.
추월할 때	• 추월이 허용된 지역에서만 추월한다. • 마주 오는 차의 속도와 거리를 정확히 판단한 후 추월한다. • 추월 후 뒤차의 안전을 고려하여 진입한다. • 추월 전에 앞차에게 신호한다.
회전할 때	• 회전이 허용된 차로에서만 회전한다. • 대향차가 교차로를 완전히 통과한 후 좌회전한다. • 우회전을 할 때 보도나 노견으로 타이어가 넘어가지 않도록 주의한다. • 미끄러운 노면에서는 특히, 급핸들 조작으로 인한 회전을 금지한다. • 회전 시에는 반드시 신호한다.
차간거리	• 앞차에 너무 밀착하여 주행하지 않도록 한다. • 다른 차가 끼어들기를 하려고 하는 경우에는 양보하여 안전하게 진입하도록 한다.

2 상황별 운전

1. 교차로

(1) 사고발생유형

① 앞쪽(또는 옆쪽) 상황에 소홀히 한 채 진행신호로 바뀌는 순간 급출발

② 정지신호임에도 불구하고 정지선을 지나 교차로에 진입하거나, 무리하게 통과를 시도하는 신호를 무시한 통행 사고

③ 교차로 진입 전 이미 황색신호임에도 무리하게 통과시도 사고

(2) 교차로 안전운전 및 방어운전

① 신호등이 있는 경우 : 신호등이 지시하는 신호에 따라 통행
② 교통경찰관 수신호의 경우 : 교통경찰관의 지시에 따라 통행
③ 신호등 없는 교차로의 경우 : 통행의 우선순위에 따라 주의하며 진행
④ 섣부른 추측운전은 금물
⑤ 언제든 정지할 수 있는 준비태세
⑥ 신호가 바뀌는 순간을 주의

(3) 교차로 황색신호

① 교차로 황색신호시간

ⓐ 통상 3초를 기본으로 운영하며, 교차로의 크기에 따라 4~6까지 연장 운영하기도 하지만, 부득이한 경우가 아니라면 6초를 초과하는 것은 금기로 한다.

ⓑ 이미 교차로에 진입한 차량은 신속히 빠져나가야 하는 시간

ⓒ 아직 교차로에 진입하지 못한 차량은 진입해서는 아니되는 시간

② 황색 신호 시 사고유형

ⓐ 교차로 상에서 전신호 차량과 후신호 차량의 충돌
ⓑ 횡단보도 전 앞차 정지시 앞차 충돌
ⓒ 횡단보도 통과 시 보행자, 자전거 또는 이륜차 충돌
ⓓ 유턴 차량과의 충돌

③ 교차로 황색 신호 시 안전운전 및 방어운전
　　㉠ 황색신호에는 반드시 신호를 지켜 정지선에 멈출 수 있도록 교차로에 접근할 때는 자동차의 속도를 줄여 운행
　　㉡ 교차로 내는 물론 교차로 부근에 걸쳐 위험요인이 산재하므로 교차로에 무리한 진입 금지

2. 커브길

(1) 개요
① 커브길은 도로가 왼쪽 또는 오른쪽으로 굽은 곡선부를 갖는 도로의 구간을 의미한다.
② 곡선부의 곡선반경이 길어질수록 완만한 커브길이 되며 곡선반경이 극단적으로 길어져 무한대에 이르면 완전한 직선도로가 된다.
③ 곡선반경이 짧아질수록 급한 커브길이 된다.
④ 곡선부의 곡선반경이 극단적으로 길어져 무한대에 이르면 완전한 직선도로가 된다.

(2) 커브길의 교통사고 위험
① 도로의 이탈의 위험이 뒤 따른다.
② 중앙선을 침범하여 대향차와 충돌할 위험이 있다.
③ 시야불량으로 인한 사고의 위험이 있다.

(3) 커브길 주행요령과 핸들조작
① 완만한 커브길
　㉠ 커브길의 편구배(경사도)나 도로의 폭을 확인하고, 감속을 위해 가속 페달에서 발을 떼어 엔진 브레이크를 작동한다.
　㉡ 엔진 브레이크만으로 속도가 충분히 떨어지지 않으면 풋 브레이크를 사용하여 실제 커브를 도는 중에 더 이상 감속할 필요가 없을 정도까지 감속한다.
　㉢ 커브가 끝나는 조금 앞부터 핸들을 돌려 차량의 모양을 바르게 한다.
　㉣ 가속 페달을 밟아 속도를 서서히 높인다.

② 급 커브길
　㉠ 커브의 경사도나 도로의 폭을 확인하고, 감속을 위해 가속 페달에서 발을 떼어 엔진 브레이크를 작동한다.
　㉡ 풋 브레이크를 사용하여 충분히 감속한다.
　㉢ 후사경으로 오른쪽 후방의 안전을 확인한다.
　㉣ 저단 기어로 변속한다.
　㉤ 커브 내각의 연장선에 차량이 이르렀을 때 핸들을 꺾는다.
　㉥ 차가 커브를 돌았을 때 핸들을 되돌리기 시작한다.
　㉦ 차의 속도를 서서히 높인다.

③ 커브길 핸들조작
　㉠ 커브길에서의 핸들조작은 슬로우-인, 페스트- 아웃(Slow-in, Fast-out) 원리에 입각하여 커브 진입직전에 핸들조작이 자유로울 정도로 속도를 감속한다.
　㉡ 커브가 끝나는 조금 앞에서 핸들을 조작하여 차량의 방향을 안전되게 유지한 후 속도를 증가(가속)하여 신속하게 통과한다.

3. 차로폭

(1) 개념
① **차로폭** : 어느 도로의 차선과 차선 사이의 최단거리

② 차로폭은 관련 기준에 따라 도로의 설계속도, 지형조건 등을 고려하여 달리할 수 있으나 대개 3.0m~3.5m를 기준으로 한다 .다만, 교량 위, 터널 내, 유턴차로(회전차로) 등에서 부득이한 경우 2.75m로 할 수 있다.

(2) 차로폭에 따른 안전운전 및 방어운전
① **차로폭이 넓은 경우** : 주관적인 판단을 가급적 자재하고 계기판의 속도계에 표시되는 객관적인 속도를 준수할 수 있도록 노력한다.
② **차로폭이 좁은 경우** : 보행자, 노약자, 어린이 등에 주의하여 즉시 정지할 수 있는 안전한 속도로 주행속도를 감속하여 운행한다.

4. 언덕길

(1) 내리막길 안전운전 및 방어운전
① 내리막길을 내려가기 전에는 미리 감속하여 천천히 내려가며 엔진 브레이크로 속도를 조절하는 것이 바람직하다.
② 엔진 브레이크를 사용하면 페이드(fade) 현상을 예방하여 운행 안전도를 더욱 높일 수 있다.
③ 배기 브레이크가 장착된 차량의 경우 배기 브레이크를 사용하면 다음과 같은 효과가 있어 운행의 안전도를 더욱 높일 수 있다.
　㉠ 브레이크 액의 온도상승 억제에 따른 베이퍼록 현상을 방지한다.
　㉡ 드럼의 온도상승을 억제하여 페이드 현상을 방지한다.
　㉢ 브레이크 사용 감소로 라이닝의 수명을 증대시킬 수 있다.
④ 도로의 오르막길 경사와 내리막길 경사가 같거나 비슷한 경우라면, 변속기 기어의 단수도 오르막 내리막을 동일하게 사용하는 것이 적절 : 이는 앞서 사용한 기어단수가 절절하였다는 가정 하에서 적용하는 것
⑤ 커브 주행 시와 마찬가지로 중간에 불필요하게 속도를 줄인다든지 듭 제동하는 것은 금물
⑥ 내리막길에서 기어를 변속할 때는 다음과 같은 요령으로 한다.
　㉠ 변속할 때 클러치 및 변속 레버의 작동은 신속하게
　㉡ 변속 시에는 머리를 숙인다던가 하여 다른 곳에 주의를 빼앗기지 말고 눈은 교통상황 주시상태를 유지
　㉢ 왼손은 핸들을 조정하며 오른손과 양발은 신속히

(2) 오르막길 안전운전 및 방어운전
① 정차 시에는 풋 브레이크와 핸드 브레이크를 동시에 사용한다.
② 출발 시에는 핸드 브레이크를 사용하는 것이 안전하다.
③ 오르막길에서 앞지르기 할 때는 힘과 가속력이 좋은 저단 기어를 사용하는 것이 안전하다.

> **해설**
>
> **언덕길 교행**
> 언덕길에서 차량의 교행시는 내려오는 차에 통행 우선권이 있다(내리막 가속에 의한 사고위험이 더 높다는 점을 고려, 올라가는 차량이 양보한다).

5. 앞지르기

(1) 앞지르기 사고의 유형
① 앞지르기 위한 최초 진로변경 시 동일 방향 좌측 후속차 또는 나란히 진행하던 차와 충돌(좌측 도로상의 보행자와 충돌)

② 중앙선을 넘어 앞지르기하는 때에는 대향차와 충돌

(2) 앞지르기 안전운전 및 방어운전

① 자차가 앞지르기 할 때

ⓐ 과속 금물, 앞지르기에 필요한 속도가 그 도로의 최고속도 범위 이내일 때 앞지르기를 시도한다.

ⓑ 앞지르기에 필요한 충분한 거리와 시야가 확보되었을 때 앞지르기를 시도한다.

ⓒ 점선의 중앙선을 넘어 앞지르기 하는 때에는 대향차의 움직임에 주의한다.

② 다른 차가 자차를 앞지르기 할 때

ⓐ 자차의 속도를 앞지르기를 시도하는 차의 속도 이하로 적절히 감속한다.

ⓑ 추월 금지 장소나 추월을 금지하는 때에도 앞지르기하는 차가 있다는 사실을 항상 염두에 주고 주의 운전한다.

6.철길 건널목

(1) 철길 건널목의 종류

1종 건널목	차단기, 경보기 및 철길 건널목 교통안전표지를 설치하고 차단기를 주·야간 계속하여 작동시키거나 또는 건널목 안내원이 근무하는 건널목
2종 건널목	경보기와 철길 건널목 교통안전표지만 설치하는 건널목
3종 건널목	철길 건널목 교통안전표지만 설치하는 건널목

※ 건널목 사고 요인 : ① 신호등이나 경보기 무시 통과
② 일시정지 않고 통과

※ 일단 사고가 발생하면 인명피해가 큰 대형사고가 발생하는 곳은 철길 건널목이다.

(2) 철길건널목 안전운전 및 방어운전

① 일시정지 한 후, 좌·우의 안전을 확인하고 통과한다.
② 건널목 통과시 기어는 변속하지 않는다.
③ 건널목 건너편 여유공간(자기차 들어갈 곳)을 확인 후 통과한다.

(3) 철길 건널목 내 차량고장시 대처요령

① 즉시 동승자를 대피시킨다.
② 철도공사 직원에게 알리고 차를 건널목 밖으로 이동시키도록 조치한다.
③ 시동이 걸리지 않을 때는 기어를 1단 위치에 넣은 후 클러치 페달을 밟지 않은 상태에서 엔진 키를 돌리며 시동 모터의 회전으로 바퀴를 움직여 철길을 빠져 나올 수 있다.

7. 고속도로의 운행 등

(1) 고속도로의 운행

① 속도의 흐름과 도로사정, 날씨 등에 따라 안전거리를 충분히 확보 한다.
② 주행중 속도계를 수시로 확인하여 법정속도를 준수 한다.
③ 차로 변경 시는 최소한 100m 전방으로부터 방향지시등을 켜고, 전방주시점은 속도가 빠를수록 멀리 둔다.
④ 앞차의 움직임 뿐 아니라 가능한 한 앞차 앞의 3~4대 차량의 움직임도 살핀다.
⑤ 고속도로 진·출입시 속도감각에 유의하여 운전한다.
⑥ 고속도로 진입시 충분한 가속으로 속도를 높인 후 주행차로로 진입하여 주행차에 방해를 주지 않도록 한다.
⑦ 주행차로 운행을 준수하고 두 시간마다 휴식한다.

⑧ 뒷차가 자기 차를 추월하고 있는 상황에서 경쟁하는 것은 위험하다.

(2) 야간, 안개길, 빗길, 비포장 도로

① 야간운전

ⓐ 야간에는 주간에 비해 시야가 전조등의 범위로 한정되어 노면과 앞차의 후미 등 전방만을 보게 되므로 주간보다 속도를 20%정도 감속하고 운행한다.

ⓑ 마주 오는 대향차의 상향 전조등 불빛으로 증발 또는 현혹 현상 등으로 인해 교통사고를 일으키게 되므로 약간 오른쪽을 보며 주행한다.

② 안개길

ⓐ 안개로 인해 시야의 장애가 발생되면 우선 차간거리를 충분히 확보하고 앞차의 제동이나 방향전환 등의 신호를 예의 주시하며 천천히 주행한다.

ⓑ 운행 중 앞을 분간하지 못할 정도로 짙은 안개가 끼었을 때는 차를 안전한 곳에 세우고 미등과 비상경고등을 점등시켜 충돌사고 등에 미리 예방하는 조치를 취한다.

③ 빗길

ⓐ 비가 내리기 시작한 직후에는, 빗물이 차에서 나온 오일과 섞여있어 도로를 아주 미끄럽게 하며, 비가 계속 내리면 오일이 쓸려가므로 비가 내리기 시작할 때보다 더 미끄러우므로 속도를 줄인다.

ⓑ 저속기어로 바꿔 저속주행 또는 브레이크에 물이 들어가면 제동상태가 약해지거나 불균등하게 걸려 제동력이 감소되므로 물기제거 후 주행한다.

④ 비포장 도로

ⓐ 울퉁불퉁한 비포장도로에서는 노면 마찰계수가 낮고 매우 미끄러우므로 브레이킹, 가속페달 조작, 핸들링 등을 부드럽게 해야 한다.

ⓑ 모래, 진흙 등에 빠졌을 때는 엔진을 고속회전 금지(변속기 손상 및 엔진과열방지상) 후 견인 조치한다,

3 계절별 운전

1. 봄철 안전운전

(1) 교통사고의 특징

요인	내용
도로조건	날씨가 풀리면서 겨울 내 얼어있던 땅이 녹아 지반 붕괴로 인한 도로의 균열이나 낙석이 위험이 크다
운전자	기온이 상승함에 따라 춘곤증에 의한 졸음운전으로 전방주시태만과 관련되 사고의 위험이 높다. ※1초 졸음 시 = 16.7m 주행
보행자	교통상황에 대한 판단능력이 부족하고 어린이와 신체능력이 약화된 노약자들이 보행이나 교통수단이용이 겨울에 비해 늘어나는 계절적인 특성으로 어린이 노약자 관련 교통사고가 증가한다.

(2) 자동차 관리

① 세차 : 전문 세차장을 찾아 차체를 들어 올리고 구석구석 세차한다(노면의 결빙을 막기 위해 뿌려진 염화칼슘 제거).
② 원동장비 정리 : 스노우 타이어, 체인 등 월동장비를 잘 정리해서 보관한다.
③ 엔진오일 점검
④ 배선상태 점검

2. 여름철 안전운전

(1) 교통사고의 특징

요인	내용
도로조건	장마와 갑작스런 소나기로 인해 도로 노면의 물은 빙판 못지않게 미끄러워 교통사고를 유발한다.
운전자	기온과 습도 상승으로 불쾌지수가 높아지고 수면부족과 피로로 인한 졸음운전 등도 집중력 저하 요인으로 작용한다.
보행자	불쾌지수가 증가하여 위험한 상황에 대한 인식이 둔해지고 안전수칙을 무시하려는 경향이 강하다.

(2) 자동차관리

① **냉각장치 점검** : 냉각수의 양은 충분한지, 냉각수의 누수여부, 팬벨트의 장력은 적절한지를 수시 확인한다.

② **와이퍼의 작동상태 점검** : 장마철 운전에 없어서는 안 될 와이퍼의 작동이 정상상태인지 확인한다.

③ **타이어 마모상태 점검** : 노면과 맞닿는 부분의 트레드 홈 깊이가 최저 1.6m 이상이 되는지를 확인 및 적정 공기압 유지 여부를 검검 한다.

④ **차량 내부의 습기 제거** : 차량 내부에 습기가 찰 때에는 습기를 제거하여 차체의 부식과 악취발생을 방지한다.

3. 가을철 안전운전

(1) 교통사고의 특징

요인	내용
도로조건	추석에 따른 교통량 증가, 다른 계절에 비해 도로조건은 비교적 양호하다.
운전자	집중력이 떨어지고 교통사고의 발생위험이 있다.
보행자	맑은 날씨, 곱게 물든 단풍 등으로 들뜬 마음에 의한 주의력 저하로 사고 가능성이 높다.

(2) 자동차관리

① **서리제거용 열선 점검** : 기온의 하강으로 발생하는 유리창 서리를 제거하기 위한 열선이 정상적으로 작동하는 지 점검한다.

② **장거리 운행 전 점검사항**

㉠ 타이어의 공기압은 적절하고, 상처 난 곳은 없는 지, 스페어 타이어는 이상 없는 지를 점검한다.

㉡ 본닛을 열어보아 냉각수와 브레이크액의 양을 점검하고, 엔진오일은 양 뿐 아니라 상태에 대한 점검을 병행하며, 팬벨트의 장력은 적정한 지, 손상된 부분은 없는 지 점검하고 여유분 한 개를 더 휴대한다.

㉢ 헤드라이트, 방향지시등과 같은 각종 램프의 작동여부를 점검한다.

㉣ 운행 중의 고장이나 필요한 휴대용 작업등, 손전등을 준비한다.

㉥ 출발 전 연료를 가득 채우고 지도를 휴대하는 것도 필요하다.

4. 겨울철 안전운전

(1) 교통사고의 특징

요인	내용
도로조건	눈이 녹지않고 쌓여 적은 양의 눈이 내려도 빙판이 되기 때문에 충돌·추돌·도로 이탈 등의 사고가 많이 발생한다.
운전자	음주운전의 우려, 두터운 옷으로 인해 위기상황에 대한 민첩한 대처능력이 감소한다.
보행자	추위와 바람을 피하고자 두터운 외투, 방한복 등을 착용하고 앞만 보면서 목적지까지 최단거리로 이동하려는 경향이 있다.

(2) 자동차관리

① **월동장비 점검**

② **부동액 점검**

③ **정온기 상태 점검**

④ **월동장구의 점검**

㉠ 스노우 체인 없이는 안전한 곳까지 운전할 수 없는 상황에 처할 수 있으므로 자신의 타이어에 맞는 적절한 수의 체인과 여분의 크로스 체인을 구비한다.

㉡ 체인의 절단이나 마모 부분은 없는 지 점검하며 체인을 채우는 방법을 미리 습득한다.

4 위험물 운송

1. 위험물 개요 및 적재·운반방법

(1) 위험물 개요

① **위험물의 정의** : 발화성, 인화성, 또는 폭발성의 물질을 말한다.

② **위험물의 종류** : 고압가스, 화약, 석유류, 독극물, 방사성물질 등

(2) 위험물 적재 방법

① 운반용기와 포장외부에 표시해야할 사항 : 위험물의 품목, 화학명, 수량

② 운반도중 그 위험물 또는 위험물을 수납한 운반용기가 떨어지거나 그 용기의 포장이 파손되지 않도록 적재할 것

③ 수납구를 위로 향하게 적재할 것

④ 직사광선 및 빗물 등의 침투를 방지 할 수 있는 덮개를 설치할 것

⑤ 혼재 금지된 위험물의 혼합 적재를 금지할 것

(3) 위험물의 운반방법

① 마찰 및 흔들림 일으키지 않도록 운반할 것

② 지정 수량 이상의 위험물을 차량으로 운반할 때는 차량의 전진 또는 후면의 보기 쉬운 곳에 표지를 게시할 것

③ 일시 정차시는 안전한 장소를 택하여 보안에 주의할 것

④ 운반하는 위험물에 적응하는 소화설비를 설치할 것

⑤ 독성가스를 차량에 적재하여 운반하는 때에는 당해 독성 가스의 종류에 따른 방독면, 고무장갑, 고무장화, 그 밖의 보호구 및 재해발생 방지를 위한 응급조치에 필요한 자재, 제독제 및 공구 등을 휴대 할 것

2. 차량에 고정된 탱크의 안전운행

(1) 운행전의 점검

① 탱크 본체가 차량에 부착되어 있는 부분에 이완이나 어긋남이 없을 것

② 밸브 류는 정확히 닫혀 있어야 하며, 밸브 등의 개폐상태를 표시하는 표지가 정확히 부착되어 있을 것

③ 밸브 류, 액면계, 압력계 등이 정상적으로 작동하고 그 본체 이음매, 조작부 및 배관 등에 가스누설부분이 없을 것

④ 충전호스의 접속구에 캡이 부착되어 있을 것

⑤ 접지탭, 접지클립, 접지코드 등의 정비가 양호할 것

(2) 운행시 주의사항

① 적재할 가스의 특성, 차량의 구조 및 부속품의 종류와 성능, 정비점검의 요령, 운행 및 주차시의 안전조치와 재해 발생 시에 취해야 할 조치를 잘 알아 둘 것.

② 특히, 화기에 주의하고 운행 중은 물론 정차 시에도 허용된 장소 이외에서는 절대로 담배를 피우거나 화기를 사용하지 않을 것

③ 차를 수리할 때는 통풍이 양호한 장소에서 실시할 것
④ 화기를 사용하는 수리는 가스를 완전히 빼고 질소나 불활성가스등으로 치환한 후 작업할 것

(3) 안전운행기준

① **법규 준수** : 도로교통법, 고압가스 안전관리법 등의 법규 및 기준들을 준수할 것
② **이동운행 중의 임시점검** : 노면이 나쁜 도로를 통과할 경우에는 그 주행 직전에 안전한 장소를 선택해 주차하고 가스누설, 밸브 이완 등을 점검하며 이상여부를 확인할 것
③ **부득이한 운행 경로의 변경** : 소속사업소, 회사 등에 연락할 것
④ **육교 등 밑의 통과** : 차량이 육교 등의 아랫부분에 접촉할 우려가 있는 경우에는 다른 길로 돌아서 운행할 것
⑤ **철도건널목 통과** : 철도건널목을 통과하는 경우는 건널목 앞에서 일시 정지하고 열차가 지나가지 않는가를 확인하여 건널목 위에 차가 정지하지 않도록 할 것
⑥ **터널 내의 통과** : 전방의 이상사태 발생유무를 확인하고 진입할 것
⑦ **가스 이송 후 차량에 고정된 탱크의 취급** : 가스를 이송한 후에도 탱크 속에는 잔여가스가 남아 있으므로 가스를 이입할 때와 동일하게 취급 및 점검을 실시할 것
⑧ **주차** : 운행도중 노상에 주차할 필요가 있는 경우에는 주택 및 상가 등이 밀집한 지역을 피하고 제1종 보호시설로부터 15m 이상 떨어져 주차할 것
⑨ **여름철 운행** : 직사광선을 피해 가스온도가 40℃ 이하로 유지하여 운행할 것
⑩ **고속도로 운행** : 제한속도와 안전거리를 준수하여 운행할 것

(4) 이입작업(저장시설 차량탱크 주입)할 때의 기준

① 차를 소정의 위치에 정차시키고 사이드 브레이크를 확실히 건 다음, 엔진을 끄고 메인스위치 그 밖의 전기장치를 완전히 차단하여 스파크가 발생하지 아니하도록 하고 커플링을 분리하지 아니한 상태에서는 엔진을 사용할 수 없도록 적절한 조치를 강구할 것
② 차량이 앞, 뒤로 움직이지 않도록 차바퀴의 전·후를 차바퀴 고정목 등으로 확실하게 고정시킬 것
③ 정전기 제거용의 접지 코드를 기지(基地)의 접지텍에 접속할 것
④ 부근의 화기가 없는가를 확인 할 것
⑤ "이입작업 중(충전 중) 화기엄금"의 표시판이 눈에 잘 보이는 곳에 세워져 있는가를 확인할 것
⑥ 만일의 화재에 대비하여 소화기를 즉시 사용할 수 있도록 할 것
⑦ 저온 및 초저온가스의 경우에는 가죽장갑 등을 끼고 작업을 할 것
⑧ 가스누설을 발견 할 경우에는 긴급차단장치를 작동시키는 등의 신속한 누출방지조치를 할 것
⑨ 이입(移入)작업이 끝난 후에는 차량 및 이입시설 쪽에 있는 각 밸브의 폐지, 호스의 분리, 각 밸브의 캡 부착 등을 끝내고, 접지 코드를 제거한 후 각 부분의 가스누출을 점검하고, 밸브상자를 뚜껑을 닫은 후, 차량 부근에 가스가 체류되어 있는지 여부를 점검하고 이상 없음을 확인한 후 차량운전자에서 차량이동을 지시 할 것
⑩ 차량에 고정된 탱크의 운전자는 이입작업이 종료될 때까지 탱크로리차량의 긴급차단장치 부근에 위치하여야 하며, 가스누출 등 긴급사태 발생 시 안전관리자의 지시에 따라 신속하게 차량의 긴급차단장치를 작동하거나 차량이동 등의 조치를 취해야 한다.

(5) 이송(移送)작업할 때의 기준

① 탱크의 설계압력 이상의 압력으로 가스를 충전하지 말 것
② 액화석유가스충전소 내에서는 동시에 2대 이상의 고정된 탱크에서 저장설비로 이송작업을 하지 않도록 주의할 것
③ 고정된 탱크차 2대 이상 주·정차 금지

(6) 운행을 종료한 때의 점검

① 밸브 등의 이완이 없을 것
② 경계표지 및 휴대품 등의 손상이 없을 것
③ 부속품 등의 볼트 연결상태가 양호할 것
④ 높이검지봉 및 부속배관 등이 적절히 부착되어 있을 것

3. 충전용기 등의 적재·하역 및 운반요령

(1) 고압가스 충전용기의 운반기준

① **경계표시** : 충전용기를 차량에 적재하여 운반하는 때에는 해당차량의 앞뒤 보기 쉬운 곳에 각각 붉은 글씨로 "위험 고압가스"라는 경계표시를 할 것
② **밸브의 손상방지 용기취급** : 밸브가 돌출한 충전=용기는 고정식 프로텍터 또는 캡을 부착시켜 밸브의 손상을 방지하는 조치를 하고 운반할 것

(2) 충전용기 등을 적재한 차량의 주·정차 시

① 충전용기 등을 적재한 차량의 주·정차장소 선정은 가능한 한 평탄하고 교통량이 적은 안전한 장소를 택할 것
② 제1종 보호시설에서 15m 이상 떨어지고, 제2종 보호시설이 밀착되어 있는 지역은 가능한 한 피하고, 주위의 교통상황, 주위의 화기 등이 없는 안전한 장소에 주정차 할 것

(3) 충전용기 등을 차량에 싣거나, 내릴 때 또는 지면에서 운반 작업 등을 하는 경우

① 충전용기 등을 차에 싣거나, 내릴 때에는 당해 충전용기 등의 충격이 완화될 수 있는 고무판 또는 가마니 등의 위에서 주의하여 취급하여야 하며 소화설비 및 재해 발생방지용 자재, 공구 등 휴대할 것
② 독성가스 충전용기를 운반하는 때에는 용기 사이에 목재 칸막이 또는 패킹을 할 것
③ 충전용기와 소방법이 정하는 위험물과는 동일 차량에 적재하여 운반하지 아니할 것

(4) 충전용기 등을 차량에 적재 시

① 차량의 최대 적재량 초과 및 적재함을 초과하여 적재 금지
② 운반중의 충전용기는 항상 40℃ 이하로 유지할 것
③ 충전용기 등의 적재는 다음 방법에 따를 것
　㉠ 충전용기를 차량에 적재하여 운반하는 때에는 차량운행중의 동요로 인하여 용기가 충돌하지 아니하도록 고무링을 씌우거나 적재함에 넣어 세워서 운반할 것(단, 압축가스의 충전용기 중 그 형태 및 운반차량의 구조상 세워서 적재하기 곤란할 때에는 적재함 높이 이내로 눕혀서 적재할 수 있음)
　㉡ 충전용기 등을 목재·플라스틱 또는 강철재로 만든 파렛트 내부에 넣어 안전하게 적재하는 경우와 용량 10kg미만의 액화석유가스 충전용기를 적재할 경우를 제외하고 모든 충전 용기는 1단으로 쌓을 것
　㉢ 충전용기 등은 짐이 무너지거나, 떨어지거나 차량의 충돌 등으로 인한 충격과 밸브의 손상 들을 방지하기 위하여 차량의 짐받이에 바싹대고 로프, 짐을 조이는 공구 또는 그물 등을 사용하여 확실하게

묶어서 적재하여야 하며, 운반차량 뒷면에는 두께가 5mm이상, 폭 100mm이상의 범퍼 또는 이와 동등 이상의 효과를 갖는 완충장치를 설치할 것

ㄹ 차량에 충전용기 등을 적재한 후에 당해 차량의 측판 및 뒤판을 정상적인 상태로 닫은 후 확실하게 걸게쇠로 걸어 잠글 것

③ 경찰공무원 등에게 신고

ㄱ 사고 발생 장소, 사상자 수, 부상 정도, 그 밖의 조치상황을 경찰공무원 또는 가장 가까운 경찰관서에 신고한다.

ㄴ 사고 발생 신고 후 운전자는 경찰공무원이 말하는 부상자 구호와 교통안전상 필요한 사항을 지켜야 한다.

5 고속도로 교통안전

1. 고속도로 교통사고 통계

① 원인별 교통사고 현황을 보면 운전자 과실이 85% 내외, 차량결함(타이어 파손, 제동장치, 기타)이 8% 내외, 기타원인(보행 및 횡단, 노면잡물, 적재불량, 기타)이 7%정도를 차지하고 있다.

② 최근 몇 년간(2009~2013) 고속도로 적재불량 고발건수는 연평균 20% 증가, 2009년 이후 과적 및 적재불량 차량의 낙하물 건수도 30만건 이상 발생하고 있다.

2. 고속도로 교통사고 특성

① 빠르게 달리는 도로의 특성상 다른 도로에 비해 치사율이 높다.

② 운전자 전방주시 태만과 졸음운전으로 인한 2차(후속)사고 발생 가능성이 높아진다.

③ 운행 특성상 장거리 통행이 많고 특히 영업용 차량(화물차, 버스) 운전자의 장거리 운행으로 인한 과로로 졸음운전이 발생할 가능성이 매우 높다.

④ 화물차, 버스 등 대형차량의 안전운전 불이행으로 대형사고가 발생하고, 사망자도 대폭 증가하는 추세이다. 또한, 화물차의 적재불량과 과적은 도로상에 낙하물을 발생시키고 교통사고의 원인이 되고 있다.

⑤ 최근 고속도로 운전 중 휴대폰 사용, DMB 시청 등 기기사용 증가로 인해 전방주시에 소홀해 지고 이로 인한 교통사고 발생가능성이 더욱 높아지고 있다.

3. 고속도로 통행방법

(1) 고속도로 안전운전 방법

① 전방주시(앞차의 뒷부분 뿐 아니라 앞차의 전방까지 시야를 두면서 운전)
② 진입은 안전하게 천천히, 진입 후 가속은 빠르게
③ 주변 교통흐름에 따라 적정속도 유지
④ 주행차로로 주행
⑤ 전 좌석 안전띠 착용
⑥ 후부 반사판 부착(차량 총중량 7.5톤 이상 및 특수자동차는 의무 부착)

(2) 교통사고 발생 시 대처 요령

① 연속적인 사고의 방지

ㄱ 다른 차의 소통에 방해가 되지 않도록 길 가장자리나 공터 등 안전한 장소에 차를 정차 후 엔진은 끈다.

ㄴ 주간 100m, 야간 200m 뒤에 안전 삼각대 및 불꽃 등을 설치하여 500m 후방에서 확인 가능하도록 해야 한다.

② 부상자의 구호

ㄱ 사고 현장에 의사, 구급차 등이 도착할 때까지 부상자 지혈등 가능한 응급조치를 한다.

ㄴ 부상자를 함부로 움직여서는 안 되며, 특히 머리 부분에 상처를 입었을 때는 움직이지 말아야 한다. 그러나 2차 사고의 우려가 있을 경우 부상자를 안전한 장소로 이동시킨다.

4. 운행 제한 차량 단속

(1) 운행 제한차량 종류

① 차량의 축하중 10톤, 총중량 40톤을 초과한 차량
② 적재물을 포함한 차량의 길이(16.7m), 폭(2.5m), 높이(4m)를 초과한 차량
③ 다음에 해당하는 적재 불량 차량

ㄱ 편중적재, 스페어 타이어 고정 불량 차량
ㄴ 덮개를 씌우지 않았거나 묶지 않아 결속 상태가 불량한 차량
ㄷ 액체 적재물 방류차량, 견인시 사고 차량 파손품 유포 우려가 있는 차량

④ 기타 적재 불량으로 인하여 적재물 낙하 우려가 있는 차량

(2) 운행 제한 벌칙(도로법 시행일 2014.07.15. 기준)

① 도로관리청의 차량 회차, 적재물 분리 운송, 차량운행중지 명령에 따르지 아니한 차 : 2년이하 징역 또는 2천만 원 이하 벌금(도로법 제 80조, 제 114조)

② 적재량 측정을 위한 공무원의 차량 동승 요구 및 관계서류 제출요구 거부한 자, 적재량 재측정 요구에 따르지 아니한 자 : 1년 이하 징역 또는 1천만 원 이하 벌금(도로법 제77조, 제 78조, 115조)

③ 총중량 40톤, 축하중 10톤, 폭 2.5m, 높이 4m, 길이 16.7m를 초과하여 운행제한을 위반한 운전자 : 500만 원 이하 과태료(도로법 제 77조, 제 117조)

④ 임차한 화물적재차량이 운행제한을 위반하지 않도록 관리를 하지 아니한 임차인 : 500만 원 이하 과태료(도로법 제 77조, 제 117조)

⑤ 운행제한 위반의 지시·요구 금지를 위반한 자 : 500만 원 이하 과태료(도로법 제 77조, 제 117조)

(3) 과적차량 제한 사유

① 고속도로의 포장균열, 파손, 교량의 파괴
② 저속주행으로 인한 교통소통 지장
③ 핸들 조작의 어려움, 타이어 파손, 전·후방 주시 곤란
④ 제동장치의 무리, 동력연결부의 잦은 고장 등 교통사고 유발

(4) 운행 제한 차량 통행이 도로포장에 미치는 영향

① 축하중 10톤 : 승용차 7만대 통행과 같은 도로파손
② 축하중 11톤 : 승용차 11만대 통행과 같은 도로파손
③ 축하중 13톤 : 승용차 21만대 통행과 같은 도로파손
④ 축하중 15톤 : 승요차 39만대 통행과 같은 도로파손

(5) 운행제한 차량 운행허가서 신청절차

① 출발지 및 경유지 관할 도로관리청에 제한 차량 운행허가 신청서 및 구비서류를 준비하여 신청
② 제한차량 인터넷 운행허가 시스템(http://www.ospermit.go.kr) 신청 가능

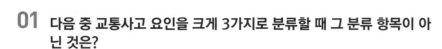
01 다음 중 교통사고 요인을 크게 3가지로 분류할 때 그 분류 항목이 아닌 것은?

㉮ 도로 환경 요인 　㉯ 인적 요인
㉰ 차량 요인 　㉱ 단속 요인

해설 교통사고의 3대 요인은 인적, 도로 환경, 차량 요인이다.

02 운전자의 운전과정의 결함에 의한 교통사고 중 차지하는 비중이 큰 순서대로 맞게 나열된 것은?

㉮ 조작〉인지〉판단 　㉯ 인지〉조작〉판단
㉰ 인지〉판단〉조작 　㉱ 조작〉판단〉인지

해설 운전자 요인에 의한 교통사고 중 인지과정의 결함에 의한 사고가 절반 이상으로 가장 많으며, 이어서 판단과정의 결함, 조작과정의 결함 순이다.

03 다음 중 도로교통체계의 구성요소에 해당되지 않은 것은?

㉮ 운전자 및 보행자를 비롯한 도로사용자
㉯ 도로 및 교통신호등 등의 환경
㉰ 도로교통과 관련된 법규
㉱ 차량

해설 도로교통체계는 ①운전자 및 보행자를 비롯한 도로사용자, ②도로 및 교통신호등 등의 환경, ③ 차량의 3가지 요소로 구성 된다.

04 다음 중 교통사고의 요인에 대한 설명으로 틀린 것은?

㉮ 인적요인은 운전자의 적성과 자질, 운전습관, 내적 태도 등에 관한 것이다.
㉯ 차량요인은 차량구조장치, 부속품 또는 적하(積荷) 등에 관한 것이다.
㉰ 환경요인은 자연환경, 교통환경, 사회환경, 구조환경 등의 요인으로 구성된다.
㉱ 교통사고는 대부분 하나의 요인으로 인해 발생하며, 복합적인 요인은 일부분이다.

해설 교통사고의 대부분은 둘 이상의 요인들이 복합적으로 작용하여 유발되며, 하나의 요인만으로 설명될 수 있는 사고는 일부에 불과하다.

05 다음 중 운전과 관련되는 시력측정에 대한 설명으로 맞지 않는 것은?

㉮ 속도가 빨라질수록 전방주시점은 멀어진다.
㉯ 속도가 빨라질수록 시야의 범위가 좁아진다.
㉰ 속도가 빨라질수록 시력은 떨어진다.
㉱ 전방주시점이 멀어질수록 가까운 물체가 뚜렷이 보인다.

해설 속도가 빨라질수록 시력은 떨어지고, 시야의 범위가 좁아지며, 전방주시점은 멀어진다. 전방주시 점이 멀어질수록 가까운 물체는 잘 보이지않게 된다.

06 다음은 도로가 되기 위한 4가지 조건의 설명이다. 틀린 것은?

㉮ 형태성 : 차로의 설치, 비포장 경우에는 노면의 균일성 유지 등으로 자동차 기타 운송 수단의 통행에 용이한 형태를 갖출 것
㉯ 이용성 : 사람의 왕래, 화물의 수송, 자동차 운행 등 공중 교통용역에 이용되고 있는 곳
㉰ 공개성 : 공중교통에 이용되고 있는 특정 다수인 및 예상할 수 없을 정도로 바뀌는 숫자의 사람을 위해 이용이 허용되고 있는 곳
㉱ 교통경찰권 : 공공의 안전과 질서유지를 위하여 교통경찰권이 발동될 수 있는 장소

07 다음은 길어깨(갓길)와 교통사고에 대한 설명이다. 잘못된 것은?

㉮ 길어깨가 넓으면 차량의 이동공간이 넓고, 시계가 넓으며, 고장차량을 주행차로 밖으로 이동시킬 수 있기 때문에 안전성이 큰 것은 확실하다.
㉯ 길어깨가 토사나 자갈 또는 잔디보다는 포장된 노면이 더 안전하다.
㉰ 포장이 되어 있지 않을 경우에는 건조하고 유지관리가 용이할수록 불안전 하다.
㉱ 차도와 길어깨를 단선의 흰색 페인트칠로 길어깨를 구획하는 경계를 지은 노면표시를 하면 교통사고는 감소한다.

08 운전면허를 취득하려는 경우 색채 식별이 가능하여야 하는 색상과 관계가 없는 것은?

㉮ 흰색 　㉯ 붉은색
㉰ 노란색 　㉱ 녹색

해설 우리나라 도로교통법은 붉은색., 녹색, 노란색을 구별할 수 있어야 면허를 부여한다.

09 다음 중 야간에 전조등이 상향등 상태로 주행 시 조명빛으로 보행자의 모습이 사라지는 현상은?

㉮ 블랙아웃현상 　㉯ 현혹현상
㉰ 암순응현상 　㉱ 명순응현상

해설 대향차량 간의 전조등에 의한 눈부심 현상을 현혹현상이라 한다.

10 다음 중 운전 중 시각특성에 대한 설명으로 틀린 것은?

㉮ 운전자는 운전에 필요한 정보의 대부분을 시각을 통하여 획득한다.
㉯ 속도가 빨라질수록 시력은 떨어진다.
㉰ 속도가 빨라질수록 시야의 범위가 넓어진다.
㉱ 속도가 빨라질수록 전방주시점은 멀어진다.

해설 속도가 빨라질수록 시야의 범위는 좁아진다.

11 다음은 명순응과 암순응에 대한 설명이다. 틀린 것은?

㉮ 완전한 암순응에는 30분 혹은 그 이상 걸리며 이것은 빛의 강도에 좌우된다.

㉯ 명순응은 조명이 밝은 조건에서 어두운 조건으로 변할 때 사람의 눈이 그 상황에 적응하여 시력을 회복하는 것을 말한다.

㉰ 주간 운전 시 터널을 막 진입하였을 때 더욱 조심스러운 안전운전이 요구되는 이유는 암순응 때문이다.

㉱ 명순응은 상황에 따라 다르지만 명순응에 걸리는 시간은 암순응보다 빨라 수초 내지 1분에 불과하다.

> **해설** 명순응은 조명이 어두운 조건에서 밝은 조건으로 변할 때 사람의 눈이 그 상황에 적응하여 시력을 회복하는 것을 말하며, 암순응은 그 반대이다.

12 다음 중 교통사고의 심리적 요인 중에서 속도의 착각에 대한 설명으로 맞는 것은?

㉮ 주시점이 가까운 좁은 시야에서는 느리게 느껴진다.

㉯ 주시점이 먼 곳에 있을 때는 빠르게 느껴진다.

㉰ 상대 가속도감은 동일 방향으로 느낀다.

㉱ 주시점이 가까운 좁은 시야에서는 빠르게 느껴진다.

> **해설** 주시점이 가까운 좁은 시야에서는 빠르게 느껴진다.

13 다음 중 교통사고의 직접적 요인이 아닌 것은?

㉮ 위험인지 지연

㉯ 사고 직전 법규위반

㉰ 무리한 운행계획

㉱ 긴급상황 대처능력에 대한 학습 부족

> **해설** 무리한 운행계획은 간접적 요인에 해당한다.

14 다음 중 감정이 격앙되었거나 시간에 쫓기는 경우 발생하는 교통사고의 심리적 요인에 해당 하는 것은?

㉮ 원근의 착각　　㉯ 속도의 착각

㉰ 예측의 실수　　㉱ 크기의 착각

> **해설** 예측의 실수는 감정이 격앙된 경우, 고민거리가 있는 경우, 시간에 쫓기는 경우에 발생한다.

15 다음 중 야간운전의 주의사항으로 틀린 것은?

① 보행자와 자동차의 통행이 빈번한 도로에서는 항상 전조등의 방향을 상향으로 운행한다.

② 운전자가 눈으로 확인할 수 있는 시야의 범위가 좁아진다.

③ 술에 취한 사람이 차도에 뛰어드는 경우에 주의해야 한다.

④ 마주 오는 차의 전조등 불빛에 현혹되는 경우 물체식별이 어려워진다.

> **해설** "전조등 방향을 상향"으로는 틀리는 말이고, "전조등 방향을 하향"으로가 옳은 말이다.

16 다음 중 일광 또는 조명이 어두운 조건에서 밝은 조건으로 변할 때 사람의 눈이 그 상황에 적응하여 시력을 회복하는 것을 무엇이라고 하는가?

㉮ 명순응　　㉯ 현혹

㉰ 주변시　　㉱ 암순응

> **해설** 어두운 곳에서 밝은 조건으로 변할 때 적응하는 것은 명순응이다.

17 다음 중 운전자 요인(인지·판단·조작)에 의한 교통사고 중 어느 과정의 결함에 의한 사고가 절반이상으로 가장 많은가?

㉮ 인지과정의 결함　　㉯ 판단과정의 결함

㉰ 조작과정의 결함　　㉱ 체계적인 교육 결함

> **해설** 인지과정 결함 절반 이상, 그 다음이 판단과정 결함, 세 번째가 조작과정 결함 순이다.

18 다음은 운전과 관련되는 시각의 특성 중 대표적인 것이다. 틀린 것은?

㉮ 운전자는 운전에 필요한 정보의 대부분을 청각을 통하여 획득한다.

㉯ 속도가 빨라질수록 시력은 떨어진다.

㉰ 속도가 빨라질수록 시야의 범위가 좁아진다.

㉱ 속도가 빨라질수록 정방주시점은 멀어진다.

> **해설** ㉮항의 문장 중 "청각을 통하여"는 틀리고, "시각을 통하여"가 맞는다.

19 다음은 방호울타리 기능의 설명이다. 틀린 것은?

㉮ 횡단을 방지할 수 있어야 한다.

㉯ 차량을 감속시킬 수 있어야 한다.

㉰ 차량이 대향차로로 튕겨나가지 않아야 한다.

㉱ 사람의 손상이 적도록 해야 한다.

20 다음 중 피로가 운전기능에 미치는 영향 중에서 운전착오에 대한 설명으로 틀린 것은?

㉮ 작업타이밍의 균형을 초래한다.

㉯ 심야에서 새벽 사이에 많이 발생한다.

㉰ 각성수준이 저하된다.

㉱ 사물의 크기와 도로의 경사 등을 착각하게 된다.

> **해설** 운전착오가 원인이 되어 작업타이밍의 "불" 균형을 초래하게 된다.

21 다음 중 교통사고와 관련이 있는 보행자의 교통정보 인지결함의 원인이 아닌 것은?

㉮ 술에 많이 취해 있었다.

㉯ 등교 또는 출근시간 때문에 급하게 서둘러 걷고 있었다.

㉰ 횡단 중 모든 방향에 주의를 기울였다.

㉱ 동행자와 이야기에 열중했거나 놀이에 열중했다.

> **해설** 횡단 중 한쪽 방향에만 주의를 기울이는 경우가 인지결함의 원인이다. 모든 방향에 주의를 기울이는 것은 결함의 원인이 아니다.

정답 11. ㉯　12. ㉱　13. ㉰　14. ㉰　15. ㉮　16. ㉮　17. ㉮　18. ㉮　19. ㉱　20. ㉮　21. ㉰

22 다음 중 교통사고의 요인 중 착각에 대한 설명으로 틀린 것은?

㉮ 오름 경사는 실제보다 크게, 내림경사는 실제보다 작게 보인다.

㉯ 어두운 곳에서는 가로 폭보다 세로 폭의 길이를 보다 넓은 것으로 판단한다.

㉰ 작은 것은 멀리 있는 것 같이, 덜 밝은 것은 멀리 있는 것으로 느껴진다.

㉱ 비교 대상이 먼 곳에 있을 때는 빠르게 느껴진다.

> **해설** 속도의 착각과 관련하여 좁은 시야에서는 빠르게 느껴지며, 비교 대상이 먼 곳에 있을 때는 느리게 느껴진다.

23 다음 중 운전피로에 의한 운전착오는 주로 어느 시간대에 많이 발생하는가?

㉮ 이른 아침부터 점심 무렵까지

㉯ 점심 이후부터 초저녁 무렵까지

㉰ 저녁 이후 자정 무렵까지

㉱ 심야부터 새벽 무렵까지

> **해설** 운전착오는 심야에서 새벽사이에 많이 발생한다. 각성 수준의 저하, 졸음과 관련된다.

24 다음 중 현가장치의 역할이 아닌 것은?

㉮ 차량의 무게 지탱

㉯ 도로 충격을 흡수

㉰ 운전자와 화물에 유연한 승차감 제공

㉱ 구동력과 제동력을 지면에 전달

> **해설** 타이어와 함께 차량의 중량을 지지하고 구동력과 제동력을 지면에 전달하는 역할을 하는 것은 주행장치인 휠(wheel)의 기능이다.

25 다음 중 고령운전자의 운전태도에 대한 설명으로 올바른 것은?

㉮ 고령자의 운전은 젊은층에 비하여 반사신경이 민감하다.

㉯ 고령자의 운전은 젊은층에 비하여 신중하다.

㉰ 고령자의 운전은 젊은층에 비하여 과속을 한다.

㉱ 고령자의 운전은 젊은층에 비하여 자극에 대한 반응이 빠르다.

> **해설** 고령자 운전의 장점은 다년간의 경험에서 나오는 노련함과 신중함이다.

26 다음 중 교통사고와 밀접한 어린이의 행동 유형이 아닌 것은?

㉮ 도로상에서의 위험한 놀이   ㉯ 승용차 뒷좌석 탑승

㉰ 도로횡단 중의 부주의   ㉱ 도로에 갑자기 뛰어들기

> **해설** 어린이들이 당하기 쉬운 교통사고 유형은 도로에 갑자기 뛰어들기, 도로 횡단 중의 부주의, 도로 상에서의 위험한 놀이, 자전거사고, 차내 안전사고 등이 있다.

27 다음 중 내리막길에서 풋 브레이크만 사용하게 되면 라이닝의 마찰에 의해 제동력이 떨어지므로 어떤 브레이크를 사용하는 것이 안전한가?

㉮ 제이크 브레이크   ㉯ 사이드 브레이크

㉰ 엔진 브레이크   ㉱ 앤티록 브레이크

> **해설** 내리막에서 사용해야 하는 브레이크는 엔진 브레이크이다.

28 다음 중 자동차의 타이어가 갖는 중요한 역할이 아닌 것은?

㉮ 자동차를 움직이는 구동력을 발생시킨다.

㉯ 지면에서 받는 충격을 흡수해 승차감을 좋게 한다.

㉰ 자동차가 달리거나 멈추는 것을 원활하게 한다.

㉱ 차량 내부의 환경을 쾌적하게 한다.

> **해설** 타이어는 차량 내부환경과 무관하다.

29 다음 중 암순응에 대한 설명으로 틀린 것은?

㉮ 일광 또는 조명이 밝은 조건에서 어두운 조건으로 변할 때 사람의 눈이 그 상황에 적응하여 시력을 회복하는 것을 말한다.

㉯ 시력회복이 명순응에 비해 빠르다.

㉰ 상황에 따라 다르지만 대개의 경우 완전한 암순응에는 30분 혹은 그 이상 걸리며 이것은 빛의 강도에 좌우된다.(터널은 5~10초 정도)

㉱ 주간 운전 시 터널에 막 진입하였을 때 더욱 조심스러운 안전운전이 요구되는 이유이기도 하다

> **해설** ㉯의 문장 중에 "빠르다"가 아니고, "비해 매우 느리다"가 옳은 문장이다.

30 다음은 속도와 시야에 대한 설명이다. 잘못된 것은?

㉮ 시야의 범위는 자동차 속도에 반비례하여 좁아진다.

㉯ 정상시력을 가진 운전자가 정지 시 시야범위는 약 180° ~200° 이다.

㉰ 정상시력을 가진 운전자가 매시 40km로 운전 중이라면 그 시야범위는 약 100° 이고, 매시 70km로 운전 중이라면 약 60° 이다.

㉱ 매시 100km로 운전 중이라면 시야범위는 약 40° 이다.

> **해설** ㉰의 문장 중 말미에 "약 60° 이다"는 틀리고, "약 65° 이다"가 옳은 문장이다.

31 다음 중 자동차에 사용하는 현가장치 유형이 아닌 것은?

㉮ 공기 스프링 (Air Spring)

㉯ 코일 스프링 (Coil Spring)

㉰ 판 스프링 (Leaf Spring)

㉱ 휠 실린더 (Wheel Cylinder)

> **해설** 현가장치에는 판 스프링, 코일 스프링, 비틀림 막대 스프링, 공기 스프링, 충격흡수장치 등이 있다.

32 다음은 어린이의 교통행동 특성이다. 틀린 것은?

㉮ 교통상황에 대한 주의력이 부족하고, 판단력이 부족하며, 모방행동이 많다

㉯ 사고방식이 복잡하고, 추상적인 말은 잘 이해하지 못하는 경우가 많다

㉰ 호기심이 많고 모험심이 강하며, 눈에 보이지 않는 것은 없다고 생각한다.

㉱ 자신의 감정을 억제하거나 참아내는 능력이 약하며, 제한된 주의 및 지각능력을 가지고 있다.

> **해설** ㉯의 문장 중에 "사고방식이 복잡하고"가 아니고, "사고방식이 단순하고"가 맞는 문장이다.

정답 22. ㉱ 23. ㉱ 24. ㉱ 25. ㉯ 26. ㉯ 27. ㉰ 28. ㉱ 29. ㉯ 30. ㉰ 31. ㉱ 32. ㉯

33 다음 중 수막현상 형성과 관계가 없는 것은?

㉮ 타이어의 마모 정도   ㉯ 신호기 설치 유무

㉰ 자동차의 속도   ㉱ 도로의 포장상태

> **해설** 수막현상은 자동차의 속도,타이어의 마모 정도,노면의 거칠기 등에 따라 다르게 나타난다. 신호기의 설치유무와는 무관하다.

34 다음 중 자동차를 출발시킬 때 앞 범퍼 부분이 조금 들리는 현상을 무엇이라 하는가?

㉮ 피칭 (Pitching)   ㉯ 노즈 다운(Nose Down)

㉰ 바운싱 (Bouncing)   ㉱ 노즈 업 (Nose Up)

> **해설** 노즈 업(Nose Up)이란 자동차가 출발할 때 구동 바퀴는 이동하려 하지만 차체는 정지하고 있기 때문에 앞 범퍼 부분이 들리는 현상을 말한다. 스쿼트(Squat) 현상이라고도 한다.

35 다음 중 페이드(Fade) 현상에 대한 설명으로 옳은 것은?

㉮ 브레이크액이 기화하여 페달을 밟아도 유압이 전달되지 않아 브레이크가 작용하지 않는 현상이다.

㉯ 브레이크를 반복하여 사용하면 마찰열이 라이닝에 축적되어 브레이크의 제동력이 저하되는 현상이다.

㉰ 비가 자주 오거나 습도가 높은 날, 또는 오랜 시간 주차한 후에 브레이크 드럼에 미세한 녹이 발생하는 현상이다.

㉱ 브레이크 마찰재가 물에 젖어 마찰계수가 작아져 브레이크의 제동력이 저하되는 현상이다.

> **해설** ㉮ : 베이퍼록(Vaper Lock) 현상, ㉰ : 모닝로크(Morning lock) 현상, ㉱ : 워터 페이드 (Water fade) 현상에 대한 설명이다.

36 다음 중 수막(Hydroplaning) 현상을 예방하기 위한 조치로 틀린 것은?

㉮ 공기압을 조금 낮게 한다.

㉯ 마모된 타이어를 사용하지 않는다.

㉰ 고속으로 주행하지 않는다.

㉱ 배수효과가 좋은 타이어를 사용한다.

> **해설** 수막현상은 물이 고인 노면을 고속으로 주행할 때 물의 저항에 의해 노면으로부터 떠올라 물위를 미끄러지듯이 되는 현상으로 공기압을 조금 높게 해야 한다.

37 다음 중 진동과 소리가 날 때 고장이 자주 일어나는 부분의 점검에 대한 설명으로 틀린 것은?

㉮ 주행 전 차체에 이상한 진동이 느껴질 때는 엔진에서의 고장이 주원인이다.

㉯ 클러치를 밟고 있을 때 "달달달" 떨리는 소리와 함께 차체가 떨리고 있다면, 클러치 릴리스 베어링의 고장이다.

㉰ 브레이크 페달을 밟아 차를 세울 때 바퀴에서 나는 "끼익!" 소리는 브레이크 라이닝의 결함에 의한 것이다.

㉱ 험한 노면 위를 달릴 때 "딱각딱각"하는 소리가 나는 것은 코일 스프링의 고장으로 볼수 있다.

> **해설** 비포장도로의 울퉁불퉁하고 험한 노면 위를 달릴 때 "딱각딱각"하는 소리나 "쿵쿵" 하는 소리가 날 때에는 현가장치인 쇼업쇼버의 고장으로 볼 수 있다.

38 다음 중 엔진 과열시 조치방법으로 틀린 것은?

㉮ 팬벨트 이완시 팬벨트의 장력조정

㉯ 냉각수 부족시 냉각수 보충

㉰ 온도 감지센서 이상시 냉각수 온도 감지센서 교환

㉱ 초크 고장시 초크 교환

> **해설** 엔진 온도 과열시에는 원인에 따라 냉각수 보충, 팬벨트의 장력조정, 냉각팬 휴즈 및 배선상태 확인, 팬벨트 교환, 수온조절기 교환, 냉각수 온도 감지센서 교환 등의 조치를 취하여야 한다.

39 다음 중 자동차의 주요 안전장치 중 주행하는 자동차를 감속 또는 정지시킴과 동시에 주차상태를 유지하기 위해 필요한 장치인 것은?

㉮ 주행장치   ㉯ 제동장치

㉰ 현가장치   ㉱ 조향장치

40 다음 중 타이어 마모와 관련된 설명 중에서 틀린 것은?

㉮ 공기압이 규정 압력보다 낮으면 마모가 빨라진다.

㉯ 커브길의 활각이 클수록 타이어의 마모가 많아진다.

㉰ 하중이 커지면 마모량은 작아진다.

㉱ 차의 속도가 빠를수록 타이어의 마모량은 커진다.

> **해설** 공기압이 규정 압력보다 낮고, 차의 속도가 빠를수록. 하중이 클수록. 활각이 클수록 타이어는 빨리 닳는다.

41 다음 중 고속도로에서 고속주행 시 주변의 경관이 흐르는 선처럼 보이는 현상은?

㉮ 플랫타이어 현상   ㉯ 하이드로플래닝 현상

㉰ 유체자극 현상   ㉱ 페이드 현상

> **해설** 주변의 경관이 거의 흐르는 선과 같이 되어 눈을 자극하게 되는 현상을 유체자극 (流體刺戟)이라 한다.

42 다음 중 차량의 무게를 지탱하여 차체가 직접 차축에 얹히지 않도록 해주는 장치인 것은?

㉮ 제동장치   ㉯ 조향장치

㉰ 현가장치   ㉱ 주행장치

43 수막현상을 예방하기 위해서는 다음과 같은 주의가 필요하다. 틀린 것은?

㉮ 고속으로 주행하지 않는다.

㉯ 마모된 타이어를 사용하지 않는다.

㉰ 타이어 공기압을 조금 낮게 한다.

㉱ 배수효과가 좋은 타이어를 사용한다.

> **해설** ㉰의 문장 중에 "조금 낮게 한다."는 틀리고, "조금 높게 한다."가 옳은 말이다.

44 다음 중 도로구조에 속하지 않는 것은?

㉮ 노면표시   ㉯ 도로의 노면

㉰ 차로수   ㉱ 노폭

> **해설** 신호기, 노면표시, 방호책 등은 안전시설에 해당되며, 도로 구조는 도로의 노면, 차로수, 노폭, 구배 등이 포함된다.

정답   33. ㉯   34. ㉱   35. ㉯   36. ㉮   37. ㉱   38. ㉱   39. ㉯   40. ㉰   41. ㉰   42. ㉰   43. ㉰   44. ㉮

45 다음 중 차량점검 시 주의사항에 대한 설명으로 틀린 것은?

㉮ 운행 전 점검을 실시한다.
㉯ 운행 중에 조향핸들의 높이와 각도를 적절히 조정한다.
㉰ 적색 경고등이 들어온 상태에서는 절대로 운행하지 않는다.
㉱ 주차할 때에는 항상 주차브레이크를 사용한다.

> **해설** 운행 전 조향핸들의 높이와 각도를 조절하여 운행 중에는 조정하지 않아야 한다.

46 다음 중 차량점검 및 주의사항으로 잘못된 것은?

㉮ 운행 전에 조향핸들의 높이와 각도가 맞게 조정되어 있는지 점검한다.
㉯ 주차브레이크를 작동시키지 않은상태에서 절대로 운전석에서 떠나지 않는다.
㉰ 주차시에는 항상 주차 브레이크를 사용한다.
㉱ 트랙터 차량의 경우 트레일러 브레이크만을 사용하여 주차한다.

> **해설** 트랙터 차량의 경우 트레일러 주차 브레이크는 일시적으로만 사용하고 트레일러 브레이크만을 사용하여 주차하지 않는다.

47 다음 중 정차 중 엔진의 시동이 꺼지고, 재시동이 불가능한 상황인 경우의 점검 방법으로 틀린 것은?

㉮ 연료 파이프 누유 및 공기 유입 상태를 확인한다.
㉯ 연료 탱크 내에 이물질이 혼입되어 있는 지를 확인한다.
㉰ 엔진오일 및 필터 상태를 점검한다.
㉱ 워터 세퍼레이터에 공기가 유입되어있는지를 확인한다.

> **해설** 보기 중 ㉰항은 엔진출력이 감소되며 매연(흑색)이 과다발생 될 때의 점검 방법 중 하나이다.

48 다음 중 운전자가 위험을 인지하고 자동차를 정지하려고 시작하는 순간부터 자동차가 완전히 정지할 때까지 진행된 거리를 무엇이라 하는가?

㉮ 공주거리   ㉯ 정지거리
㉰ 작동거리   ㉱ 제동거리

> **해설** 운전자가 위험을 인지하고 자동차를 정지시키려고 시작하는 순간부터 자동차가 완전히 정지할 때까지의 시간을 정지시간이라고 하며, 이 시간 동안 진행한 거리를 정지거리라고 한다.

49 다음은 타이어 마모에 영향을 주는 요소에 대한 설명이다. 아닌 것은?

㉮ 공기압, 하중   ㉯ 속도, 커브
㉰ 브레이크, 노면   ㉱ 운전 방법

50 운전자가 위험을 인지하고 자동차를 정지시키려고 시작하는 순간부터 자동차가 완전히 정지할 때까지의 시간과 이때까지 자동차가 진행한 거리의 각각의 용어와 명칭은?

㉮ 정지시간-정지거리   ㉯ 공주시간-공주거리
㉰ 제동시간-제동거리   ㉱ 정지시간-제동거리

> **해설** 정지거리 = 공주거리 + 제동거리를 합한 거리, 정지시간 = 공주시간 + 제동시간을 합한 시간을 말한다.

51 다음 중 엔진에서 쇠가 부딪치는 듯한 금속성 이음이 발생되는 결함은?

㉮ 브레이크 라이닝의 심한 마모
㉯ 앞바퀴 정렬 이상
㉰ 브레이크 페달 이상
㉱ 밸브 간극 이상

> **해설** 엔진의 이음은 회전수에 비례하여 발생하며 '따다다다다다' 소리가 나게 된다. 이러한 현상은 밸브 간극의 이상이 있어 발생하고 간극을 적절히 조절하면 사라진다.

52 다음 중 자동차 고장유형별 점검방법으로 연결이 올바른 것은?

㉮ 매연 과다 발생 - 클러치 스위치 점검
㉯ 엔진오일 과다소모 - 타이어 공기압 점검
㉰ 엔진온도 과열 - 냉각수 및 엔진오일 양 점검
㉱ 엔진 시동 불량 - 엔진 피스톤링 점검

> **해설**
> · 엔진오일 과다소모 : 엔진 피스톤링을 교환하거나 실린더라이너를 교환
> · 매연 과다 발생 : 에어클리너 오염 확인 후 청소하거나 덕트 내부를 확인하고, 밸브 간극을 조정
> · 엔진 시동 불량 : 플라이밍 펌프를 점검

53 다음 중 엔진 시동 꺼짐 현상에 대한 점검방법이 아닌 것은?

㉮ 연료파이프 누출 및 공기유입 확인
㉯ 엔진오일 및 필터 상태 점검
㉰ 연료량 확인
㉱ 연료 탱크 내 이물질 혼입 여부 확인

> **해설** 엔진오일 및 필터 상태 점검은 엔진 매연 과다 발생 시 점검방법이다.

54 다음 중 엔진 매연 과다 발생현상에 대한 점검사항이 아닌 것은?

㉮ 에어 클리너 오염상태 및 덕트 내부상태 확인
㉯ 엔진오일 및 필터 상태 점검
㉰ 연료파이프 누유 및 공기유입 확인
㉱ 연료의 질 분석 및 흡·배기 밸브 간극 점검

> **해설** 연료파이프 누유 및 공기유입 확인은 엔진 시동 꺼짐 현상에 대한 점검사항이다.

55 다음은 방어운전의 기본사항이다. 아닌 것은?

㉮ 능숙한 운전 기술, 정확한 운전지식
㉯ 예측능력과 판단력, 세심한 관찰력
㉰ 양보와 배려의 실천, 교통상황 정보수집
㉱ 반성의 자세, 무리한 운행 실행

56 다음 중 중앙분리대의 주된 기능으로 맞지 않는 것은?

㉮ 필요에 따라 유턴(U-Turn) 방지
㉯ 상하 차도의 교통 분리
㉰ 추돌사고의 방지
㉱ 충돌차량의 속도를 줄여주는 기능

> **해설** 추돌사고는 앞차의 후미를 뒤차가 충격하는 것을 말한다. 중앙분리대는 충돌사고를 방지하는데 효과적이다.

정답 45. ㉯ 46. ㉱ 47. ㉰ 48. ㉯ 49. ㉱ 50. ㉮ 51. ㉱ 52. ㉰ 53. ㉯ 54. ㉰ 55. ㉱ 56. ㉰

57 다음 중 길어깨에 대한 설명으로 가장 거리가 먼 것은?

㉮ 차도와 길어깨를 구획하는 노면표시는 교통사고를 증가시킨다.

㉯ 일반적으로 길어깨의 폭이 넓을수록 교통사고 예방효과가 커진다.

㉰ 길어깨가 토사나 자갈 또는 잔디로 된 것보다 포장된 노면이 더 안전하다.

㉱ 길어깨는 고장차량을 주행차로 밖으로 이동 또는 대피시키는 장소로 유용하게 이용된다.

> **해설** 일반적으로 차도와 길어깨를 구획하는 노면표시를 하면 교통사고는 감소한다.

58 다음 중 중앙분리대와 교통사고에 대한 설명으로 틀린 것은?

㉮ 방호울타리형 중앙분리대는 중앙분리대 내에 충분한 설치 폭의 확보가 어려운 곳에서 차량의 대향차로로의 이탈을 방지하는 곳에 비중을 두고 설치하는 형이다.

㉯ 분리대의 폭이 넓을수록 분리대를 넘어가는 횡단사고가 적고 또 전체사고에 대한 정면충돌사고의 비율도 낮다.

㉰ 연석형 중앙분리대는 차량과 충돌 시 차량을 본래의 주행방향으로 복원해주는 기능이 다른 형태에 비해 상당히 크다.

㉱ 중앙분리대로 설치된 방호울타리는 사고를 방지한다기보다는 사고의 유형을 변환시켜주기 때문에 효과적이다.

> **해설** 연석형 중앙분리대는 좌회전 차로의 제공이나 향후 차로 확장에 쓰일 공간 확보, 연석의 중앙에 잔디나 수목을 심어 녹지공간 제공, 운전자의 심리적 안정감에 기여하지만 차량과 충돌 시 차량을 본래의 주행방향으로 복원해주는 기능이 미약하다.

59 다음은 시가지 외 도로운행 시 안전운전에 대한 설명이다. 잘못된 것은?

㉮ 자기 능력에 부합된 속도로 주행한다.

㉯ 좁은 길에서 마주 오는 차가 있을 때에는 신속히 교행 한다.

㉰ 철길 건널목이나 커브에서는 특히 주의하여 주행한다.

㉱ 원심력을 가볍게 생각하지 않는다.

> **해설** ㉮, ㉰, ㉱ 항, 외에 "맹목적으로 주행하는 차에게는 진로를 양보한다."가 있다.

60 다음 중 황색신호 시 사고유형으로 틀린 것은?

㉮ 교차로 상에서 전신호 차량과 후신호 차량의 충돌

㉯ 횡단보도 전 앞차 정지 시 뒤차 충돌

㉰ 횡단보도 통과 시 보행자, 자전거 또는 이륜차 충돌

㉱ 유턴 차량과의 충돌

> **해설** ㉯의 문장 중에 "뒤차 충돌"이 아니라 "앞차 추돌"이 맞는 말이다.

61 다음 중 서로 반대방향으로 주행 중인 자동차 간의 정면충돌사고를 예방하기 위한 방법으로 가장 효과적인 것은?

㉮ 중앙분리대 설치 　　㉯ 길어깨 확장

㉰ 차로폭 확장 　　㉱ 감속표지판 설치

> **해설** 정면충돌사고를 예방하기 위한 가장 효과적인 방법은 중앙분리대를 설치하는 것이다.

62 다음 중 교량과 교통사고의 관계에 대한 설명으로 틀린 것은?

㉮ 교량 접근로 폭과 교량 폭이 같을 때 교통사고율이 가장 낮다.

㉯ 교량 접근로 폭과 교량 폭 간의 차이는 교통사고위험에 영향을 미치지 않는다.

㉰ 교량 접근로 폭에 비하여 교량 폭이 좁을수록 교통사고위험이 더 높다.

㉱ 교량 접근로 폭과 교량 폭이 달라도 효과적인 교통통제시설 설치로 사고를 줄일 수 있다.

> **해설** 교량의 접근로 폭과 교량 폭의 차이는 교통사고와 밀접한 관계에 있다.

63 다음 중 방어운전의 요령으로 가장 적절한 것은?

㉮ 뒤에서 다른 차가 접근해 올 경우에는 빠르게 가속하여 뒤차와의 거리를 멀리한다.

㉯ 대형차를 뒤따를 때는 신속히 앞지르기를 하여 대형차 앞으로 이동한다.

㉰ 차량이 많을 때는 속도를 가속하여 다른 차들을 앞서야 한다.

㉱ 다른 차량이 끼어들 우려가 있는 경우에는 다른 차량과 거리를 두고 주행하도록 한다.

> **해설** 차량이 많을 때에는 속도를 유지하면서 다른 차들과 적정 간격을 유지하여야 한다.
> · 대형차를 뒤따를 때는 급정거, 낙하물 충격 등의 우려가 있으므로 충분한 안전거리를 확보하면서 주행한다.
> · 뒤에서 다른 차가 접근해 올 경우에는 저속주행 차로로 변경하여 양보하거나, 일정속도를 유지 하여 앞지르기 할 수 있도록 배려한다. 바짝 뒤따라 올 때에는 가볍게 브레이크 페달을 밟아 제동 등을 켜서 경고해준다.

64 다음 중 방어운전을 위하여 운전자가 갖추어야 할 기본사항이 아닌 것은?

㉮ 세심한 관찰력

㉯ 자기중심 운전태도

㉰ 정확한 운전지식

㉱ 능숙한 운전기술

> **해설** 방어운전을 위해 능숙한 운전기술, 정확한 운전지식, 세심한 관찰력, 예측능력과 판단력, 양보와 배려의 실천, 교통상황 정보수집, 반성의 자세. 무리한 운행 배제 등이 필요하다.

65 다음 중 길어깨와 교통사고에 대한 설명으로 틀린 것은?

㉮ 길어깨는 포장된 것보다 토사나 자갈 또는 잔디로 된 도로가 조금 더 안전하다.

㉯ 길어깨가 넓으면 차량의 이동 공간이 넓고, 시계가 넓으며, 고장난 차를 주행차로 밖으로 이동시킬 수 있기 때문에 안정성이 큰 것은 확실하다.

㉰ 교통량이 많고 사고율이 높은 구간의 차선을 넓히면 사고율이 감소한다.

㉱ 차도와 길어깨를 구획하는 노면표시를 하면 사고가 감소한다.

> **해설** 길어깨가 토사나 자갈 또는 잔디보다는 포장된 노면이 더 안전하며, 포장이 되어 있지 않을 경우에는 건조하고 유지관리가 용이할수록 안전하다.

정답 57. ㉮　58. ㉰　59. ㉯　60. ㉯　61. ㉮　62. ㉯　63. ㉱　64. ㉯　65. ㉮

66 다음 중 중앙분리대로 설치된 방호울타리의 성질로 가장 거리가 먼 것은?

㉮ 차량 횡단 방지 ㉯ 차량 속도 감속
㉰ 도로 이탈 방지 ㉱ 차량 사고 방지

> **해설** 중앙분리대로 설치된 방호울타리는 사고를 방지한다기보다는 사고의 유형을 변환시켜주기 때문에 효과적(정면충돌사고를 차량 단독사고로 변환)이다.

67 다음 중 운전상황별 방어 운전 요령으로 적절치 않은 것은?

㉮ 출발할 때는 차의 전, 후, 좌, 우는 물론 차의 밑과 위까지 안전을 확인한다.
㉯ 주행 시 교통량이 많은 곳에서는 속도를 줄여서 주행한다.
㉰ 교통량이 많은 도로에서는 가급적 앞차와 최대한 밀착하여 교통 흐름을 원활하게 한다.
㉱ 앞지르기는 추월이 허용된 지역에서만 안전 확인 후 시행한다.

> **해설** 앞차에 너무 밀착하여 주행하지 않도록 하는 것이 방어운전 요령이다.

68 다음 중 운행 시 속도조절에 대한 설명으로 틀린 것은?

㉮ 교통량이 많은 곳에서는 속도를 줄여서 주행한다.
㉯ 해질 무렵, 터널 등 조명조건이 나쁠 때에는 속도를 줄여서 주행한다.
㉰ 노면상태가 나쁜 도로에서는 속도를 줄여서 주행한다.
㉱ 곡선반경이 큰 도로에서는 속도를 줄인다.

> **해설** 곡선반경이 작은 도로에서 속도를 줄여야 한다.

69 다음 중 차로폭이 좁은 경우 안전운전 방법으로 적절한 것은?

㉮ 감속운행을 한다. ㉯ 중립주행을 한다.
㉰ 기어를 뺀다. ㉱ 속도를 낸다.

> **해설** 차로폭이 좁은 경우는 보행자, 노약자, 어린이 등에 주의하여 즉시 정지할 수 있는 안전한 속도로 감속운행하여야 한다.

70 다음 중 야간 안전운전요령에 대한 설명으로 틀린 것은?

㉮ 자동차가 교행할 때는 전조등을 하향 조정한다.
㉯ 차의 실내는 가급적 밝은 상태로 유지한다.
㉰ 해가 저물면 곧바로 전조등을 점등한다.
㉱ 주간에 비하여 속도를 낮추어 주행한다.

> **해설** 실내를 불필요하게 밝게 하지 말아야 한다.

71 다음 중 교통의 3대 요소인 사람, 자동차, 도로환경 등 모든 조건이 다른 계절에 비하여 열악한 계절은?

㉮ 봄 ㉯ 여름
㉰ 가을 ㉱ 겨울

> **해설** 겨울철은 교통의 3대 요소인 사람, 자동차 도로환경 등 모든 조건이 다른 계절에 비하여 열악한 계절로 특히, 겨울철의 안개, 눈길, 빙판길, 바람과 추위는 운전에 악영향을 미치는 기상특성이다.

72 다음 중 오르막길에서의 안전운전 및 방어운전 요령으로 잘못된 것은?

㉮ 정차 시에는 풋 브레이크와 핸드 브레이크를 동시에 사용한다.
㉯ 출발 시에는 핸드 브레이크를 사용하는 것이 안전하다.
㉰ 오르막길에서 앞지르기 할 때는 고단 기어를 사용하는 것이 안전하다.
㉱ 내려오는 차와 교행시 내려오는 차에 통행 우선권을 준다.

> **해설** 오르막길에서 앞지르기 할 때는 힘과 가속력이 좋은 저단 기어를 사용하는 것이 안전하다.

73 다음 중 야간 운행시 안전운전 요령으로 적절치 않은 것은?

㉮ 해가 저물면 곧바로 전조등을 점등한다.
㉯ 보행자의 확인에 더욱 세심한 주의를 기울인다.
㉰ 전조등이 비치는 곳 보다 앞쪽까지 살펴야 한다.
㉱ 자동차가 교행할 때는 조명장치를 상향 조정한다.

> **해설** 자동차가 교행할 때에는 마주 오는 차의 운전자의 운전에 방해가 되지 않도록 조명장치를 하향 조정해야 한다.

74 다음 중 위험물을 운송할 때 주의사항으로 옳지 않은 것은?

㉮ 위험물을 이송하고 만차로 육교 밑을 통과할 경우 적재차량보다 차의 높이가 낮게 되므로 예전에 통과한 장소라면 주의할 필요 없이 통과한다.
㉯ 육교 등의 아래 부분에 접촉할 우려가 있는 경우에는 다른 길로 우회하여 운행한다.
㉰ 육교 밑을 통과할 때에는 높이에 주의하여 서서히 운행하여야 한다.
㉱ 터널에 진입하는 경우는 전방에 이상사태가 발생하지 않았는지 표시등을 확인하면서 진입하여야 한다.

> **해설** 예전에 통과한 장소라도 육교 밑을 통과할 때에는 늘 높이에 주의하여 서서히 운행하여야 한다.

75 다음은 커브길의 교통사고 위험이다. 잘못된 것은?

㉮ 도로외 이탈의 위험이 뒤따른다.
㉯ 자기 능력에 부합된 속도로 주행한다.
㉰ 중앙선을 침범하여 대향차와 충돌할 위험이 있다.
㉱ 시야불량으로 인한 사고의 위험이 있다.

> **해설** "자기 능력에 부합된 속도로 주행한다."는 시가지 외 도로 운행 시 안전운전을 말함.

76 다음 중 봄철 자동차 관리 사항으로 틀린 것은?

㉮ 월동장비 정리 ㉯ 엔진오일 점검
㉰ 배선상태 점검 ㉱ 부동액 점검

> **해설** 월동장비 점검, 부동액 점검, 정온기 상태 점검은 겨울철 자동차 관리 사항에 해당된다.

77 다음 중 여름철 자동차 관리 사항으로 틀린 것은?

㉮ 냉각장치 점검 ㉯ 서리 제거용 열선 점검
㉰ 타이어 마모 상태 점검 ㉱ 와이퍼의 작동 상태 점검

> **해설** 세차 및 차체 점검, 서리제거용 열선 점검 등은 가을철 자동차 관리 사항에 해당된다.

정답 66. ㉱ 67. ㉰ 68. ㉱ 69. ㉮ 70. ㉯ 71. ㉱ 72. ㉰ 73. ㉱ 74. ㉮ 75. ㉯ 76. ㉱ 77. ㉯

78 다음 중 위험물 수송 탱크로리의 안전운전에 대한 설명으로 틀린 것은?

㉮ 터널을 통과하는 경우 전방 이상사태 발생유무를 확인하면서 진입한다.

㉯ 도로교통 관련법규, 위험물취급 관련법규 등을 철저히 준수하여 운행한다.

㉰ 부득이하게 소속회사가 정한 운행경로를 변경하는 때에는 사전에 연락한다.

㉱ 적재차량은 빈 차보다 차량 높이가 높아지므로 위쪽이 부딪히지 않게 주의한다.

> **해설** 적재차량은 화물의 무게로 인해 차체가 무거워지게 되므로 빈 차량보다 높이가 낮아지게 된다.

79 다음 중 위험물(가스) 수송차량의 운전자가 주의할 사항으로 옳지 않은 것은?

㉮ 운송 중은 물론 정차 시에도 허용된 장소 이외에서는 흡연이나 그 밖의 화기를 사용하지 않는다.

㉯ 운행 및 주차 시의 안전조치와 재해발생 시에 취해야 할 조치를 숙지한다.

㉰ 가스탱크 수리는 주변과 차단된 밀폐된 공간에서 한다.

㉱ 지정된 장소가 아닌 곳에서는 탱크로리 상호 간에 취급물품을 입·출하시키지 말아야 한다.

> **해설** 수리를 할 때에는 통풍이 양호한 장소에서 실시하여야 한다..

80 다음 중 차량에 고정된 탱크를 안전하게 운행하기 위해 운행 전 점검 사항으로 거리가 먼 것은?

㉮ 밸브류가 확실히 닫혀 있는지 확인한다.

㉯ 호스 접속구의 캡이 부착되어 있는지 확인한다·

㉰ 동력전달장치 접속부의 이완 여부를 확인한다.

㉱ 위험물취급 교육이수증 소지 여부를 확인한다.

> **해설** 위험물취급 교육이수증은 점검사항이 아니다.

81 다음 중 고압가스 충전용기를 적재한 차량의 주·정차 시 준수할 사항으로 옳지 않은 것은?

㉮ 가능한 한 평탄한 곳에 주차시킬 것

㉯ 엔진 정지 후 사이드 브레이크를 작동시키고 차바퀴를 고정목으로 고정시킬 것

㉰ 주택 및 상가 등이 밀집된 지역에 주차할 것

㉱ 교통량이 적은 안전한 장소에 주차시킬 것

> **해설** 만일의 사태에 대비하여 고압가스 충전용기를 적재한 차량은 주택 및 상가 밀집지역에 주차하여서는 안 된다.

82 다음 중 고속도로 주행 중 차량이 고장 났을 때의 조치방법으로 올바른 것은?

㉮ 운전석에 그대로 앉아서 구호차량이 올 때까지 기다린다.

㉯ 야간에는 비상등을 켜고 고장차량으로부터 500미터 이상 뒤쪽에 고장차량 표지를 설치한다.

㉰ 후속사고를 방지하기 위하여 차량 바로 뒤에서 수신호를 한다.

㉱ 주간에는 비상등을 켜고 고장차량으로부터 100미터 이상 뒤쪽에 고장차량 표지를 설치한다.

> **해설** 고속도로 주행 중에 차량이 고장 났을 때에는 다른 차의 주행에 방해가 되지 않도록 가급적 갓길 등으로 이동하고, 만일 움직일 수 없을 때에는 비상등을 켜고, 주간에는 고장차량으로부터 100m 이상, 야간에는 200m 이상 뒤쪽에 고장차량 표지를 설치하여 후속사고를 방지하도록 한다.

83 다음 중 위험물의 적재방법으로 잘못된 것은?

㉮ 위험물 적재 시 수납구를 아래로 향하게 적재한다.

㉯ 운반 도중 그 위험물 또는 수납한 운반용기가 떨어지거나 그 용기의 포장이 파손되지 않도록 적재한다.

㉰ 운반용기와 포장 외부에는 위험물의 품목, 화학명 및 수량을 표시한다.

㉱ 직사광선 및 빗물 등의 침투를 방지 할 수 있는 유효한 덮개를 설치한다.

> **해설** 위험물 적재 시 수납구를 위로 향하게 적재하며, 혼재 금지된 위험물의 혼합적재를 금지하여야 한다.

84 다음 중 위험물 운송과 관련하여 위험물의 종류로 볼 수 없는 것은?

㉮ 고압가스 ㉯ 석유류
㉰ 산업 폐기물 ㉱ 방사성 물질

> **해설** 위험물의 정의는 발화성, 인화성, 또는 폭발성의 물질이며 그 종류에는 고압가스, 화약, 석유류, 독극물 방사성 물질 등이 있다.

85 독성가스를 차량에 적재하고 운반하는 때에 해당 차량에 재해발생 방지를 위한 응급조치에 필요한 물품을 휴대해야 한다. 아닌 것은?

㉮ 소독제, 소독약품

㉯ 방독면, 보호구

㉰ 고무장갑과 장화

㉱ 자재, 제독제, 공구 등

제 4 편

운송서비스

◖ 출제예상문제 ◗

1 고객만족 및 고객서비스

1. 고객만족

(1) 고객만족의 개념과 거래

① 고객이 무엇을 원하고 있으며 무엇이 불만인지 알아내어 고객의 기대에 부응하는 좋은 제품과 양질의 서비스를 제공함으로써 고객으로 하여금 만족감을 느끼게 하는 것

② 고객이 거래를 중단하는 이유 = 친절이 중요한 이유

항목	비율
가격이나 기타	9%
경쟁사의 회유	9%
제품에 대한 불만	14%
종업원의 불친절	60%

(2) 서비스 품질을 평가하는 고객의 기준

① 신뢰성
② 신속한 대응
③ 정확성
④ 편의성
⑤ 태도
⑥ 커뮤니케이션(Communication)
⑦ 신용도
⑧ 안전성
⑨ 고객의 이해도
⑩ 환경

(3) 고객만족을 위한 서비스 품질의 분류

요인	내용
상품품질	고객의 필요와 욕구 등을 정확하게 파악하여 상품에 반영(하드웨어 품질)
영업품질	고객에게 상품과 서비스를 제공하기까지의 모든 영업활동으로 고객만족도 향상에 기여(소프트웨어 품질)
서비스 품질	고객으로부터 신뢰를 획득하기 위한품질(휴면웨어 품질)

(4) 고객의 욕구

① 기억되기를 바란다.
② 편안해지고 싶어한다.
③ 환영받고 싶어한다.
④ 칭찬받고 싶어한다.
⑤ 관심을 가져 주기를 바란다.
⑥ 중요한 사람으로 인식되기를 바란다.
⑦ 기대와 욕구를 수용하여 주기를 바란다.

2. 고객 서비스

(1) 서비스의 정의

① 서비스도 제품과 마찬가지로 하나의 상품이다.

② 서비스는 품질의 만족을 위하여 고객에게 계속적으로 제공하는 모든 활동을 의미한다.

(2) 고객 서비스의 형태

① **무형성** : 보이지 않음

② **동시성** : 생산과 소비가 동시에 발생

③ **인간주체(이질성)** : 사람에 의존

④ **소멸성** : 즉시 사라짐

⑤ **무소유권** : 가질 수 없음

2 고객만족 행동예절

1. 인사와 악수

(1) 올바른 인사방법

① 머리와 상체를 숙인다(가벼운 인사 : 15도, 보통 인사 : 30도, 정중한 인사 : 45도)

② 머리와 상체를 직선으로 하여 상대방의 발끝이 볼일 때까지 천천히 숙인다.

③ 인사하는 지점의 상대방과의 거리는 약 2m 내외가 적당하다.

④ 손을 주머니에 넣거나 의자에 앉아서 하는 일이 없도록 한다.

⑤ 항상 밝고 명랑한 표정의 미소를 짓는다.

⑥ 턱을 지나치게 내밀지 않도록 한다.

(2) 올바른 악수방법

① 상대와 적당한 거리에서 반드시 오른손을 내밀어 손을 잡는다.

② 손이 더러울 땐 양해를 구하여야 하며, 상대의 눈을 바라보며 웃는 얼굴로 악수한다.

③ 허리는 건방지지 않을 만큼 자연스레 편다(상대방에 따라 10~15도 정도 굽히는 것도 좋다).

④ 계속 손을 잡은 채로 말하지 않아야 하며, 왼손은 자연스럽게 바지 옆선에 붙이거나 오른손 팔꿈치를 받쳐준다.

2. 표정관리와 언어예절

(1) 표정관리 및 시선

① 자연스럽고 부드러운 시선으로 상대를 본다.
② 눈동자는 항상 중앙에 위치하도록 한다.
③ 가급적 고객의 눈높이와 맞춘다.

(2) 언어예절

① 독선적, 독단적, 경솔한 언행을 삼간다.

② 매사에 침묵으로 일관하지 않는다.

③ 불가피한 경우를 제외하고 논쟁을 피한다.

④ 농담을 조심스럽게 한다.

⑤ 남이 이야기하는 도중에 분별없이 차단하지 않는다.

⑥ 엉뚱한 곳을 보고 말을 듣고 말하는 버릇은 고친다.

⑦ 일부분을 보고 전체를 속단하여 말하지 않는다.

⑧ 도전적 언사는 가급적 자제한다.

⑨ 상대방의 약점을 지적하는 것을 피한다.

3. 흡연예절

(1) 흡연을 삼가야 할 곳(혼잡한 식당 등 공공장소도 포함)

① 보행 중

② 운전 중 차 내에서

③ 재떨이가 없는 응접실

④ 회의장

⑤ 사무실 내에서 다른 사람이 담배를 안 피울 때 등

(2) 담배꽁초의 처리방법

① 담배꽁초는 반드시 재떨이에 버린다.

② 꽁초를 손가락으로 튕겨 버리거나, 차창 밖으로 버리지 않는다.

③ 화장실 변기에 버리지 않으며, 바닥에 버린 후 발로 부비지 않는다.

4. 음주예절

(1) 고객이나 상사 앞에서 취중의 실수는 영원한 오점을 남긴다.

(2) 상사에 대한 험담을 삼간다. 또한 과음 시 지식을 장황하게 말을 안 한다.

(3) 경영방법이나 특정한 인물에 대한 비판을 하지 않는다.

(4) 상사와 합석한 술좌석은 근무의 연장이라 생각하고 예의바른 모습을 보여주어 더 큰 신뢰를 얻도록 한다. (술좌석에서 자기자랑엄금)

3 운전예절

1. 운수종사자의 예절

(1) 화물운전자의 서비스 확립자세

① 화물운송의 기초로서 도착지의 주소가 명확한지 재확인하고 연락전화번호 기록을 유지할 것

② 현지에서 화물의 파손위험 여부 등 사전 점검 후 최선의 안전수송을 하여 도착지의 화주에 인수인계하며, 특히 컨테이너 내품의 경우는 외부에서 보이지 않으므로 인수인계시 철저한 화물관리가 요구된다.

③ 화물운송시 안전도에 대한 점검을 위하여 중간지점(휴게소)에서 화물점검과 결속 풀림 상태, 차량점검 등을 반드시 수행할 것

④ 화주가 요구하는 최종지점까지 배달하고 특히, 택배차량은 신속하고 편리함을 추구하여 자택까지 수송할 것

(2) 운전자의 용모 및 복장의 기본원칙

① 깨끗하게

② 단정하게

③ 품위 있게

④ 규정에 맞게

⑤ 통일감 있게

⑥ 계절에 맞게

⑦ 편한 신발을 신되 샌들이나 슬리퍼는 삼가 한다.

2. 운전자의 기본적 주의사항

(1) 운행 전 준비

① 용모 및 복장 확인할 것(단정하게)

② 세차를 하고 화물의 외부 덮게 및 결박상태를 철저히 확인한 후 운행 할 것

③ 일상점검을 철저히 하고 이상 발견 시에는 정비 관리자에게 즉시 보고하여 조치 받은 후 운행할 것

④ 배차사항 및 지시, 전달사항을 확인하고 적재물의 특성을 확인하여 특별한 안전조치가 요구되는 화물에 대하여는 사전 안전장구 장치 및 휴대 후 운행할 것

(2) 운행상 주의

① 내리막길에서 풋 브레이크의 장시간 사용을 삼가고, 엔진 브레이크 등을 적절히 사용하여 안전 운행한다.

② 후진 시에는 유도요원을 배치, 신호에 따라 안전하게 후진한다.

③ 노면의 적설, 빙판 시 즉시 체인을 장착 후 안전 운행한다.

④ 후속차량이 추월하고자 할 때에는 감속 등 양보 운전한다.

(3) 교통사고 발생 시 조치

① 교통사고를 발생시켰을 때는 법이 정하는 현장에서의 인명구호, 관할 경찰서에 신고 등의 의무를 성실히 수행한다.

② 어떠한 사고라도 임의처리는 불가하며 사고발생 경위를 육하원칙에 의거 거짓 없이 정확하게 회사에 즉시 보고한다.

③ 사고로 인한 행정, 형사처분(처벌) 접수 시 임의처리가 불가하며 회사의 지시에 따라 처리한다.

④ 형사합의 등과 같이 운전자 개인의 자격으로 합의 보상 이외 회사의 어떠한 경우라도 회사손실과 직결되는 보상업무는 일반적으로 수행불가하다.

⑤ 회사소속 차량 사고를 유·무선으로 통보 받거나 발견즉시 가장 가까운 점소에 기착 또는 유·무선으로 육하원칙에 의거 즉시 보고한다.

3. 운전자의 직업관

(1) 직업의 4가지 의미

① **경제적 의미** : 일터, 일자리, 경제적 가치를 창출하는 곳

② **정신적 의미** : 직업의 사명감과 소명의식을 갖고 정성과 정열을 쏟을 수 있는 곳

③ **사회적 의미** : 자기가 맡은 역할을 수행하는 능력을 인정받는 곳

④ **철학적 의미** : 일한다는 인간의 기본적인 리듬을 갖는 곳

⑶ **직업의 3가지 태도**
  ① 애정
  ② 긍지
  ③ 충성(열정)

4. 고객응대 예절

⑴ 집하 시 행동요령

  ① 인사와 함께 밝은 표정으로 정중히 두 손으로 화물을 수령한다.
  ② 책임배달 구역을 정확히 인지하여 24시간, 48시간, 배달 불가 지역에 대한 배달점소의 사정을 고려하여 집하한다.
  ③ 2개 이상의 화물은 반드시 분리 집하한다(결박화물 집하 금지).
  ④ 취급제한 물품은 그 취지를 알리고 정중히 집하를 거절한다.
  ⑤ 송하인용 운송장을 절취하여 고객에게 두 손으로 전달한다.
  ⑥ 운송장 및 보조송장 도착지란에 시, 구, 동, 군, 면 등을 정확하게 기재하여 터미널 오분류를 방지한다.

⑵ 배달 시 행동 요령

  ① 배달은 서비스의 완성이라는 자세로 일을 처리한다.
  ② 긴급배송을 요하는 화물은 우선 처리하고, 모든 화물은 반드시 기일 내에 배송한다.
  ③ 수하인 주소가 불명확한 경우에는 사전에 정확한 위치를 확인한 후 출발한다.
  ④ 고객이 부재 시에는 "부재중 방문표"를 반드시 이용한다.
  ⑤ 인수증 서명은 반드시 정자로 실명 기재한 후 수령한다.

⑶ 고객 상담시의 대처요령

  ① 고객의 불만, 불편사항이 더 이상 확대되지 않도록 예방한다.
  ② 고객 불만을 해결하기 어려운 경우 적당히 답변하지 말고 관련 부서와 협의 후에 답변한다.
  ③ 책임감을 갖고 전화를 받는 사람의 이름을 밝혀 고객을 안심시킨 후 확인 연락을 할 것을 약속한다.
  ④ 불만전화 접수 후 우선적으로 빠른 시간 내에 확인하여 고객에게 전달한다.

제4편 운송서비스

제2장. 물류의 이해

1 물류의 개념과 공급망 관리

1. 물류의 개념

(1) "로지스틱스(Logistics. 물류)"란?

소비자의 요구에 부응할 목적으로 생산지에서 소비자까지 원자재, 중간재, 완성품 그리고 관련 정보의 이동(운송) 및 보관에 소요되는 비용을 최소화하고 효율적으로 수행하기 위하여 이들을 계획, 수행, 통제하는 과정이다.

(2) 물류 정책기본법에서의 "물류"란?

재화가 공급자로부터 조달·생산되어 수요자에게 전달되거나 소비자로부터 회수되어 폐기될 때까지 이루어지는 운송 보관 하역 등과 이에 부가되어 가치를 창출하는 가공·조립·분류·수리·포장·상표부착·판매·정보통신 등을 말한다.

2. 물류와 공급망 관리

시기	단계	내용
1970년대	경영정보 시스템 (MIS)	기업경영에서 의사결정의 유효성을 높이기 위해 경영 내외의 관련 정보를 필요에 따라 즉각적으로 그리고 대량으로 수집, 전달, 처리, 저장 이용할 수 있도록 편성한 인간과 컴퓨터와의 결합시스템
1980~ 1990년대	전사적자원관리(ERP)	기업경영을 위해 사용되는 기업 내의 모든 인적, 물적 자원을 효율적으로 관리하여 궁극적으로 기업의 경쟁력을 강화시켜 주는 역할을 하는 통합정보시스템
1990년대 중반 이후	공급망 관리 (SCM)	인터넷 유통시대의 디지털기술을 활용하여 공급자, 유통채널, 소매업자, 고객 등과 관련된 물자 및 정보흐름을 신속하고 효율적으로 관리하는 것을 의미

> **해설**
> **인터넷 유통에서의 물류 원칙**
> ① 적정수요예측　　　　② 배송기간의 최소화
> ③ 반송과 환불시스템

2 물류의 역할과 기능

1. 물류의 역할

(1) 물류에 대한 개념적 관점에서의 물류의 역할

① 국민경제적 관점

㉠ 기업의 유통효율 향상으로 물류비를 절감하여 소비자물가와 도매물가의 상승을 억제하고 정시배송의 실현을 통한 수요자 서비스 향상에 이바지한다.

㉡ 자재와 자원의 낭비를 방지하여 자원의 효율적인 이용에 기여한다.

㉢ 지역 및 사회개발을 위한 물류개선은 인구의 지역적 편중을 막고, 도시의 재개발과 도시교통의 정체완화를 통한 도시생활자의 생활환경 개선에 이바지한다.

㉣ 사회간접자본의 증강과 각종 설비투자의 필요성을 증대시켜 국민경제 개발을 위한 투자기회를 부여한다.

㉤ 물류합리화를 통하여 상거래흐름의 합리화를 가져와 상거래의 대형화를 유발한다.

② 사회경제적 관점

㉠ 생산, 소비, 금융, 정보 등 우리 인간이 주체가 되어 수행하는 활동을 포함한다.

㉡ 운송, 통신, 상업 활동을 주체로 하며 이들을 지원하는 제반활동을 포함한다.

③ 개별기업적 관점

㉠ 최소의 비용으로 소비자를 만족시켜서 서비스 질의 향상을 촉진시켜 매출 신장을 도모한다.

㉡ 고객욕구만족을 위한 물류서비스가 판매경쟁에 있어 중요하며, 제품의 제조, 판매를 위한 원재료의 구입과 판매와 관련된 업무를 총괄 관리하는 시스템 운영이다.

(2) 기업경영에 있어서 물류의 역할

① 마케팅의 절반을 차지

㉠ 고객조사, 가격정책, 판매조직화, 광고선전 만으로는 마케팅을 실현하기 힘들고 결품 방지나 즉납 서비스 등의 물리적인 고객서비스가 수반되어야 한다.

㉡ 마케팅이란 생산자가 상품 또는 서비스를 소비자에게 유통시키는 것과 관련 있는 모든 체계적 경영활동을 말한다.

② 적정재고의 유지로 재고비용 절감에 기여

③ 물류(物流)와 상류(商流) 분리를 통한 유통합리화에 기여

㉠ **유통(distribution)** : 물적유통(物流) + 상적유통(商流)

㉡ **물류(物流)** : 발생지에서 소비지까지의 물자의 흐름을 계획, 실행, 통제하는 제반관리 및 경제활동

㉢ **상류(商流)** : 검색, 견적, 입찰, 가격조정, 계약, 지불, 보험, 회계처리, 서류발행, 기록 등 (전산화)

> **해설**
> **물류관리의 기본원칙**
> **7R 원칙** : Right Quality(적절한 품질), Right Quantity(적량), Right time(적시), Right Place(적소), Right Impression(좋은 인상), Right Price(적절한 가격) Right Commodity(적절한 상품)
>
> **3S 1L 원칙** : 신속히(Speedy), 안전하게(Safety), 확실히(Surely), 저렴하게(Low)

2. 물류의 기능

① **운송기능** : 물품을 공간적으로 이동시키는 것으로, 수송에 의해서 생산지와 수요자와의 공간적 거리가 극복되어 상품의 장소적(공간적)효용 창출

② **포장 기능** : 물품의 수배송, 보관, 하역 등에 있어서 가치 및 상태를 유지하기 위해 적절한 재료, 용기 등을 이용해서 포장하여 보호하고자 하는 활동(단위포장, 내부포장, 외부포장으로 구분)

③ **보관기능** : 물품을 창고 등의 보관 시설에 보관하는 활동으로, 생산과 소비와의 시간적 차이를 조정하는 시간적 효용을 창출

④ **하역기능** : 수송과 보관의 양단에 걸친 물품의 취급으로 물품을 상하 좌우로 이동시키는 활동

⑤ **정보기능** : 물류활동과 관련된 물류정보를 수집, 가공, 제공하여 운송, 보관, 하역, 포장, 유통가공 등의 기능을 컴퓨터 등의 전자적 수단으로 연결하여 줌으로써 종합적인 물류관리의 효율화를 도모할 수 있도록 하는 기능

⑥ **유통가공기능** : 물품의 유통과정에서 물류효율을 향상시키기 위하여 가공하는 활동

3 물류관리와 기업물류

1. 물류관리

(1) 물류관리란?

① 물류관리란 경제재의 효용을 극대화시키기 위한 재화의 흐름에 있어서 운송, 보관, 하역, 포장, 정보, 가공 등의 모든 활동을 유기적으로 조정하여 하나의 독립된 시스템으로 관리하는 것이다.

② 조달, 생산, 판매와 관련된 물류부문 뿐만 아니라 수요예측, 구매계획, 재고관리, 물류비 관리, 반품, 회수, 폐기 등을 포함하여 종합적으로 관리함으로써 기업경영에 있어서 최저비용으로 최대의 효과를 추구하는 종합적인 로지스틱스 개념하의 물류관리가 중요하다.

(2) 물류관리의 기능

① 물류관리는 생산 및 마케팅 영역과 밀접하게 연관되어 있다.
② 입지관리결정, 제품설계관리, 구매계획 등은 생산관리 분야와 연결된다.
③ 대고객서비스, 정보관리, 제품포장관리, 판매망 분석 등은 마케팅관리 분야와 연결 된다.

(3) 물류관리의 목표

① 비용절감과 재화의 시간적·장소적 효용가치의 창조를 통한 시장능력을 강화한다.
② 고객서비스 수준 향상과 물류비가 감소한다(트레이드오프관계).
③ 고객서비스 수준의 결정은 고객지향적이어야 하며, 기업이 달성하고자 하는 특정한 수준의 서비스를 최소의 비용으로 고객에게 제공한다.

> **해설**
> **트레이드오프(trade-off, 상충관계)**
> 두 개의 정책목표 가운데 하나를 달성하려고 하면 다른 목표의 달성이 늦어지거나 희생되는 경우 양자간의 관계를 의미한다.

(4) 물류관리의 활동

① 중앙과 지방의 재고보유 문제를 고려한, 창고입지 계획, 대량·고속운송이 필요한 경우 영업운송을 이용, 말단 배송에는 자차를 이용한 운송, 고객주문을 신속하게 처리할 수 있는 보관·하역·포장 활동의 성력화, 기계화, 자동화 등을 통한 물류에 있어서 시간과 장소의 효용증대를 위한 활동

② 물류예상관리제도, 물류원가계산제도, 물류기능별 단가(표준원가), 물류사업부 회계제도 등을 통한 원가절감에서 프로젝트목표의 극대화

③ 물류관리 담당자 교육, 직장간담회, 불만처리위원회, 물류의 품질관리, 무하자 운동, 안전위생관리 등을 통한 동기부여의 관리

2. 기업물류

(1) 기업물류의 범위

범위	내용
물적공급과정	원재료, 부품, 반제품, 중간재를 조달생산하는 물류과정
물적유통과정	생산된 재화가 최종 고객이나 소비자에게까지 전달되는 물류과정

(2) 기업물류의 활동

① 주활동과 지원활동으로 크게 구분한다.
② 주활동에는 대고객서비스 수준, 수송, 재고관리, 주문처리 등이 있다.
③ 지원활동에는 보관, 자재관리, 구매, 포장, 생산량과 생산일정 조정, 정보 관리 등이 있다.
④ 물류의 발전방향 : 비용절감, 요구되는 수준의 서비스 제공, 기업의 성장을 위한 물류 전략의 개발 등이 물류의 주된 문제로 등장하고 있다.
⑤ 물류관리의 목표 : 이윤증대 + 비용절감

3. 물류전략과 계획

(1) 기업전략과 물류전략

구분	내용
기업전략	• 기업전략은 기업의 목적을 명확히 결정함으로써 설정됨 • 훌륭한 전략수립을 위해서는 소비자, 공급자, 경쟁사, 기업자체의 4가지 요소를 고려할 필요가 있음
물류전략	• 물류전략은 비용절감, 자본절감, 서비스개선을 목표로 함 • 비용절감은 운반 및 보관과 관련된 가변비용을 최소화하는 전략 • 자본절감은 물류시스템에 대한 투자를 최소화하는 전략 • 서비스개선전략은 제공되는 서비스의 수준에 비례하여 수익이 증가한다는데 근거를 둠

(2) 물류계획수립의 주요 영역

① **고객서비스 수준** : 적절한 고객서비스 수준을 설정
② **설비의 입지결정** : 보관지점과 여기에 제품을 공급하는 공급지의 지리적인 위치를 선정. 비용이 최소가 되는 경로를 발견함으로써 이윤을 최대화하는 것임
③ **재고의사결정** : 재고를 관리하는 방법에 관한 것을 결정
④ **수송의사결정** : 수송수단 선택, 적재규모, 차량운행경로 결정, 일정계획

(3) 물류네트워크의 평가와 감사를 위한 일반적 지침

① **수요** : 소요량, 수요의 지리적 분포
② **고객서비스** : 재고의 이용가능성, 배달 속도, 주문처리 속도 및 정확도
③ **제품 특성** : 물류비용은 제품의 무게, 부피, 가치, 위험성 등의 특성에 민감

④ **물류비용** : 물류비용이 높은 경우에는 물류계획을 자주 수행함으로써 얻는 작은 개선사항일지라도 상당한 비용절감을 가져올 수 있음

⑤ **가격결정정책** : 상품의 매매에 있어서 가격결정정책을 변경하는 것은 물류활동을 좌우하므로 물류전략에 많은 영향을 끼침

(4) 로지스틱스 전략관리의 기본요건

① **전문가 집단 구성**
  - ㉠ 물류전략계획 전문가
  - ㉡ 현업 실무관리자
  - ㉢ 물류혁신 전문가
  - ㉣ 물류인프라 디자이너
  - ㉤ 물류서비스 제공자(프로바이더, Provider)

② **전문가의 자질**
  - ㉠ **분석력** : 최적의 물류업무 흐름 구현을 위한 분석 능력
  - ㉡ **기획력** : 경험과 관리기술을 바탕으로, 물류전략을 입안하는 능력
  - ㉢ **창조력** : 지식이나 노하우를 바탕으로, 시스템모델을 표현하는 능력
  - ㉣ **판단력** : 물류관련 기술동향을 파악하여 선택하는 능력
  - ㉤ **기술력** : 정보기술을 물류시스템 구축에 활용하는 능력
  - ㉥ **행동력** : 이상적인 물류인프라 구축을 위하여 실행하는 능력
  - ㉦ **관리력** : 신규 및 개발프로젝트를 원만히 수행하는 능력
  - ㉧ **이해력** : 시스템 사용자의 요구(needs)를 명확히 파악하는 능력

(5) 물류전전략의 실행구조 및 핵심영역

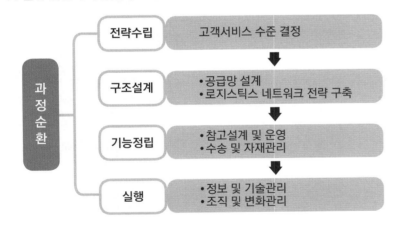

4 제 3자 물류와 제 4자 물류

1. 제3자 물류

(1) 제 3자 물류의 정의

구분	내용
제 1자 물류	• 화주기업이 직접 물류활동을 처리하는 자사물류 • 기업이 사내에 물류조직을 두고 물류업무를 직접 수행하는 경우
제 2자 물류	• 물류자회사에 의해 처리하는 경우 • 기업이 사내의 물류조직을 별도로 분리하여 자회사로 독립시키는 경우
제 3자 물류	• 화주기업이 자기의 모든 물류활동을 외부에 위탁하는 경우(단순 물류 아웃소싱 포함) • 외부의 전문 물류업체에게 모든 물류업무를 아웃소싱하는 경우

(2) 물류 아웃소싱과 제 3자 물류의 비교

구분	물류 아웃소싱	제 3자 물류
화주와의 관계	거래기반, 수발주 관계	계약기반, 전략적 제휴
관계내용	일시 또는 수시	장기(1년이상) 협력
서비스 범위	기능별 개별서비스	통합물류서비스
정보공유여부	불필요	반드시 필요
도입결정권한	중간관리자	최고경영자
도입방법	수익계약	경쟁계약

(3) 제 3자 물류의 도입이유

① 자가 물류활동에 의한 물류효율화의 한계
② 물류자회사에 의한 물류효율화의 한계
③ 물류산업 고도화를 위한 돌파구 필요
④ 세계적인 조류로서 제 3자 물류의 비중 확대

(4) 제 3자 물류의 기대효과

① **화주기업 측면**
  - ㉠ 각 부문별로 최고의 경쟁력을 보유하고 있는 기업 등과 통합 연계하는 공급망을 형성하여 공급망 대 공급망간 경쟁에서 유리한 유치를 차지할 수 있다.
  - ㉡ 경영자원을 효율적으로 활용할 수 있고 또한 리드타임(lead time) 단축과 고객서비스의 향상이 가능하다.
  - ㉢ 유연성 확보와 자가물류에 의한 물류효율화의 한계를 보다 용이하게 해소할 수 있다.
  - ㉣ 고정투자비 부담을 없애고, 경기변동, 수요계절성 등 물동량 변동, 물류경로 변화에 효과적으로 대응가능하다.

② **물류업체 측면**
  - ㉠ 물류산업의 수요기반 확대로 이어져 규모의 경제효과에 의해 효율성, 생산성 향상을 달성할 수 있다.
  - ㉡ 고품질의 물류서비스를 개발·제공함에 따라 현재보다 높은 수익률을 확보할 수 있고, 또 서비스 혁신을 위한 신규 투자를 더욱 활발하게 추진할 수 있다.

(5) 제3자 물류에 의한 물류혁신 기대 효과

① 물류산업의 합리화에 의한 고물류비 구조를 혁신
② 고품질물류서비스의 제동으로 제조업체의 경쟁력 강화 지원
③ 종합물류서비스의 활성화
④ 공급망 관리(SCM) 도입 확산의 촉진

2. 제4자 물류

(1) 제 4자 물류의 개념

① 다양한 조직들의 효과적인 연결을 목적으로 하는 통합체로서 공급망의 모든 활동과 계획 관리를 전담하는 것
② 제3자 물류의 기능에 컨설팅 업무를 추가 수행해아하는것이며, 제4자 물류의 개념은 "컨설팅 기능까지 수행할 수 있는 제 3자 물류"로 정의 내릴 수도 있다.
③ 제 4자 물류의 핵심은 고객에게 제공되는 서비스를 극대화 하는 것

(2) 공급망관리에 있어서의 제 4자 물류 4단계

① 1단계 – 재창조(Reinvention)
참여자의 공급망을 통합하기 위해서 비즈니스 전략을 공급망 전략과 제휴하면서 전통적인 공급망 컨설팅 기술을 강화한다.

② 2단계 – 전환(Transformation)
전략적 사고, 조직변화관리, 고객의 공급망 활동과 프로세스를 통합하기 위한 기술을 강화한다.

③ 3단계 –이행(Implementation)
비즈니스 프로세스 제휴, 조직과 서비스의 경계를 넘은 기술의 통합과 배송운영까지를 포함하여 실행한다.

④ 4단계 – 실행(Execution)
제공자는 다양한 공급망 기능과 프로세스를 위한 운영상의 책임을 진다.

---

5 물류시스템의 이해

1. 물류시스템의 구성

(1) 운송

① 수·배송의 개념

수송	배송
• 장거리 대량화물의 이동	• 단거리 소량화물의 이동
• 거점, 거점간 이동	• 기업·고객간 이동
• 지역간 화물의 이동	• 지역내 화물의 이동
• 1개소의 목적지에 1회에 직송	• 다수의 목적지를 순회하면서 소량 운송

② 선박 및 철도와 비교한 화물자동차운송의 특징
ㄱ 원활한 기동성과 신속한 수·배송
ㄴ 신속하고 정확한 문전운송
ㄷ 다양한 고객요구 수용
ㄹ 운송단위가 소량
ㅁ 에너지 다소비형의 운송기관 등

(2) 보관
① 물품을 저장·관리하는 것을 의미하고 시간·가격조정에 관한 기능을 수행한다.
② 상품가치의 유지와 저장을 목적으로 하는 장기보관보다는 판매정책상의 유통목적을 위한 단기 보관의 중요성이 강조되고 있다.

(3) 유통가공
① 보관을 위한 가공 및 동일 기능의 형태 전환을 위한 가공 등 유통단계에서 상품에 가공이 더해지는 것을 의미한다.
② 상품의 부가가치를 높여 상품차별화를 목적으로 하는 유통가공의 중요성이 강조되고 있다.

(4) 포장
① 물품의 운송, 보관 등에 있어서 물품의 가치와 상태를 보호하는 것을 말한다.
② 공업포장(기능면에서 품질유지를 위한 포장)과 상업포장(소비자의 손에 넘기기 위해 행해지는 포장으로 판매촉진의 기능을 목적으로 한 포장)으로 구분한다.

(5) 하역
① 운송, 보관, 포장의 전·후에 부수하는 물품의 취급으로 교통기관과 물류시설에 걸쳐 행해진다.
② 하역합리화의 대표적인 수단으로는 컨테이너화와, 파렛트화가 있다.

(6) 정보
① 물류활동에 대응하여 수집되며 효율적 처리로 조직이나 개인의 물류활동을 원활하게 한다.
② 최근에는 컴퓨터와 정보통신기술에 의해 물류시스템의 고도화가 이루어져 수주, 재고관리, 주문품 출하, 상품 조달(생산), 운송, 피킹 등을 포함한 5가지 요소기능과 관련한 업무흐름의 일관관리가 실현되고 있다.
③ 정보에는 상품의 수량과 품질, 작업관리에 관한 물류정보와 수발주와 지불에 관한 상류정보가 있다.

2. 물류시스템화

(1) 개념(분류) : 작업서브시스템과 정보서브시스템 기능으로 분류한다.
① **작업서브시스템** : 운송, 하역, 보관, 유통가공, 포장을 포함 분류
② **정보서브시스템** : 수·발주, 재고 출하를 포함하는 분류

> 해설
> ① **시스템** : 어떤 공통의 목적을 달성하기 위하여 많은 요소가 서로 관련을 갖고 일정한 기능을 수행하는 복합체이다.
> ② **물류의 시스템화** : 반복되어 일어나는 '물(物)의 흐름'을 정형적인 흐름으로 정지하여 가능한 한 기계적인 활동을 통하여 각 부문을 연결시켜주는 것을 말한다.

(2) 물류시스템의 목적
최소의 비용으로 최대의 물류서비스를 산출하기 위하여 물류서비스를 3S1L[신속히(Speedy), 안전하게(Safety), 확실히(Surely), 저렴하게(Low)]으로 행하는 것이다. 이를 보다 구체화하면

① 고객에게 상품을 적절한 납기에 맞추어, 정확하게 배달하는 것
② 고객의 주문에 대해 상품의 품절을, 가능한 한 적게 하는 것
③ 물류거점을 적절하게 배치하여 배송효율을 향상시키고 상품의 적정재고량을 유지하는 것
④ 운송, 보관, 하역, 포장, 유통가공 작업을, 합리화하는 것
⑤ 물류비용의 적절화·최소화 등

> 해설
> ① **신뢰성 높은 운송기능** : 운송중의 교통사고 화물의 손상, 분실, 오 배달의 감소
> ② **하역 포장기능** : 운송과 보관기능이 보다 충분히 발휘하도록 포장
> ③ **신속한 배송기능** : 고객의 주문에 대하여 신속하게 배송
> ④ **유통가공 기능** : 생산비와 물류비를 보다 적게 들도록 유통가공
> ⑤ **피드 백 기능** : 수요정보를 생산부문, 마케팅부문에 피드 백

(3) 문제점
① 주의해야 할 점은 개별 물류활동은 이를 수행하는 데 필요한 비용과, 서비스 레벨의 트레이드 오프(Trade-off;상반) 관계가 성립한다는 사실이다.
② 이는 두가지의 목적이 공통의 자원(예 : 비용)에 대하여 경합하고 일방의 목적을 보다 많이 달성하려고 하면, 다른 목적의 달성이 일부 희생되는 관계가 개별 물류활동 간에 성립한다는 의미이다(예 : ㄱ 재고거점을

줄이고 재고량을 적게 하면 → 물류거점에 대한 재고 보충이 빈번해지고 수송횟수는 증가한다. ⓒ 포장을 간소화 하면 → 포장강도가 약해져서 창고 내 적재가능 단수가 낮아지고, 보관비율이 낮아지며, 화물 상하차 또는 운송 중에 파손우려가 그만큼 높아진다).

(4) 해결방안

① 토털 코스트(Total cost) 접근방법의 물류시스템화가 필요하다.
물류시스템은 운송, 보관, 하역, 포장, 유통가공 등의 시스템의 비용이 최소가 될 수 있도록, 각각의 활동을 전체적으로 조화·양립시켜, 전체 최적에 근접시키려는 노력이 필요한 것이다.

② 물류서비스와 물류비용간에도 트레이드 오프 관계가 성립한다.
즉, 물류서비스의 수준을 향상시키면 물류비용도 상승하므로, 비용과 서비스 사이에는 "수확체감의 법칙"이 작용한다.

③ 물류의 목적은 "물류에 얼마만큼의 비용을 투자하여 얼마만큼의 물류 서비스를 얻을 수 있는가"하는 시스템 효율의 개념을 도입하고 나서야, 올바른 이해가 가능하다.

(5) 비용과 물류 서비스간의 관계에 대한 4가지 고려할 사항

① 물류 서비스를 일정하게 하고 비용절감을 지향하는 관계이다.
② 물류 서비스를 향상시키기 위해 물류비용이 상승하여도 달리 방도가 없다는 서비스 상승, 비용 상승의 관계이다.
③ 적극적으로 물류비용을 고려하는 방법으로 물류비용 일정, 서비스 수준 향상의 관계이다.
④ 보다 낮은 물류비용으로, 보다 높은 물류 서비스를 실현하려는 물류 서비스 향상의 관계이다.

3. 운송 합리화 방안

(1) 적기 운송과 운송비 부담의 완화

① 적기에 운송하기 위해서는 운송계획이 필요하며 판매계획에 따라 일정량을 정기적으로 고정된 경로를 따라 운송하고 가능하면 공장과 물류거점간의 간선운송이나 선적지까지 공장에서 직송하는 것이 효율적이다.
② 출하물량 단위의 대형화와 표준화가 필요하다.
③ 출하물량 단위를 차량별로 단위화·대형화하거나 운송수단에 적합하게 물품을 표준화하며 차량과 운송수단을 대형화하여 운송횟수를 줄이고 화주에 맞는 차량이나 특장차를 이용한다.
④ 트럭의 적재율과 실차율의 향상을 위하여 기준 적재중량, 용적, 적재함의 규격을 감안하여 최대허용치에 접근시키며, 적재율 향상을 위해 제품의 규격화나 적재품목의 혼재를 고려해야 한다.

(2) 실차율 향상을 위한 공차율의 최소화

① 화물을 싣지 않은 공차상태로 운행함으로써 발생하는 비효율을 줄이기 위하여 주도면밀한 운송계획을 수립한다.
② 화물자동차운송의 효율성 지표
  ㉠ 가동률 : 화물자동차가 일정기간에 걸쳐 실제로 가동한 일수
  ㉡ 실차율 : 주행거리에 대해 실제로 화물을 싣고 운행한 거리의 비율
  ㉢ 적재율 : 차량적재통수 대비 적재된 화물의 비율
  ㉣ 공차율 : 통행 화물차량중 빈차의 비율
  ㉤ 공차거리율 : 주행거리에 대해 화물을 싣지 않고 운행한 거리의 비율

해설

트럭운송의 효율성 극대화
적재율이 높은 실차상태로 가동률을 높이는 것이 트럭운송의 효율성을 최대로 하는 것

(3) 물류기기의 개선과 정보시스템의 정비

① 유닛로드시스템의 구축과 물류기기의 개선 뿐 아니라 차량의 대형화, 경량화 등을 추진한다.
② 물류거점간의 온라인화를 통한 화물정보시스템과 화물추적시스템 등의 이용을 통한 총 물류비의 절감 노력이 필요하다.

(4) 최단 운송경로의 개발 및 최적 운송수단의 선택

① 최단 운송경로의 개발과 최적 운송수단의 선택은 운송비 절감과 매출액 증대의 첩경이다.
② 최적의 운송수단을 선택하기 위한 종합적인 검토와 계획이 필요하다. 이를 위해 신규 운송경로 및 복합운송경로의 개발과 운송정보에 관심을 집중해야 한다.

해설

공동 수·배송의 장점과 단점

구분	공동수송	공동 배송
장점	• 물류시설 및 인원의 축소 • 발송작업의 간소화 • 영업용 트럭의 이용증대 • 입출하 활동의 계획화 • 운임요금의 적정화 • 여러 운송업체와의 복잡한 거래교섭의 감소 • 소량 부정기화물도 공동수송 가능	• 수송효율 향상(적재효율, 회전율 향상) • 소량화물 흔적으로 규모의 경제효과 • 차량, 기사의 효율적 활용 • 안정된 수송시장 확보 • 네트워크의 경제 효과 • 교통 혼잡 완화 • 환경오염 방지
단점	• 기업비밀 누출에 대한 우려 • 영어부분의 반대 • 서비스 차별화에 한계 • 서비스 수준의 저하 우려 • 수화주와의 의사소통 부족 • 상품특성을 살린 판매전략 제약	• 외부 운송업체의 운임덤핑에 대처 곤란 • 배송순서의 조절이 어려움 • 출하시간 집중 • 물량파악이 어려움 • 제조업체의 산재에 따른 문제 • 종업원교육, 훈련에 시간 및 경비 소요

(5) 운송 관련 용어의 의미

① 수송 : 장소적 효용을 창출하는 물리적인 행위인 운송
② 교통 : 현상적인 시각에서의 재화의 이동
③ 운송 : 서비스 공급측면에서의 재화의 이동
④ 운수 : 행정상 또는 법률사의 운송
⑤ 운반 : 한정된 공간과 범위 내에서의 재화의 이동
⑥ 배송 : 상거래가 성립된 후 상품을 고객이 지정하는 수하인에게 발송 및 배달하는 것으로 물류센터에서 각 점포나 소매점에 상품을 납입하기 위한 수송을 말한다.
⑦ 통운 : 소화물 운송
⑧ 간선수송 : 제조공장과 물류거점(물류센터 등)간의 장거리 수송으로 컨테이너 또는 파렛트(pallet)를 이용, 유닛화(unitization)되어 일정단위로 취합되어 수송된다.

4. 화물운송정보시스템의 이해

(1) 용어의 정의

① **수·배송관리시스템** : 주문상황에 대해 적기 수·배송체제의 확립과 최적의 수·배송계획을 수립함으로써 수송비용을 절감하려는 체제

② **화물정보시스템** : 화물이 터미널을 경유하여 수송될 때 수반되는 자료 및 정보를 신속하게 수집하여 이를 효율적으로 관리하는 동시에 화주에게 적기에 정보를 제동해주는 시스템

③ **터미널화물정보시스템** : 터미널에서 다른 터미널까지 수송되어 수하인에게 이송될 때까지의 모든 과정에서 발생하는 각종 정보를 전산시스템으로 수집, 관리, 공급, 처리하는 종합정보관리 체제

(2) 수·배송활동의 단계에서의 물류정보처리 기능

① **계획** : 수송수단 선정, 수송경로 선정, 수송루트 결정, 다이어그램 시스템 설계, 배송센터의 수 및 위치 선정, 배송지역 결정 등

② **실시** : 배차 수배, 화물 적재 지시, 배송지시, 발송정보 착하지에서의 연락, 반송화물 정보관리, 화물의 추적 파악 등

③ **통제** : 운임계산, 차량적재효율 분석, 차량가동 분석, 반품 운임 분석, 빈 용기운임 분석, 오송 분석, 교착수송 분석, 사고분석 등

1 화물운송서비스의 이해

1. 트럭수송의 역할

(1) 물류의 일상화

① 물류혁신은 전문 물류업체를 중심으로 이루어질 것이며, 물류시스템이 경영을 변화시키면서 새로운 시장을 만들어 낼 것으로 전문가들은 예상하고 있다.

② 세계적인 미래학자이자 경영학자인 피터 드러커는 "아직도 비용을 절감할 수 있는 엄청난 미개척 영역이 남아 있으며, 이 미개척 영역은 다름 아닌(기업)물류다."라고 말하고 있다.

(2) 트럭운송을 통한 새로운 가치 창출

① 트럭운송은 사회의 공유물로 사회와 깊은 관계를 가지고 있다. 물자의 운송 없이 사회는 존재할 수 없으므로 트럭은 사회의 공기(公器)라 할 수 있다.

② 트럭운송이 해야만 하는 제1의 원칙은 사회에 대하여 운송활동을 통해 새로운 가치를 창출해 낸다고 하는 것이다.

③ 화물 운송종사업무는 새로운 가치를 창출하고 사회에 무엇인가 공헌을 하고 있다는 데에 존재의의가 있으며, 운송행위와 관련있는 모든 사람들의 다면적인 욕구를 충족시킨다는 사회적 사명을 가지고 있다.

2. 신물류서비스 기법의 이해

(1) 공급망관리(SCM)

① 공급망관리란 최종고객의 욕구를 충족시키기 위하여 원료공급자로부터 최종소비자에 이르기까지 공급망 내의 각 기업간에 긴밀한 협력을 통해 공급망인 전체의 물자의 흐름을 원활하게 하는 공동전략을 말한다.

② 물류서비스는 물류 → 로지스틱스(logistics) → 공급망관리(SCM)로의 발전

구분	물류	Logistic	SCM
시기	1970~1985년	1986~1997년	1998년
목적	물류부문 내 효율화	기업 내 물류 효율화	공급망 전체 효율화
대상	수송, 보관, 하역, 포장	생산, 물류, 판매	공급자, 메이커, 도소매, 고객
수단	물류부문 내 시스템	기업 내 정보시스템	기업간 정보시스템
표방	무인도전	토탈 물류	종합물류

(2) 전사적 품질관리(TQC)

① 전사적 품질관리란 제품이나 서비스를 만드는 모든 작업자가 품질에 대한 책임을 나누어 갖는다는 개념이다.

② 물류활동에 관련되는 모든 사람들이 물류서비스 품질에 대하여 책임을 나누어 가지고 문제점을 개선하는 것이다.

③ 물류서비스의 문제점을 파악하여 그 데이터를 정량화 하는 것이 중요하다.

(3) 제3자 물류 (TPL 또는 3PL)

① 제3자 물류는 기업이 사내에서 수행하던 물류기능을 외부의 전문물류업체에게 아웃소싱한다는 의미로 사용된다.

② 제3자 물류로의 방향전환은 화주와 물류서비스 제공업체의 관계가 중·장기적인 파트너쉽 관계로 발전된다는 것을 의미한다.

(4) 신속대응(QR)

① 생산·유통기간의 단축, 재고의 감소, 반품손실 감소 등 생산 유통의 각 단계에서 효율화를 실현하고 그 성과를 생산자, 유통관계자, 소비자에게 골고루 돌아가게 하는 기법을 말한다.

② 소매업자는 유지비용의 절감, 고객서비스의 제고, 높은 상품회전율, 매출과 이익증대 등의 혜택을 볼 수 있다.

③ 제조업자는 정확한 수요예측, 주문량에 따른 생산의 유연성 확보, 높은 자산회전율 등의 혜택을 볼 수 있다.

④ 소비자는 상품의 다양화, 낮은 소비자 가격, 품질개선, 소비패턴 변화에 대응한 상품구매 등의 혜택을 볼수 있다.

(5) 효율적 고객대응(ECR)

① 소비자 만족에 초점을 둔 공급망 관리의 효율성을 극대화하기 위한 모델을 말한다.

② 제품의 생산단계에서부터 도매, 소매에 이르기까지 전 과정을 하나의 프로세스로 보아 관련기업들의 긴밀한 협력을 통해 전체로서의 효율 극대화를 추구하는 효율적 고객대응기법이다.

③ 효율적 고객대응은 제조업체와 유통업체가 상호 밀접하게 협력하여 비효율적, 비생산적인 요소들을 제거하여 보다 효용이 큰 서비스를 소비자에게 제공하자는 것이다.

(6) 주파수 공동통신(TRS)

① 주파수 공동통신이란 중계국에 할당된 여러 개의 채널을 공동으로 사용하는 무전기시스템으로서 이동차량이나 선박 등 운송수단에 탑재하여 이동간의 정보를 실시간으로 송·수신할 수 있는 통신서비스를 의미한다.

② 이를 통해 화주가 화물의 소재와 도착시간 등을 즉각 파악, 운송회사에서도 차량의 위치추적에 의해 사전 회귀배차가 가능, 단말기 화면을 통한 작업지시가 가능해져 급격한 수요변화에 대한 신축적 대응이 가능하다.

③ 주파수 공동통신(TRS)의 도입 효과
  ㉠ **차량운행 측면** : 사전배차계획 수립과 배차계획 수정이 가능, 차량의 위치추적기능의 활용으로 도착시간의 정확한 추정이 가능해진다.
  ㉡ **집배송 측면** : 체크아웃 포인트의 설치나 화물추적기능 활용으로 지연사유 분석이 가능해져 표준운행시간 작성에 도움이 된다.
  ㉢ **차량 및 운전자관리 측면** : 주파수 공동통신(TSR)을 통해 고장차량에 대응한 차량 재배치나 지연사유 분석이 가능, 데이터통신에 의한 실시간 처리가 가능해져 관리업무가 축소, 대고객에 대한 정확한 도착시간 통보로 JIT가 가능, 분실화물의 추적과 책임자 파악이 용이해진다.

(7) 범지구측위시스템(GPS : Global Positioning System)

① GPS란 인공위성을 이용하여 차량위치추적을 통한 물류관리에 이용되는 통신망을 위미한다.

② GPS의 도입 효과

㉠ 각종 자연재해로부터 사전대비를 통해 재해를 회피할 수 있고, 토지조성공사에도 작업자가 건설용지를 돌면서 지반침하와 침하량을 측정하여 리얼 타임으로 신속하게 대응할 수 있다.

㉡ 대도시의 교통 혼잡시에 차량에서 행선지 지도와 도로 사정을 파악할 수 있으며, 공중에서 온천탐사도 할 수 있다.

㉢ 밤낮으로 운행하는 운송차량추적시스템을 GPS로 완벽하게 관리 및 통제할 수 있다.

(8) 통합판매·물류·생산시스템(CALS)

① 정보유통의 혁명을 통해 제조업체의 생산, 유통(상류와 물류), 거래 등 모든 과정을 컴퓨터망으로 연결하여 자동화, 정보화 환경을 구축하고자 하는 첨단컴퓨터 시스템을 말한다.

② CALS의 도입 효과

㉠ 품질향상, 비용절감 및 신속처리에 큰 효과
㉡ 기업통합과 가상기업의 실현가능

2 화물운송서비스의 문제점 ||||||||||||||||

1. 물류고객서비스

(1) 물류부문 고객서비스의 개념

① 물류고객서비스란 장기적으로 고객수요를 만족시킬 것을 목적으로 주문이 제시된 시점, 재화를 수취한 시점과의 사이에 계속적인 연계성을 제공하려고 조직된 시스템이라 할 수 있다.

② 물류부문의 고객서비스란 제품의 이용가능성을 향상시키고, 제품의 품질이나 결품율을 최소화한다든지, 제품의 배송이나 납품시의 신뢰성을 높이고, 제품의 배송이나 납품의 스피드를 향상시키는 것 등을 통하여 고객에 대한 물류서비스의 수준을 높여 고객만족도의 향상을 도모한다.

(2) 물류고객 거래 전·후의 서비스 요소

① **거래 전 요소** : 문서화된 고객서비스 정책 제공, 접근가능성, 조직구조, 시스템의 유연성

② **거래 시 요소** : 재고품절수준, 발주정보, 주문사이클, 배송촉진, 환적(還積, transship), 시스템의 정확성, 발주의 편리성, 대체제품, 주문상황 정보

③ **거래 후 요소** : 설치, 보증, 변경, 수리, 부품, 제품의 추적, 보증, 고객의 클레임, 고충, 반품처리, 제품의 일시적 교체, 예비품의 이용가능성

(3) 고객서비스전략의 구축

① 성공한 조직은 서비스수준의 향상 또는 재고축소에 주안점을 두고 있는 추세이다.

② 서비스수준의 향상은 수주부터 도착까지의 리드타임 단축, 소량출하체제, 긴급출하 대응실시, 수주마감시간 연장 등을 목표로 정하고 있다.

③ 물류기능의 비용절감보다는 비즈니스 과정을 고려한 비용절감을 추구하는 것이 바람직하다.

2. 택배운송서비스

(1) 고객의 불만사항

① 약속시간을 지키지 않는다(특히, 집하 요청 시).

② 전화도 없이 불쑥 나타난다.

③ 임의로 다른 사람에게 맡기고 간다

④ 너무 바빠서 질문을 해도 도망치듯 가버린다.

⑤ 불친절하다.
㉠ 인사를 잘 하지 않는다
㉡ 용모가 단정치 못하다
㉢ 빨리 사인(배달확인)이나 해달라고 윽박지르듯 한다.

⑥ 사람이 있는데도 경비실에 맡기고 간다.

⑦ 화물을 함부로 다룬다.
㉠ 담장 안으로 던져 놓는다.
㉡ 화물을 발로 밝고 작업한다.
㉢ 화물을 발로 차면서 들어온다.
㉣ 적재상태가 뒤죽박죽이다.
㉤ 화물이 파손되어 배달된다.

⑧ 화물을 무단으로 방치해 놓고 간다.

⑨ 전화로 불러낸다.

⑩ 배달이 지연된다.

⑪ 길거리에서 화물을 건네준다.

⑫ 기타
㉠ 잔돈이 준비되어 있지 않다
㉡ 포장이 되지 않았다고 그냥 간다.
㉢ 운송장을 고객에게 작성하라고 한다.
㉣ 전화 응대가 불친절하다(통화중, 여러 사람 연결).
㉤ 사고배상 지연 등

(2) 화물에 이상이 있을 시 인계요령

① 약간의 문제가 있을 시는 잘 설명하여 이용하도록 조치한다.

② 완전히 파손, 변질 시에는 진심으로 사과하고 회수 후 변상하며, 내용물에 이상이 있을 시는 전화할 곳과 절차를 안내한다.

③ 배달완료 후 파손, 기타 이상이 있다는 배상요청 시 반드시 현장 확인한다(책임을 전가 받는 경우 발생).

(3) 대리인계시 요령

① 인수자 지정 : 전화로 사전에 대리 인수자를 지정 받는다(원활한 인수, 파손·분실 문제 책임, 요금수수).

② 반드시 이름과 서명을 받고 관계를 기록한다.

③ 서명을 거부할 때는 시간, 상호, 기타 특징을 기록한다.

(4) 고객부재 시 요령

① 부재안내표의 작성 및 투입 : 반드시 방문시간, 송하인, 화물명, 연락처 등을 기록하여 문안에 투입(문밖에 부착은 절대 금지)하며, 대리인 인수 시는 인수처를 명기하여 찾도록 해야 한다.

② 대리인 인계가 되었을 때는 귀점(귀사) 중 다시 전화로 확인 및 귀점 후 재확인하여 인수사실을 확인한다.

③ 밖으로 불러냈을 때의 요령 : 반드시 죄송하다는 인사를 하며, 소형화물 외에는 집까지 배달한다(길거리 인계는 안됨).

(5) 택배 방문 집하요령

① **방문 약속시간의 준수** : 고객 부재 상태에서는 집하 곤란, 약속 시간이 늦으면 불만 가중(사전 전화)

② **기업화물 집하 시 행동** : 화물이 준비되지 않았다고 운전석에 앉아있거나 빈둥거리지 말 것(작업을 도와주어야 함)

③ **운송장 기록의 중요성** : 운송장 기록을 정확하게 기재하지 않고, 부실하게 기재하면 오도착, 배달 불가, 배상금액 확대, 화물파손 등의 문제점이 발생한다.

④ **포장의 확인** : 화물종류에 따른 포장의 안전성 판단. 안전하지 못할 경우에는 보완요구 또는 귀점 후 보완하여 발송·포장에 대한 사항은 미리 전화하여 부탁한다.

> **집하 시 운송장에 정확히 기재해야 할 사항**
> ① 수하인 전화번호 : 주소는 정확해도 전화번호가 부정확하면 배달 곤란
> ② 정확한 화물 명 : 포장의 안전성 판단기준, 사고 시 배상기준, 화물수탁 여부 판단기준, 화물취급요령
> ③ 화물가격 : 사고 시 배상기준, 화물수탁 여부 판단기준, 할증여부 판단기준

3 운송서비스의 사업용·자가용 특징 비교

1. 수송수단의 장·단점

(1) 철도와 선박과 비교한 트럭 수송의 장·단점

장 점	단 점
• 문전에서 문전 배송서비스를 탄력적으로 수행 가능하다. • 중간 하역이 불필요하다(포장의 간소화, 간략확 가능). • 타 수송기관과 연동없이 일관된 서비스 수행이 가능하다. • 화물상차 및 하역회수 감소	• 수송단가가 높다. • 진동, 소음, 광학스모크 등 공해문제 • 유류의 다량소비로 지원 및 에너지 문제

(2) 사업용(영업용) 트럭의 장·단점

장 점	단 점
• 수송비가 저렴하다. • 수송능력 및 융통성이 높다. • 변동비 처리가 가능하다. • 설비투자가 필요없다. • 인적투자가 필요없다. • 물동량변동에 대응한 안전수송이 가능하다.	• 운임의 안전화가 곤란하다. • 관리기능이 저해된다. • 기동성이 부족하다. • 시스템의 일관성이 없다. • 상호 정보교류 기능이 약하다. • 마케팅 사고가 희박하다.

(3) 자가용 트럭의 장·단점

장 점	단 점
• 작업의 기동성이 높다. • 안정적 공급이 가능하다. • 상거래에 기여한다. • 시스템의 일관성 유지가 가능하다. • 높은 신뢰성이 확보된다. • 리스크가 낮다(위험부담도가 낮다). • 인적 교육이 가능하다.	• 수송량의 변동에 대응하기 힘들다. • 비용의 고정비화 • 설비투자가 필요하다. • 인적투자가 필요하다. • 수송능력에 한계가 있다. • 사용하는 차종, 차량에 한계가 있다.

2. 트럭운송 전말과 국내 화주기업 물류의 문제점

(1) 트럭운송의 전망

① **고효율화**

전국화·대형화 고속화, 전용화 등 에너지 효율과 운전에 의존하는 노동집약적 업무로서 차종, 차량, 하역, 주행의 최적화를 도모하고 낭비를 배제하도록 항상 유의하여야 할 것이다.

② **왕복 실차율을 높인다.**

지역간 수, 배송의 경우 교착 등 운행의 시스템이 이루어져 있지 않아 공차로 운행하지 않도록 수송을 조정하고 효율적인 운송시스템을 확립하는 것이 바람직하다.

③ **트레일러 수송과 도킹시스템화**

대규모 수송을 실현함과 동시에 중간지점에서 트랙터와 운전자가 양방향으로 되돌아오는 도킹시스템에 의해 차량 진행 관리나 노무관리를 철저히 하고 전체로서의 합리화를 추진하여야 한다.

④ **바꿔 태우기 수송과 이어타기 수송**

트럭의 보디를 바꿔 실음으로써 합리화를 추친하는 것을 바꿔 태우기 수송이라 하고 도킹수송과 유사한 것이 이어타기 수송이며 중간 지점에서 운전자만 교체하는 수송방법을 말한다.

⑤ **컨테이너 및 파렛트 수송의강화**

㉠ 컨테이너를 내릴 수 있는 장치를 트럭에 장비함으로써, 컨테이너 단위의 짐을 내리는 작업이 쉽게 이루어질 수 있는 시스템을 실현 하는 것이 필요하다.

㉡ 파렛트 화물취급에 대해서도 파렛트를 측면으로부터 상·하 하역 할 수 있는 측면개폐유개차, 후방으로부터 화물을 상·하 하역할 때에 가드레일이나 롤러를 장치한, 파렛트 로더용 가드레일차나 롤러장착차, 짐이 무너지는 것을 방지하는 스테빌라이저 장치차 등 용도에 맞는 차량을 활용할 필요가 있다.

⑥ **집배 수송용차의 개발과 이용**

다품종 소량화 시대를 맞아 택배운송 등 소량화물운송용의 집배차량은 적재능력, 주행성, 하역의 효율성, 승강의 용이성 등의 각종 요건을 충족시켜야 하는데, 이에 출현한 것이 델리베리카(워크트럭차)이다.

⑦ **트럭터미널**

간선수송차량은 대형화 경향이고, 집배차량은 가일층 소형화되는 추세이다. 양자의 결절점에 해당하는 모순된 2개의 시스템의 해결은 트럭터미널의 복합화, 시스템화는 필요조건이다.

(2) 국내 화주기업 물류의 문제점

① 각 업체의 독자적 물류기능 보유(합리화 장애)
② 제3자 물류(3PL) 기능의 약화(제한적, 변형적 형태)
③ 시설간·업체간 표준화 미약
④ 제조·물류 업체 간 협조성 미비(신뢰성의 문제, 물류에 대한 통제력, 비용부분)
⑤ 물류 전문 업체의 물류 인프라 활용도 미약

01 다음 중 고객의 욕구라고 할 수 없는 내용은?

㉮ 중요한 사람으로 인식되기를 바란다.
㉯ 기억되기를 바란다.
㉰ 환영받고 싶어한다.
㉱ 관심을 가지는 것을 싫어한다.

해설 관심을 가져주길 바라는 것은 고객의 기본적인 욕구이다.
그 외에도 고객은 편안해지고 싶고, 기대와 욕구를 수용하여 주기를 바라는 욕구를 가지고 있다.

02 다음 중 고객만족을 위한 서비스 품질로 볼 수 없는 것은?

㉮ 상품품질   ㉯ 기대품질
㉰ 서비스 품질   ㉱ 영업품질

해설 고객만족을 위한 서비스 품질은 상품, 영업,서비스 품질로 구분된다.

03 고객만족을 위한 행동예절 중 인사할 때의 마음가짐에 관한 설명 중 잘못된 것은?

㉮ 정중하게 한다.
㉯ 인사하는 지점의 상대방과의 거리는 약 2m 정도가 좋다.
㉰ 밝은 미소로 한다.
㉱ 의례적으로 한다.

해설 의례적인 인사란 고객이니까, 어쩔 수 없이 해야만 하니까 하는 인사를 말한다.

04 다음 중 운전자가 지켜야 할 운전예절로 볼 수 없는 것은?

㉮ 안전운전은 운전 기술만이 뛰어나다고 해서 되는 것이 아님을 자각한다.
㉯ 보행자가 먼저 지나가도록 일시 정지하여 보행자를 보호하는 데 앞장선다.
㉰ 교차로에서 마주 오는 차끼리 만나면 전조등을 꺼서는 안된다.
㉱ 교차로 정체 현상이 있을 때에는 다 빠져나간 후에 여유를 가지고 서서히 출발한다.

해설 교차로나 좁은 길에서 마주 오는 차끼리 만나면 먼저 가도록 양보해 주고 전조 등은 끄거나 하향으로 하여 상대방 운전자의 눈이 부시지 않도록 한다.

05 다음 중 고객이 거래를 중단하는 가장 큰 이유는?

㉮ 종업원의 불친절
㉯ 제품에 대한 불만
㉰ 경쟁사의 회유
㉱ 가격이나 기타

해설 고객이 거래를 중단하는 이유는 종어원의 불친절이 가장 많으며, 다음으로 제품에 대한 불만 때문이다.

06 다음 중 화물운전자의 운행 전 준비 사항으로 올바르지 않은 것은?

㉮ 용모 및 복장을 단정하게 한다.
㉯ 세차를 하고 화물의 외부덮개 및 결박상태를 철저히 확인한다.
㉰ 일상점검 과정에서 이상이 발견될 때는 스스로 조치한다.
㉱ 배차사항 및 지시, 전달사항을 확인하고 적재물의 특성을 확인한다.

해설 일성점검을 철저히 하고 이상 발견 시는 정비관리자에게 즉시 보고하여 조치를 받은 후 운행해야 한다

07 다음 중 대화를 나눌 때 올바른 언어예절이라 할 수 있는 것은?

㉮ 상대방 약점을 가끔 지적하면서 이야기한다.
㉯ 엉뚱한 곳을 보고 이야기한다.
㉰ 매사 쉽게 흥분한다.
㉱ 일부분을 듣고 전체를 속단하여 말하지 않는다.

해설 전체를 다 듣고 공정하고 객관적으로 판단한후 말하여야 한다.

08 다음 중 운전자가 가져야 할 기본적 자세라고 볼 수 없는 것은?

㉮ 몸과 마음의 안정적인 상태 유지
㉯ 추측운전
㉰ 여유있고 양보하는 마음으로 운전
㉱ 교통법규의 이해와 준수

해설 추측운전은 삼가야 한다.

09 다음 중 '자기가 맡은 역할을 수행하는 능력을 인정받는 곳' 이란 의미는 직업의 4가지 의미에서 어디에 해당되나?

㉮ 정치적 의미   ㉯ 경제적 의미
㉰ 사회적 의미   ㉱ 정신적 의미

해설 직업의 사회적 의미는 자기가 맡은 역할을 수행하는 능력을 인정받는 곳이라는 것이다.

10 다음 중 교통사고 발생 시 조치 사항으로 잘못된 것은?

㉮ 교통사고를 발생시켰을 때는 법이 정하는 현장에서의 인명구호, 관할경찰서에 신고 등의 의무를 성실히 수행한다.
㉯ 어떠한 사고라도 임의처리는 불가하며 사고발생 경위를 육하원칙에 의거 거짓없이 정확하게 회사에 즉시 보고해야 한다.
㉰ 사고로 인한 행정, 형사처분(처벌) 접수 시 먼저 임의로 처리한 후 회사에 사후 보고한다.
㉱ 회사손실과 직결되는 보상 업무는 일반적으로 수행이 불가능하더라도 회사의 조치에 따른다.

해설 사고로 인한 행정, 형사처분(처벌) 접수 시 임의처리가 불가하며 회사의 지시에 따라 처리해야 한다.

정답   01. ㉱   02. ㉯   03. ㉱   04. ㉰   05. ㉮   06. ㉰   07. ㉱   08. ㉯   09. ㉰   10. ㉰

11 다음 중 고객을 응대하는 바람직한 시선으로 볼 수 없는 것은?

㉮ 자연스럽고 부드러운 시선으로 상대를 본다.

㉯ 눈을 치켜뜨고 본다.

㉰ 눈동자는 항상 중앙에 위치하도록 한다.

㉱ 가급적 고객의 눈높이와 맞춘다

> **해설** 고객이 싫어하는 시선 : 위로 치켜뜨는 눈, 곁눈질, 한 곳만 응시하는 눈, 위·아래로 훑어보는 눈

12 다음 중 최초의 공급업체로부터 최종 소비자에게 이르기까지 서비스의 흐름과정을 통합적으로 운영하는 경영전략은?

㉮ 전사적 자원관리

㉯ 경영정보시스템

㉰ 효율적 고객대응

㉱ 공급망관리

> **해설**
> · 경영정보시스템 : 경영 관련 정보를 필요에 따라 즉각적, 대량으로 수집하고 처리하는 시스템
> · 전사적 자원관리 : 제품이나 서비스를 만드는 모든 작업자가 책임을 나누어 갖는 것
> · 공급망관리 : 공급망 내에서 각 기업 간의 협력을 통해 서비스의 흐름 과정을 통합적으로 운영
> · 효율적 고객대응 : 공급망 관리의 효율성을 극대화하여 소비자 만족을 유도

13 다음 중 물류비를 절감하여 물가 상승을 억제하고 정시배송의 실현을 통한 수요자 서비스 향상에 이바지하는 물류 관점은?

㉮ 국민경제적 관점

㉯ 종합국가적 관점

㉰ 개별기업적 관점

㉱ 사회경제적 관점

> **해설** 국민경제적 관점에서의 물류의 역할에 대한 설명이다.

14 다음 중 집하 시 행동요령에 대한 설명으로 옳지 않은 것은?

㉮ 책임배달 구역을 정확히 인지하여 24시간, 48시간, 배달 불가 지역에 대한 배달점소의 사정을 고려하여 집하한다.

㉯ 취급제한 물품이더라도 고객의 입장에서 일단 집하한 후 회사에 문의하여 조치한다.

㉰ 운송장 및 보조송장 도착지란에 시, 구, 동, 군, 면 등을 정확하게 기재하여 터미널 오분류를 방지한다.

㉱ 2개 이상의 화물은 반드시 분리하여 집하한다.

> **해설** 취급제한 물품은 그 취지를 알리고 정중히 집하는 거절해야 한다.

15 다음 설명 중 물류의 개념에 대한 내용으로 틀린 것은?

㉮ 재화가 공급자로부터 수요자에게 전달될 때까지 이루어지는 운송, 보관, 하역, 포장과 이에 필요한 정보통신 등의 경제활동을 말한다.

㉯ 고객서비스를 향상시키고 물류비용을 절감하여 기업이익을 최대화하는 것이 목표인 제 2의 이윤원이다.

㉰ 물류의 기능에는 수송(운송)기능, 포장기능, 보관기능, 하역기능, 정보기능 등이 있다.

㉱ 최근 물류는 단순히 장소적 이동을 의미하는 운송의 개념에서 발전하여 자재조달이나 폐기, 회수 등까지 총괄하는 경향이다.

> **해설** 물류는 판매 기능을 촉진할 뿐 아니라 매출증대, 원가절감에 이은 물류비절감을 통해 이익을 높일 수 있는 세 번째 방법, 즉 제 3자의 이윤원이라 할 수 있다.

16 다음중 물류의 주요 기능과 거리가 먼 것은?

㉮ 운송기능

㉯ 포장기능

㉰ 제조기능

㉱ 하역기능

> **해설** 물류는 운송, 포장, 보관, 하역, 정보, 유통가공 기능을 한다.

17 다음 중 물류계획 수립의 단계에 포함되지 않는 것은?

㉮ 전략

㉯ 운영

㉰ 전술

㉱ 통제

> **해설** 물류계획 수립 단계는 전략-전술-운영이다.

18 다음 중 물류의 변천과정을 발전 순서에 따라 나열한 것은?

㉮ 경영정보시스템(MIS)→전사적자원관리(ERP)→공급망관리(SCM)

㉯ 경영정보시스템(MIS)→공급망관리(SCM)→전사적자원관리(ERP)

㉰ 공급망관리(SCM)→경영정보시스템(MIS)→전사적자원관리(ERP)

㉱ 전사적자원관리(ERP)→경영정보시스템(MIS)→공급망관리(SCM)

> **해설** 경영정보시스템(MIS) : 1970년 대, 전사적자원관리(ERP) 1980~1990년대, 공급망관리(SCM) : 1990년대 중반이후

19 다음 중 물류 관리의 기본원칙 7R원칙에 해당되지 않는 것은?

㉮ Right Quality(적절한 품질)

㉯ Right Place(적소)

㉰ Right Safety(적절한 안전)

㉱ Right Price(적절한 가격)

> **해설** 7R 원칙 : Right Quality(적절한 품질), Right Quantity(적량), Right time(적시), Right Place(적소), Right Impression(좋은 인상), Right Price(적절한 가격) Right Commodity(적절한 상품)

20 다음 중 제4자 물류는 제3자 물류 기능에 어떤 업무를 추가 수행하는가?

㉮ 컨설팅 업무

㉯ 생산업무

㉰ 지원 업무

㉱ 판매 업무

> **해설** 제4자 물류는 제3자 물류 기능에 컨설팅 업무를 추가한 것이다.

21 다음 중 공급망 관리에 있어서 제4자 물류의 4단계를 순서대로 바르게 나열한 것은?

㉮ 재창조 → 전환 → 이행 → 실행

㉯ 전환 → 실행 → 재창조 → 이행

㉰ 이행 → 재창조 → 전화 → 실행

㉱ 실행 → 전환 → 이행 → 재창조

> **해설** 제4자 물류 4단계 : 재창조 → 전환 → 이행 → 실행

---

22 철도나 선박과 비교한 트럭수송의 장점에 해당하는 것은?

㉮ 진동,소음,스모그 등 공해 문제를 야기한다.

㉯ 수송단위가 작고 연료비나 인건비(장거리의 경우) 등 수송단가가 높다.

㉰ 대량으로 물류 수송이 가능하여 연료소비를 줄일 수 있다.

㉱ 문전에서 문전으로 배송서비스를 탄력적으로 행할 수 있다.

> **해설** · 철도나 선박을 이용한 운송은 추가적인 수송절차가 필요하거나 누군가가 받는 사람에게 전달 해 주거나 받는 사람이 어디론가 이동을 해야만 받을 수 있다. 이에 비해 트럭은 바로 집까지 배송이 가능하므로 철도나 선박에 비해 선호도가 높은 장점을 가진다. 이를 도어투도어 서비스 (Door-to-Door Service)라 부른다.
> · 진동. 소음. 스모그 등 공해문제와 수송단가가 상대적으로 높은 것은 트럭수송의 단점이다.
> · 운송단위가 소량인 것은 화물자동차 운송의 특징이다.

23 다음 중 물품의 운송 · 보관 등에 있어서 물품의 가치와 상태를 보호하는 것을 나타내는 용어는?

㉮ 하역   ㉯ 포장

㉰ 정보   ㉱ 보관

> **해설** 포장의 정의에 대한 문제이다.

24 다음 중 기업경영에 있어서의 물류의 역할로 옳지 않은 것은?

㉮ 마케팅의 절반을 차지

㉯ 판매기능 촉진

㉰ 적정재고의 유지로 재고비용 절감에 기여

㉱ 효율적인 인재관리 가능

> **해설** 기업경영에 있어서의 물류의 역할은 ㉮, ㉯, ㉰ 외의 물류(物流)와 상류(商流) 분리를 통해 유통합리화에 기여한다는 점이다.

25 다음 중 3S 1L 원칙에 해당되지 않은 것은?

㉮ 신속히(Speedy)

㉯ 자유롭게(Liberally)

㉰ 안전하게(Safely)

㉱ 확실히(Surely)

> **해설** 3S 1L 원칙에서 1L은 저렴하게(Low)를 의미한다.

26 다음 중 제 3자 물류에 대한 설명으로 옳지 않은 것은?

㉮ 제3자 물류는 기업이 사내의 물류조직을 별도로 분리하여 자회사로 독립시키는 경우이다.

㉯ 제3자 물류로 칭함은 화주기업이 자기의 모든 물류활동을 외부에 위탁하는 경우를 말한다.

㉰ 제 3자 물류는 물류 자회사에 의한 물류효율화의 한계로 인해 도입되었다.

㉱ 국내의 제 3자 물류수준은 물류 아웃소싱 단계에 있다.

> **해설** 기업이 사내의 물류조직을 별도로 분리하여 자회사로 독립시키는 경우는 제2자 물류 또는 자회사 물류에 해당된다.

27 다음 중 선박 및 철도와 비교한 화물자동차 운송의 특징을 잘 설명하고 있는 것은?

㉮ 운송기간 과다 소요 또는 궤도노선에 의지

㉯ 원활한 기동성과 신속한 수 · 배송 가능

㉰ 선박과 철도에 비해 대량 수송 가능

㉱ 별도의 컨테이너 집하장 반드시 필요

> **해설** 화물자동차 운송의 가장 큰 특징은 기동성과 신속성이다.

28 다음 중 화물수송에서 수 · 배송을 계획 · 실시 · 통제 단계로 구분할 때 실시 단계에 포함되지 않는 것은?

㉮ 화물적재 지시   ㉯ 배차 수배

㉰ 배송 지시   ㉱ 수송경로 선정

> **해설** 수송경로 선정은 계획단계에 포함된다.

29 다음 중 주문상황에 대해 최적의 수 · 배송계획을 수립함으로써 수송비용을 절감하려는 시스템은?

㉮ 수·배송관리시스템   ㉯ 화물정보시스템

㉰ 통합화물정보시스템   ㉱ 터미널화물정보시스템

> **해설** 문제는 수 · 배송관리시스템에 대한 설명이다.

30 다음 중 물류의 기능과 의미가 다르게 연결된 것은?

㉮ 운송기능 : 물품을 공간적으로 이동시키는 것으로, 수송에 의해서 생산지와 수요자와의 공간적 거리가 극복되어 상품의 장소적(공간적) 효용 창출

㉯ 포장기능 : 물품의 수·배송, 보관, 하역 등에 있어서 가치 및 상태를 유지하기 위해 적절한 재료, 용기 등을 이용해서 포장하여 보호하고자 하는 활동

㉰ 하역기능 : 물품의 유통과정에서 물류효율을 향상시키기 위하여 가공하는 활동

㉱ 보관기능 : 물품을 창고 등의 보관시설에 보관하는 활동으로, 생산과 소비와의 시간적 차이를 조정하는 시간적 효용을 창출

> **해설** 물품의 유통과정에서 물류효율을 향상시키기 위하여 가공하는 활동은 유통가공기능에 해당되며, 하역기능은 수송과 보관의 양단에 걸친 물품의 취급으로 물품을 상하좌우로 이동시키는 활동을 말한다.

31 다음 중 물류관리의 목표로 옳지 않은 것은?

㉮ 특정한 수준의 서비스를 최소의 비용으로 고객에게 제공하여야 한다.

㉯ 고객서비스 수준향상과 물류비의 감소를 꾀한다.

㉰ 고객서비스 수준의 결정은 기업 중심적이어야 한다.

㉱ 비용절감과 재화의 시간적·장소적 효용가치의 창고를 통한 시장능력을 강화한다.

> **해설** 물류관리에 있어 고객서비스 수준의 결정은 고객 지향적이어야 한다.

32 다음 중 물류시장의 경쟁 속에서 기업존속 결정의 조건에 대한 설명으로 틀린 것은?

㉮ 매상증대 또는 비용감소 중 어느 쪽도 달성할 수 없다면 기업이 존속하기 어렵다.

㉯ 매상증대와 비용감소를 모두 달성해야 기업 존속이 가능하다.

㉰ 사업의 존속을 결정하는 조건 중 하나는 매상증대이다.

㉱ 사업의 존속을 결정하는 조건 중 하나는 비용감소이다.

> **해설** 매상증대와 비용감소 둘 중 하나라도 실현시킬 수 있다면 사업의 존속이 가능하다.

33 다음 중 새로운 물류서비스 기업 중에서 공급망관리가 표방하는 것은?

㉮ 토탈물류　　　　㉯ 무인도전

㉰ 로지스틱스　　　　㉱ 종합물류

> **해설** 공급망관리가 표방하는 것은 종합물류이다.

34 다음 중 주파수 공용통신(TRS)의 도입효과로 볼 수 없는 것은?

㉮ 차량 위치추적 기능의 활용으로 도착시간의 정확한 예측이 가능해진다.

㉯ 배차 후 화주의 기착지 변경이나 취소에 따른 신속대응이 가능해진다.

㉰ 고장차량에 대응한 차량 재배치나 지연사유 분석이 가능해진다.

㉱ 화주의 요구에 신속한 대응 및 화물추적이 어렵다.

> **해설** 주파수 공용통신의 도입효과
> · 메시지 전달, 화물추적기능으로 지연사유 분석이 가능해져 표준운행기록 가능
> · 배차계획의 수립과 수정이 가능
> · 차량 위치추적 가능으로 도착시간 예측. 고장차량의 재배치 및 분실화물 추적, 책임자 파악이 가능

35 기업이 사내의 물류조직을 별도로 분리하여 자회사로 독립시키는 경우에 해당하는 물류는?

㉮ 제 4자 물류

㉯ 제 3자 물류

㉰ 제 2자 물류

㉱ 제 1자 물류

> **해설**
> 제1자 물류 : 기업이 사내에 물류조직을 두고 물류 업무를 직접 수행하는 경우(자사물류)
> 제2자 물류 : 화주 기업이 사내의 물류조직을 별도로 분리하여 자회사로 독립시키는 경우
> 제3자 물류 : 외부의 전문물류업체에게 모든 물류업무를 아웃소싱하는 경우

36 다음 중 신속하고 민첩한 체계를 통하여 생산 및 유통의 각 단계에 효율성을 실현하고 그 성과를 생산자, 유통관계자, 소비자에게 골고루 배분하는 물류서비스 기법을 무엇이라 하는가?

㉮ 효율적 고객 대응　　　㉯ 통합판매

㉰ 공급망관리　　　　　　㉱ 신속대응

> **해설** 신속하고 민첩한 체계를 활용하는 서비스 기법은 신속대응(QR)이다.

37 다음 중 선박 및 철도와 비교한 화물자동차운송의 특징으로 보기 어려운 것은?

㉮ 원활한 기동성과 신속한 수·배송이 가능하다.

㉯ 화물자동차의 특성상 운송단위가 대량이다.

㉰ 에너지 다소비형의 운송기관을 이용한다.

㉱ 다양한 고객의 요구를 수용할 수 있다.

> **해설** 화물자동차운송은 선박 및 철도와 비교하여 ㉮, ㉰, ㉱ 외에 운송단위가 소량이며 신속하고 정확한 문전 운송이 가능하다는 특징을 갖고 있다.

38 다음 중 제4자 물류에 대한 설명으로 옳지 않은 것은?

㉮ 다양한 조직들의 효과적인 연결을 목적으로 하는 통합체로서 공급망의 모든 활동과 계획 관리를 전담하는 것이다.

㉯ 공급자는 광범위한 공급망의 조직을 관리하고 기술, 능력, 정보기술, 자료 등을 관리하는 공급망 통합자이다.

㉰ 제4자 물류의 성공의 핵심은 고객서비스의 축소를 통해 물류비를 획기적으로 절감하는 것이다.

㉱ 제4자 물류란 '컨설팅 기능까지 수행할 수 있는 제3자 물류'로 정의 내릴 수 있다

> **해설** 제4자 물류(4PL)의 성공의 핵심은 고객에게 제공되는 서비스를 극대화하는 것으로 제4자 물류의 발전은 제3자 물류(3PL)의 능력, 전문적인 서비스 제공, 비즈니스 프로세스 관리, 고객에게 서비스기능의 통합과 운영의 자율성을 배가시키고 있다.

39 물류 시스템 중 정보에 대한 설명으로 옳지 않은 것은?

㉮ 대형소매점과 편의점 등에서는 유통비용의 절감을 위해 전자문서교환과 결부된 물류정보시스템이 빠르게 보급되고 있다.

㉯ 물류 활동에 대응하여 수집되며 효율적 처리로 조직이나 개인의 물류 활동을 원활하게 한다.

㉰ 최근에는 컴퓨터와 정보통신기술에 의해 재고관리 등 요소기능과 관련한 업무흐름의 일괄관리가 실현되고 있다.

㉱ 정보에는 상품의 수량과 품질, 작업관리에 관한 상류정보와 수·발주와 지불 등에 관한 물류 정보가 있다.

> **해설** 정보에는 상품의 수량과 품질, 작업관리에 관한 물류정보와 수·발주와 지불에 관한 상류정보가 있다.

40 다음 중 고객서비스전략 수립 시 물류서비스의 내용으로 맞지 않는 것은?

㉮ 긴급출하 대응 실시

㉯ 대량 출하체제

㉰ 수주부터 도착까지의 리드타임 단축

㉱ 재고의 감소

> **해설** ① 최근 성공하는 물류기업은 서비스 수준의 향상과 재고 축소에 주안점을 두고 있다.
> ② 서비스 수준의 향상 목표는 아래와 같다.
> 　·수주부터 도착까지의 리드타임 단축
> 　·소량출하체제
> 　·긴급출하 대응 실시
> 　·수주마감시간 연장

정답 32. ㉯　33. ㉱　34. ㉱　35. ㉰　36. ㉱　37. ㉯　38. ㉰　39. ㉱　40. ㉯

41 다음 중 통합판매 · 물류 · 생산시스템(CALS)의 도입에 있어 급변하는 상황에 민첩하게 대응하기 위한 전략적 기업제휴를 의미하는 것은?

㉮ 상장기업
㉯ 한계기업
㉰ 가상기업
㉱ 벤처기업

해설 가상기업이란 급변하는 상황에 민첩하게 대응하기 위한 전략적 기업제휴를 의미한다.

42 다음 중 물류 시스템 설계 시 가장 우선적으로 고려되어야 할 사항은?

㉮ 재고 정책
㉯ 설비 입지
㉰ 대고객 서비스 수준
㉱ 운송 수단과 경로

해설 대고객 서비스 수준은 물류시스템의 설계에 있어서 고려되어야 할 가장 중요한 요소이다.

43 다음 중 수·배송 활동의 단계로 맞는 것은?

㉮ 계획 - 실시 - 통제
㉯ 실시 - 계획 - 통제
㉰ 계획 - 통제 - 실시
㉱ 통제 - 계획 - 실시

해설 수·배송관리 시스템은 주문 상황에 대해 적기 수·배송체제의 확립과 최적의 수·배송 계획을 수립함으로써 수송비용을 절감하려는 체제로, 수·배송 활동의 단계는 계획 · 실시 · 통제의 과정을 거친다.

44 다음 중 사업용(영업용) 트럭운송의 장점으로 옳지 않은 것은?

㉮ 수송비가 저렴하다.
㉯ 수송능력 및 융통성이 높다.
㉰ 설비투자가 필요 없다.
㉱ 시스템의 일관성이 유지된다.

해설 사업용(영업용) 트럭운송은 시스템의 일관성이 없으며(단점), 시스템의 일관성이 유지되는 것은 자가용의 장점에 해당된다.

45 다음 중 효율적 고객대응(ECR)에 대한 설명으로 틀린 것은?

㉮ 산업체와 산업체간에도 통합을 통하여 표준화와 최적화를 도모할 수 있다.
㉯ 신속대응(QR)과의 차이점은 식품 등 다른 산업부분을 제외하고 섬유산업에만 해당된다는 점이다.
㉰ 제품의 생산단계에서부터 도매·소매에 이르기까지 전 과정을 하나의 프로세스로 보아 관련기업들의 긴밀한 협력을 통해 전체로서의 효율 극대화를 추구하는 효율적 고객대응기법이다.
㉱ 소비자 만족에 초점을 둔 공급망 관리의 효율성을 극대화하기 위한 모델을 말한다.

해설 효율적 고객대응(ECR)의 특징은 신속대응(QR)과 달리 섬유산업뿐만 아니라 식품 등 다른 사업부문에도 활용할 수 있다는 점이다.

46 다음은 트럭운송의 전망에 대한 설명이다. 옳지 않은 것은?

㉮ 왕복실차율의 증가(효율적인 운송시스템 확립)
㉯ 트레일러 수송과 도킹 시스템화
㉰ 컨테이너 및 파렛트 수송의 강화
㉱ 트럭터미널의 단순화 및 개별화

해설 트럭운송의 전망
- 전국화, 고속화, 대형화, 전용화 등 차종, 하역, 주행의 최적화를 도모
- 바퀴 태우기 수송과 이어타기 수송
- 집배 수송용차의 개발과 이용
- 트럭터미널의 복합화 및 시스템화

47 다음 중 공동 배송의 단점으로 옳지 않은 것은?

㉮ 기업비밀 누출에 대한 우려
㉯ 배송순서의 조절이 어려움
㉰ 물량파악이 어려움
㉱ 제주업체의 산재에 따른 문제

해설 보기 중 ㉮ 항은 공동 수송의 단점에 해당된다.

48 다음 중 공급망 관리(SCM)에 대한 설명으로 잘못된 것은?

㉮ 공급망 관리는 '수직계열화'와 같은 의미이다.
㉯ 공급망 내의 각 기업은 상호 협력하여 공급망 프로세스를 재구축하게 한다.
㉰ SCM은 공급업망 전체의 물자의 흐름을 원활하게 하는 공동전략을 말한다.
㉱ 공급망 관리는 기업간 협력을 기본 배경으로 하는 것이다.

해설 공급망 관리는 '수직계열화'와는 다르다. 수직계열화는 보통 상류의 공급자와 하류의 고객을 소유하는 것을 의미한다.

49 다음 중 택배종사자가 화물을 배달하고자 할 때 잘못된 것은?

㉮ 약속시간을 지키지 못할 경우에는 재차 전화하여 예정시간을 정정한다.
㉯ 고객과 전화 통화 시 방문 예정시간은 여유를 두고 약속한다.
㉰ 전화를 안 받을 때에는 배달화물을 안 가지고 가도 된다.
㉱ 방문 예정시간에 수하인이 없을 때에는 반드시 대리 인수자를 지명받아 그 사람에게 인계해야 한다.

해설 전화 안 받는다고 화물을 안 가지고 가면 안 된다

50 다음 중 자가용 화물운송과 비교할 때 사업용 화물운송의 장점에 해당하는 것은?

㉮ 관리기능 저해
㉯ 시스템의 일관성
㉰ 수송비 저렴
㉱ 운임의 안정화

해설 사업용 화물운송의 장점은 수송비가 저렴하고 수송능력이 좋다는 것이다. 나머지 보기는 모두 단점에 해당한다.

정답 41. ㉰ 42. ㉰ 43. ㉮ 44. ㉱ 45. ㉯ 46. ㉱ 47. ㉮ 48. ㉮ 49. ㉰ 50. ㉰

제 5 편

실전모의고사

실전모의고사 1회

제1교시　관련법규, 화물취급요령

01 다음 중 도로교통법의 제정 목적이 아닌 것은?

㉮ 도로교통상의 모든 위험과 장해의 방지 제거

㉯ 공공복리 증진과 여객의 원활한 운송

㉰ 도로운송차량의 안정성 확보와 공공복리 증진

㉱ 안전하고 원활한 교통의 확보

02 다음 중 도로법에 의한 도로가 아닌 것은?

㉮ 고속국도, 일반국도　　㉯ 특별시도, 광역시도

㉰ 군도, 구도　　㉱ 읍도, 면도

03 다음 중 교통안전표지의 종류가 아닌 것은?

㉮ 권장표지　　㉯ 주의표지

㉰ 지시표지　　㉱ 규제표지

04 다음 중 일시 정지해야 하는 상황이나 장소가 아닌 것은?

㉮ 보도를 횡단하기 직전

㉯ 비탈길의 고개마루 부근

㉰ 철길건널목을 통과하고자 하는 때

㉱ 보행자가 횡단보도를 통과하고 있을 때

05 다음 중 보행자 신호등에 대한 설명으로 옳지 않은 것은?

㉮ 녹색의 등화 : 보행자는 횡단보도를 횡단할 수 있다

㉯ 녹색등화의 점멸 : 보행자는 횡단을 시작하여서는 아니 되고, 횡단하고 있는 보행자는 신속하게 횡단을 완료 또는 횡단을 중지하고 보도로 되돌아 와야 한다

㉰ 적색의 등화 : 보행자는 횡단보도를 횡단하여서는 아니된다

㉱ 녹색의 등화 : 차마는 직진 또는 우회전할 수 있다

06 다음 중 도로교통의 안전을 위하여 각종 주의·규제·지시 등의 내용을 노면에 기호·문자 또는 선으로 도로사용자에게 알리는 표지의 명칭은 무엇인가?

㉮ 노면표시　　㉯ 보조표지

㉰ 규제표지　　㉱ 지시표지

07 다음 중 트레일러나 레커를 운전하기 위해 필요한 운전면허는?

㉮ 제1종 대형면허　　㉯ 제1종 특수면허

㉰ 제2종 보통면허　　㉱ 제2종 소형면허

08 다음 중 경찰공무원의 주취운전 여부측정을 3회 이상 위반하여 면허가 취소된 경우 운전면허취득 응시기간은 몇 년간 제한되는가?

㉮ 1년　　㉯ 2년　　㉰ 3년　　㉱ 4년

09 다음 중 정비불량차에 해당한다고 인정하는 차가 운행되고 있는 경우 그 차를 정지시켜 점검할 수 있는 공무원에 해당하는 사람은?

㉮ 경찰공무원　　㉯ 구청 단속공무원

㉰ 정비책임자　　㉱ 정비사자격증소지자

10 다음 중 음주운전(술에 취한 상태)규정을 위반하여 운전을 하다가 3회 이상 교통사고를 일으킨 경우의 응시기간 제한으로 맞는 것은?

㉮ 운전면허가 취소된 날부터 1년

㉯ 운전면허가 취소된 날부터 2년

㉰ 운전면허가 취소된 날부터 3년

㉱ 운전면허 가 취소된 날부터 4년

11 다음은 교통법규 위반 시 "벌점 15점"에 해당하는 위반사항이다. 다른 하나는 무엇인가?

㉮ 신호, 지시위반, 운전 중 휴대용 전화 사용

㉯ 속도위반(20km/h초과 40km/h 이하)

㉰ 운전 중 영상표시 장치 조작 또는 운전자가 볼 수 있는 위치에 영상 표시 위반

㉱ 앞지르기 방법위반, 안전운전 의무 위반

12 다음 중 중앙선 침범에 의한 사고 사례 중에서 공소권 없는 사고로 처리되지 않는 것은?

㉮ 불가항력적인 중앙선침범

㉯ 충격에 의한 중앙선 침범

㉰ 위험 회피로 인한 중앙선 침범

㉱ 교통 체증 구간에서의 중앙선 침범

13 다음 중 교통사고처리특례법상 과속이란 규정된 법정속도와 지정속도를 몇 km/h 초과한 경우인가?

㉮ 20km/h　　㉯ 30km/h

㉰ 40km/h　　㉱ 50km/h

14 다음 중 "차의 교통으로 인하여 사람을 치상하거나 물건을 손괴하는 것"의 교통사고처리특례법상의 용어는?

㉮ 안전사고　　㉯ 교통사고

㉰ 전복사고　　㉱ 추락사고

15 다음은 철길건널목의 종류이다. 틀린 것은?

㉮ 1종 건널목 : 차단기, 경보기 및 건널목 교통안전표지를 설치, 차단기를 주. 야간 계속 작동, 건널목 관리원이 근무하는 건널목

㉯ 2종 건널목 : 경보기와 건널목 교통 안전표지만 설치하는 건널목

㉰ 3종 건널목 : 건널목 교통안전표지만 설치하는 건널목

㉱ 4종 건널목 : 역구내 철길건널목이다

16 다음 중 음주운전 단속시 면허취소 사유가 되는 알코올 측정치는?

㉮ 0.08% 이상

㉯ 0.16% 이상

㉰ 0.26% 이상

㉱ 0.36% 이상

17 다음 중 자동차관리법상 자동차의 검사 종류에 해당되지 않는 것은?

㉮ 신규검사

㉯ 정기검사

㉰ 구조변경검사

㉱ 수시검사

18 다음 중 화물자동차 운송사업자의 준수사항에 대한 설명으로 틀린 것은?

㉮ 자기 명의로 운송계약을 체결한 화물에 대해 다른 운송사업자에게 수수료를 받고 운송을 위탁하여서는 아니 된다.

㉯ 운수종사자가 법정 준수사항을 성실히 이행하도록 지도 · 감독하여야 한다.

㉰ 화물운송의 대가로 받은 운임 및 요금의 일부를 화주 또는 다른 운송사업자 등이 요구할 경우 되돌려 줘야 한다.

㉱ 운임 및 요금과 운송약관을 영업소 또는 화물자동차에 갖추어 두고 이용자가 요구하면 이를 내보여야 한다.

19 다음 중 시 · 도에서 화물운송업과 관련하여 처리하는 업무로 맞는 것은?

㉮ 화물운송사업 허가사항에 대한 경미한 사항 변경신고

㉯ 화물자동차 운송종사자격의 취소 및 효력의 정지

㉰ 과로운전,과속운전, 과적운행의 예방 등 안전 수송을 위한 지도·계몽

㉱ 화물자동차 운전자의 인명사상사고 및 교통법규 위반사항 제공

20 다음은 화물자동차 운수사업법의 제정목적에 대한 설명이다. 해당되지 아니한 것은?

㉮ 운수사업을 효율적 관리하고 건전하게 육성

㉯ 화물의 원활한 운송을 도모

㉰ 공공복리의 증진에 기여

㉱ 화물자동차의 효율적 관리

21 다음 중 화물자동차 운송사업 허가의 결격사유에 대한 설명으로 틀린 것은?

㉮ 금치산자 및 한정치산자

㉯ 파산선고를 받고 복권되지 아니한 자

㉰ 화물자동차 운수사업법을 위반하여 징역 이상의 실형을 받고 그 집행이 끝나거나 집행이 면제된 날부터 2년이 지나지 아니한 자

㉱ 도로교통법을 위반하여 징역 이상의 형의 집행유예를 선고받고 그 유예기간 중에 있는 자

22 다음 중 화물 취급시 운송장의 기능에 대한 설명으로 틀린 것은?

㉮ 운송장은 기록내용(약관)에 기준한 계약성립의 근거가 된다.

㉯ 운송장은 배달에 대한 증빙 역할을 하지는 못한다.

㉰ 운송장은 고객에게는 화물추적 및 배달에 대한 정보 자료의 기본 자료로 활용된다.

㉱ 운송장은 사내 수익금을 계산할 수 있는 관리자료가 된다

23 다음 중 운송장 기재 시 주의해야 할 사항으로 틀린 것은?

㉮ 화물 인수 시 적합성 여부를 확인한 후, 화물 취급자가 직접 운송장 정보를 기입한다.

㉯ 특약사항에 대해서는 고객에게 고지한 후 특약사항, 약관설명 확인필에 서명을 받는다.

㉰ 파손, 부패, 변질 등 물품의 특성상 문제의 소지가 있을 때는 면책확인서를 받는다.

㉱ 같은 곳으로 2개 이상 보내는 물품에 대해서는 보조송장을 기재한다.

24 다음 중 화물운송 중에 고의나 과실로 교통사고를 일으켜 사람을 사망하게 하거나 다치게 한 경우의 효력정지의 처분기준으로 틀린 것은?

㉮ 사망자 2명 이상 : 자격 정지 60일

㉯ 사망자 3명 이상 : 자격 취소

㉰ 사망자 1명 및 중상자 3명 이상 : 자격정지 50일

㉱ 사망자 1명 또는 중상자 6명이상 : 자격정지 40일

25 다음 중 자동차관리법의 제정 목적이 아닌 것은?

㉮ 자동차를 효율적으로 관리함에 있다

㉯ 자동차의 등록, 안전기준 등을 정하여 성능 및 안전을 확보함에 있다

㉰ 공공복리를 증진함에 있다

㉱ 도로교통의 안전을 확보함에 있다.

26 다음중 화물자동차 운전자에게 최고속도 제한장치 또는 운행기록계가 정상적으로 작동되지 않는 상태에서 운행하도록 한 경우 일반화물자동차 운송사업자에 대한 과징금은 얼마인가?

㉮ 5만 원

㉯ 10만 원

㉰ 20만 원

㉱ 60만 원

27 다음중 고속도로 외의 편도 4차로 도로에서 차로별로 통행할 수 있는 차종 연결이 잘못된 것은?(단,앞지르기 차로는 제외)

㉮ 1 차로 : 소형 승합자동차

㉯ 2차로 : 중형 승합자동차

㉰ 3차로 : 적재중량이 1.5톤을 초과하는 화물자동차

㉱ 4차로 : 원동기장치자전거

28 다음 중 화물의 인수요령에 대한 설명으로 틀린 것은?

㉮ 포장 및 운송장 기재요령을 반드시 숙지하고 인수한다.

㉯ 취급불가 화물품목의 경우라도 고객이 요청할 경우 고객 배려 차원에서 인수한다.

㉰ 제주도 및 도서지역인 경우 그 지역에 적용되는 부대비용을 수하인에게 징수할 수 있음을 알려주고 양해를 구한 뒤 인수한다.

㉱ 인수예약은 반드시 접수대장에 기재하여 누락되는 일이 없도록 한다.

29 다음 중 고객 유의사항 확인 요구 물품에 대한 내용으로 틀린 것은?

㉮ 중고 가전제품 및 A/S용 물품

㉯ 기계류, 장비 등 중량 고가물로 20km 초과 물품

㉰ 포장 부실물품 및 무포장 물품(비닐포장 또는 쇼핑백 등)

㉱ 파손 우려 물품 및 내용검사가 부적당하다고 판단되는 물품

정답 16. ㉮ 17. ㉱ 18. ㉰ 19. ㉱ 20. ㉱ 21. ㉱ 22. ㉯ 23. ㉮ 24. ㉯ 25. ㉱ 26. ㉰ 27. ㉰ 28. ㉯ 29. ㉯

30 다음 중 대기환경보전법에서 사용하는 용어의 정의에 대한 설명으로 틀린 것은?

㉮ 대기오염물질 : 대기오염의 원인이 되는 가스·입자상물질로서 환경부령이 정한 것
㉯ 온실가스 : 적외선 복사열을 흡수하거나 다시 방출하여 온실효과를 유발하는 대기중의 가스상태 물질(이산화탄소, 메탄, 육불화황 등)
㉰ 가스 : 물질이 연소·합성·분해될 때에 발생하거나 물리적 성질로 인하여 발생하는 입체상 물질
㉱ 입자상물질(粒子狀物質) : 물질이 파쇄·선별·퇴적·이적(移積) 될 때, 그 밖에 기계적으로 처리되거나 연소·합성·분해될 때에 발생하는 고체상(固體狀) 또는 액체상(液體狀)의 미세 한 물질

31 다음중 화물에 운송장을 부착하는 방법으로 부적절한 것은?

㉮ 박스 물품이 아닌 쌀,매트,카펫 등은 물품의 모서리에 부착한다.
㉯ 운송장 부착은 원칙적으로 접수장소에서 매 건마다 화물에 부착한다.
㉰ 박스 후면 또는 측면 부착으로 혼동을 주어서는 안 된다.
㉱ 운송장이 떨어질 우려가 큰 물품은 송하인의 동의를 얻어 포장재에 수하인 주소 혹은 전화번호 등의 필요한 사항을 기재한다.

32 다음 중 적재함 구조에 의한 화물자동차의 종류 중에서 우리나라에서 보유대수가 가장 많고 일반화된 것은?

㉮ 전용특장차　　　　㉯ 합리화특장차
㉰ 측방 개폐차　　　　㉱ 카고 트럭

33 다음 중 택배표준약관의 규정에 따르면 운송물의 일부 멸실, 훼손 또는 연착에 대한 사업자의 손해배상책임은 수하인이 운송물을 수령한 날로부터 얼마의 기간이 경과하면 소멸되는가?

㉮ 3개월　　　　㉯ 6개월
㉰ 1년　　　　㉱ 2년

34 다음은 일반 화물 표지 중 "굴림 방지" 표지의 호칭에 해당되는 것이다. 옳은 것은?

㉮ 　　　　㉯
㉰ 　　　　㉱ ◆|▐|◆

35 다음 중 화물을 취급하기 전에 준비, 확인할 사항으로 틀린 것은?

㉮ 위험물, 유해물을 취급할 때에는 반드시 보호구를 착용하고, 안전모는 턱끈을 매어 착용한다
㉯ 보호구의 자체결함은 없는지 또는 사용방법은 알고 있는지 확인한다
㉰ 화물의 포장이 거칠거나 미끄러움, 뾰쪽함 등은 없는지 확인한 후 작업에 착수한다
㉱ 작업도구는 적합한 물품으로 필요한 수량만큼 준비한다

36 다음 중 합리화 특장차만으로 올바르게 연결된 것은?

㉮ 시스템 차량, 측방 개폐차
㉯ 믹서차량, 실내하역기기 장비차
㉰ 액체 수송차, 쌓기부리기 합리화차
㉱ 냉동차, 분립체 수송차

37 다음 중 나무 상자를 파렛트에 쌓는 경우의 붕괴 방지에 많이 사용되는 방식에 해당되는 것은?

㉮ 주연어프 방식　　　　㉯ 슈링크 방식
㉰ 밴드걸기 방식　　　　㉱ 스트레치 방식

38 다음 중 화물자동차 운행에 따른 일반적인 주의사항으로 틀린 것은?

㉮ 비포장도로나 위험한 도로에서는 반드시 서행하고, 제한속도로 운행한다
㉯ 화물을 편중되게 적재하지 않으며, 정량초과 적재를 절대로 하지 않는다
㉰ 후진할 때에는 반드시 뒤를 확인 후 후진 경고를 하면서 서서히 후진하며, 가능한 한 경사진 곳에 주차시키지 않는다
㉱ 화물을 적재하고 운행할 때에는 수시로 화물 적재 상태를 확인하며, 운전은 절대 서두르지 말고 침착하게 해야 한다.

39 다음중 화물의 길이와 크기가 일정하지 않을 경우의 적재방법 중 옳은 것은?

㉮ 작은 화물 위에 큰 화물을 놓는다.
㉯ 길이가 고르지 못하면 한쪽 끝이 맞도록 한다.
㉰ 길이에 관계없이 쌓는다.
㉱ 큰 화물과 작은 화물을 섞어서 쌓는다.

40 다음 중 이사화물 표준약관의 규정에서 인수거절을 할 수 있는 화물이 아닌 것은?

㉮ 현금, 유가증권, 귀금속, 예금통장, 신용카드, 인감 등 고객이 휴대할 수 있는 귀중품
㉯ 위험물, 불결한 물품 등 다른 화물에 손해를 끼칠 염려가 있는 물건
㉰ 동식물, 미술품, 골동품 등 운송에 특수한 관리를 요하기 때문에 다른 화물과 동시 운송하기에 적합하지 않은 물건
㉱ 일반이사화물의 종류, 무게, 부피, 운송거리 등에 따라 적합하도록 포장할 것을 사업자가 요청하여 고객이 이를 수용한 물건

제2교시 **안전운행, 운송서비스**

01 다음 중 도로교통체계를 구성하는 요소로 옳지 않은 것은?

㉮ 운전자 및 보행자를 비롯한 도로사용자
㉯ 차량에 타고 있는 승차자들
㉰ 도로 및 교통신호등 등의 환경
㉱ 차량들

02 다음 중 운전과 관련된 시각특성에 대한 설명으로 틀린 것은?

㉮ 운전자는 운전에 필요한 정보의 대부분을 시각을 통해 획득한다.
㉯ 차의 속도가 빨라질수록 시력은 떨어진다.
㉰ 차의 속도가 빨라질수록 시야의 범위는 좁아진다.
㉱ 차의 속도가 빨라질수록 전방주시점은 가까워진다.

03 다음 중 명순응에 대한 설명으로 틀린 것은?

㉮ 일광 또는 조명이 어두운 조건에서 밝은 조건으로 변할 때 사람의 눈이 그 상황에 적응하여 시력을 회복하는 것을 말한다
㉯ 암순응과는 반대로 어두운 터널을 벗어나 밝은 도로로 주행할 때 운전자가 일시적으로 주변의 눈부심으로 인해 물체가 보이지 않는 시각장애를 말한다
㉰ 상황에 따라 다르지만 명순응에 걸리는 시간은 암순응보다 빨라 수초-1분에 불과하다
㉱ 상황에 따라 다르지만 명순응에 걸리는 시간은 암순응보다 늦어 수초-1분에 불과하다

04 다음 중 고령자 교통안전 장애 요인이 아닌 것은?

㉮ 고령자의 시각능력(동체시력의 약화현상)
㉯ 고령자의 사고·신경능력(선택적 주의력저하)
㉰ 고령자의 청각능력(목소리 구별 감수성저하)
㉱ 고령보행자의 교통행동 특성(보행중 사선횡단을 한다. 고착화된 자기 경직성 등)

05 다음 중 운전과 관련한 시야에 대한 설명으로 틀린 것은?

㉮ 정지한 상태에서 정상적인 시력을 가진 사람의 시야범위는 180도~ 200도이다.
㉯ 시야의 범위는 자동차의 속도에 비례하여 넓어진다.
㉰ 속도가 높아질수록 시야의 범위는 점점 좁아진다.
㉱ 시축에서 벗어나는 시각에 따라 시력이 저하된다.

06 보통의 성인 남자를 기준으로 체내 알코올 농도가 0.1%인 경우 알코올 제거 소요시간은 얼마인가?

㉮ 7시간　　　　　㉯ 10시간
㉰ 19시간　　　　　㉱ 30시간

07 자동차의 주요 안전장치 중 주행하는 자동차를 감속 또는 정지시킴과 동시에 주차상태를 유지하기 위해 필요한 장치는?

㉮ 주행장치　　　　　㉯ 제동장치
㉰ 현가장치　　　　　㉱ 조향장치

08 다음 중 비가 자주오거나 습도가 높은 날, 또는 오랜 시간 주차한 후에는 브레이크 드럼에 미세한 녹이 발생하는 현상의 용어 명칭은?

㉮ 수막현상(Hydroplaning)
㉯ 스탠딩 웨이브(Standing Wave) 현상
㉰ 모닝 록(Morning lock) 현상
㉱ 워터 페이드(Water fade) 현상

09 다음 중 자동차의 제동장치 중 엔진 브레이크에 대한 설명으로 틀린 것은?

㉮ 제동시에 바퀴를 로크시키지 않음으로써 브레이크가 작동하는 동안에도 핸들의 조정을 용이하게 하고 가능한 최단거리로 정지시킬 수 있도록 한다.
㉯ 가속 페달을 놓거나 저단기어로 바꾸게 되면 엔진 브레이크가 작용하여 속도가 떨어지게 된다.
㉰ 구동바퀴에 의해 엔진이 역으로 회전하는 것과 같이 되어 그 회전 저항으로 제동력이 발생하게 된다.
㉱ 내리막길에서 풋브레이크만 사용할 경우 라이닝의 마찰에 의해 제동력이 떨어지므로 엔진 브레이크를 사용하는 것이 안전하다

10 스탠딩웨이브(Standing wave)현상이란 타이어의 회전속도가 빨라지면 접지부에서 받은 타이어의 변형이 다음 접지 시점까지도 복원되지 않고 접지의 뒤쪽에 진동의 물결이 일어나는 현상이다. 이의 예방 방법으로 맞는 것은?

㉮ 속도를 낮추고 공기압을 높인다.
㉯ 속도를 가속하고 공기압을 높인다.
㉰ 속도와 공기압을 모두 낮춘다.
㉱ 속도를 가속하고 공기압을 낮춘다

11 다음 중 자동차 고장이 자주 일어나는 부분에서 진동과 소리가 날 때 어느 부분의 고장을 뜻하는 지의 설명으로 잘못된 것은?

㉮ 팬벨트(fan belt) : 가속 페달을 밟는 순간 "끼익"하는 소리는 팬벨트 또는 기타의 V벨트가 이완되어 풀리(pulley)와의 미끄러짐에 의해 일어난다
㉯ 클러치 부분 : 클러치를 밟고 있을 때 "달달달" 떨리는 소리 와 함께 차체가 떨리고 있다면, 클러치 릴리스 베어링의 고장이다.
㉰ 브레이크 부분 : 브레이크 페달을 밟아 차를 세우려고 할 때 바퀴에서 "끼익!"하는 소리가 난 경우는 브레이크 라이닝의 마모가 심하거나 라이닝의 결함이 있을 때 일어난다.
㉱ 현가장치 부분 : 비포장도로의 울퉁불퉁한 험한 노면 상을 달릴 때 "딱각딱각" 하는 소리나 "쿵쿵"하는 소리가 날 때에는 현가 장치인 비트림 막대 스프링의 고장으로 볼 수 있다.

12 다음 중 브레이크를 반복하여 사용하면 마찰열이 라이닝에 축적되어 브레이크의 제동력이 저하되는 현상을 무엇이라 하는가?

㉮ 베이퍼록(Vapour lock) 현상
㉯ 페이드(Fade) 현상
㉰ 모닝록(Morning lock) 현상
㉱ 수막(Hydroplaning) 현상

13 다음 중 자동차의 정지거리에 대한 설명으로 올바른 것은?

㉮ 공주시간이 발생하는 동안 자동차가 진행한 거리
㉯ 제동시간이 발생하는 동안 자동차가 진행한 거리
㉰ 공주거리와 제동거리를 합한 거리
㉱ 제동거리에서 공주시거리를 뺀 거리

정답 02. ㉱　03. ㉱　04. ㉱　05. ㉯　06. ㉯　07. ㉯　08. ㉰　09. ㉮　10. ㉮　11. ㉱　12. ㉯　13. ㉰

14 다음 중 중앙분리대로 설지한 방호울타리의 기준으로 적합하지 않은 것은?

㉮ 차량이 방호울타리와 충돌할 경우 튕겨나갈 수 있어야 한다.

㉯ 차량이 방호울타리와 충돌할 경우 차량의 손상을 감소시킬 수 있어야 한다.

㉰ 차량이 반대차로로 침범하는 것을 방지할 수 있어야 한다.

㉱ 충돌 시 차량의 속도를 감속시킬 수 있어야 한다.

15 다음 중 일반적으로 중앙분리대를 설치하면 어떤 유형의 교통사고가 가장 크게 감소하는가?

㉮ 정면충돌사고 ㉯ 추돌사고

㉰ 직각충돌사고 ㉱ 측면접촉사고

16 다음 중 자동차의 이상징후를 오감을 통해 점검할 때 촉각에 의한 점검방법으로 맞는 것은?

㉮ 느슨함, 흔들림, 발열상태 등의 점검

㉯ 부품이나 장치의 외부 굽음 등의 점검

㉰ 이상 발열냄새 등의 점검

㉱ 이상한 소리 등의 점검

17 다음 중 도로의 선형과 횡단면에 따른 교통사고에 대한 설명으로 옳지 않은 것은?

㉮ 곡선부가 오르막 내리막의 종단경사와 중복되는 곳에서는 사고의 위험성이 감소한다.

㉯ 종단선형이 자주 바뀌면 종단곡선의 정점에서 시거가 단축되어 사고의 위험성이 증가한다.

㉰ 길어깨가 넓으면 차량의 이동공간이 넓고, 시계가 넓기 때문에 안전성이 큰 것이 확실하다.

㉱ 일반적으로 횡단면의 차로폭이 넓을수록 교통사고예방의 효과가 있다.

18 도로요인에는 도로구조와 안전시설이 있다. 이 중에 "도로구조"의 설명으로 틀린 것은?

㉮ 노면표시 ㉯ 도로의 선형

㉰ 노면, 차로수 ㉱ 노폭, 구배

19 다음 중 도로법에서 사용하는 "차로수"에 대한 설명으로 맞는 것은?

㉮ 양방향 차로(㉰, ㉱의 차로는 제외)의 수를 합한 것을 말한다

㉯ 편도 방향의 차로의 수를 합한 것을 말한다

㉰ 오르막차로, 회전차로를 합한 차로이다

㉱ 변속차로, 양보차로를 합한 차로이다

20 다음 중 중앙분리대의 종류가 아닌 것은?

㉮ 방호울타리형 ㉯ 연석형

㉰ 광폭 중앙분리대 ㉱ 종단형

21 다음 중 오르막길에서의 안전운전 및 방어운전에 대한 설명으로 옳지 않은 것은?

㉮ 정차시에는 풋 브레이크와 핸드 브레이크를 동시에 사용한다.

㉯ 오르막길에서의 차량 교행시 올라가는 차에 통행 우선권이 있으므로 신속하게 주행한다.

㉰ 출발시에는 핸드 브레이크를 사용하는 것이 안전하다.

㉱ 앞지르기할 때는 힘과 가속력이 좋은 저단 기어를 사용하는 것이 안전하다.

22 다음 중 어린이의 교통행동 특성이 아닌 것은?

㉮ 교통상황에 대한 주의력이 부족하다.

㉯ 판단력이 부족하고 모방행동이 많다.

㉰ 사고방식이 복잡하다.

㉱ 추상적인 말은 잘 이해하지 못하는 경우가 많다.

23 야간에는 주간에 비해 시야가 전조등의 범위로 한정되어 주간보다 속도를 감속하여 운행하는 것이 안전하다. 일반적으로 야간 운전시 주간에 비해 어느 정도 감속하는 것이 적당한가?

㉮ 주간보다 50% 정도 감속

㉯ 주간보다 40% 정도 감속

㉰ 주간보다 30% 정도 감속

㉱ 주간보다 20% 정도 감속

24 다음 중 겨울철 안전운전을 위한 자동차관리 사항으로 보기 힘든 것은?

㉮ 와이퍼의 작동 상태 점검

㉯ 부동액 점검

㉰ 정온기 상태 점검

㉱ 월동장구의 점검

25 다음 중 언덕길 교행방법에 대한 설명으로 틀린 것은?

㉮ 올라가는 차량과 내려오는 차량의 교행 시에는 내려오는 차에 통행 우선권이 있다

㉯ 내려오는 차량과 올라가는 차량의 교행 시에는 올라가는 차가 통행 우선권이 있다

㉰ 올라가는 차량이 양보한다

㉱ 양보 이유는 내리막가속에 의한 사고위험이 더 높다는 점을 고려한 것이다

26 다음 중 고속도로의 운행방법에 대한 설명으로 틀린 것은?

㉮ 속도의 흐름과 도로사정, 날씨 등에 따라 안전거리를 충분히 확보한다

㉯ 주행 중 속도계를 수시로 확인하여 법정속도를 준수한다

㉰ 차로 변경 시는 최소한 100m 전방으로부터 방향지시등을 켜고, 전방 주시점은 속도가 빠를수록 멀리 둔다

㉱ 앞차의 움직임뿐 아니라 가능한 앞차 앞의 5~6대 차량의 움직임도 살핀다.

정답 14. ㉮ 15. ㉮ 16. ㉮ 17. ㉮ 18. ㉮ 19. ㉮ 20. ㉱ 21. ㉯ 22. ㉰ 23. ㉱ 24. ㉮ 25. ㉯ 26. ㉱

27 다음 중 봄철 교통사고의 특징으로 틀린 것은?

㉮ 도로조건 : 도로의 균열이나 낙석의 위험이 크며, 노변의 붕괴 및 함몰로 대형사고 위험이 높다.

㉯ 운전자 : 기온 상승으로 긴장이 풀리고 몸도 나른해지며, 춘곤증에 의한 졸음운전으로 전방주시태만과 관련된 사고 위험이 높다

㉰ 보행자 : 도로변에 보행자 급증으로 모든 운전자들은 때와 장소 구분 없이 보행자(어린이, 노약자 등) 보호혜 많은 주의를 기울여야 한다

㉱ 기상특성 : 중국에서 발생한 황사(흙먼지)가 강한 편서풍을 타고 우리나라 전역에 미쳐 운전자 시야에 지장을 준다

28 다음 중 여름철 안전운행 방법으로 틀린 것은?

㉮ 햇빛에 차량 실내온도가 뜨거워진 때는 창문을 열어 환기시키고 에어컨을 최대로 켜서 더운 공기가 빠져나간 다음에 운행하는 것이 좋다.

㉯ 주행 중 갑자기 시동이 꺼졌을 경우 그 자리에서 계속 재시동을 걸어본다.

㉰ 비가 내리는 중에 주행시는 건조한 도로에 비해 마찰력이 떨어지므로 감속 운행한다.

㉱ 비에 젖은 도로에서는 100분의 20까지, 폭우 시에는 100분의 50까지 감속 운행한다.

29 다음 중 위험물 적재시 적재방법에 대한 설명으로 틀린 것은?

㉮ 운반용기와 포장외부에 위험물의 품목, 화학명 및 수량 등을 표시한다.

㉯ 운반 도중 위험물 또는 위험물을 수납한 운반용기가 떨어지거나 파손이 되지 않도록 적재해야 한다.

㉰ 수납구는 아래로 향하도록 적재한다.

㉱ 직사광선 및 빗물 등의 침투를 방지할 수 있는 덮개를 설치한다.

30 다음 중 운전자가 가져야 할 기본적인 자세로 올바르지 않은 것은?

㉮ 도로 상황은 가변적인 만큼 추측 운전이 중요하다.

㉯ 여유있고 양보하는 마음으로 운전한다.

㉰ 매사에 냉정하고 침착한 자세로 운전한다.

㉱ 자신의 운전기술을 과신하지 말아야 한다.

31 다음 중 고객만족을 위한 서비스 품질의 분류에 속하는 것은?

㉮ 경험품질 ㉯ 소비품질
㉰ 영업품질 ㉱ 신뢰품질

32 다음 중 생산된 재화가 최종 고객이나 소비자에게까지 전달되는 물류과정은?

㉮ 물적 유통과정 ㉯ 물적 공급과정
㉰ 물적 생산과정 ㉱ 물적 소비과정

33 다음 중 직업의 3가지 태도에 해당하지 않는 것은?

㉮ 애정 ㉯ 긍지
㉰ 충성 ㉱ 박애

34 다음 중 인터넷 유통에서의 물류 원칙에 해당하지 않는 것은?

㉮ 적정 수요의 예측 ㉯ 배송기간의 최소화
㉰ 적정 이윤의 확보 ㉱ 반송과 환송 시스템

35 다음 중 고객만족 행동예절에서 "인사"에 대한 설명으로 잘못된 것은?

㉮ 인사는 서비스의 첫 동작이다

㉯ 인사는 서비스의 마지막 동작이다

㉰ 인사는 서로 만나거나 헤어질 때 말·태도 만으로 하는 것이다.

㉱ 인사는 서로 만나거나 헤어질 때 말·태도 등으로 존경·사랑·우정을 표현하는 행동 양식이다

36 다음 중 물류자회사를 통해 화물을 처리하는 물류는?

㉮ 제 1자물류 ㉯ 제 2자물류
㉰ 제 3자물류 ㉱ 제 4자물류

37 다음 중 제3자 물류의 도입 이유로 보기 힘든 것은?

㉮ 물류업무 단순화를 위한 서비스의 확충 차원에서

㉯ 자가물류활동에 의한 물류효율화의 한계 때문에

㉰ 물류산업 고도화를 위한 돌파구가 필요해서

㉱ 물류자회사에 의한 물류효율화의 한계 때문에

38 다음 중 물류(物流, 로지스틱스 : Logistics)의 개념에 대한 설명으로 틀린 것은?

㉮ 공급자로부터 생산자, 유통업자를 거쳐 최종 소비자에 이르는 재화의 흐름을 의미한다

㉯ 물류관리 : ㉮의 재화의 효율적인 "흐름"을 계획, 실행, 통제할 목적으로 행해지는 제반 활동을 의미한다

㉰ 생산자의 요구에 부응할 목적으로 생산지에서 소비자까지 원자재, 중간재, 완성품의 이동(운송) 및 보관에 소요되는 비용을 최소화하고 효율적으로 수행하기 위하여 이들을 계획, 수행, 통제하는 과정이다

㉱ 최근 물류는 단순히 장소적 이동을 의미하는 운송(physical disribution)의 개념에서 발전하여 자재조달이나 폐기, 회수 등까지 총괄하는 경향이다

39 다음 중 물류 서비스의 발전 과정을 순서대로 알맞게 표현한 것은?

㉮ 로지스틱스 → 물류 → 공급망 관리

㉯ 물류 → 공급망 관리 → 로지스틱스

㉰ 공급망 관리 → 로지스틱스 → 물류

㉱ 물류 → 로지스틱스 → 공급망 관리

40 다음 중 철도나 선박과 비교하여 트럭을 활용할 경우 수송상의 장점이 아닌 것은?

㉮ 문전에서 문전 배송서비스를 탄력적으로 수행 가능하다

㉯ 중간 하역이 불필요하여 포장화 간소화, 간략화가 가능하다.

㉰ 타 수송기관과 연동없이 일관된 서비스를 수행할 수 있다.

㉱ 수송단가가 절감되고 자원 및 에너지 문제를 해결할 수 있다.

정답 27. ㉱ 28. ㉯ 29. ㉰ 30. ㉮ 31. ㉰ 32. ㉮ 33. ㉱ 34. ㉰ 35. ㉰ 36. ㉯ 37. ㉮ 38. ㉰ 39. ㉱ 40. ㉱

실전모의고사 2회

제1교시 관련법규, 화물취급요령

01 다음 중 도로교통법상의 규정에 의한 자동차에 해당되지 않는 것은?

㉮ 승용자동차
㉯ 125cc 초과하는 이륜자동차
㉰ 콘크리트 믹서트럭
㉱ 농업용 콤바인

02 다음 중 제1종 대형 운전면허 소지자만 운전할 수 있는 자동차는?

㉮ 총 중량 10톤 미만의 특수자동차(트레일러 및 레커 제외)
㉯ 승차정원 15인 이하의 승합자동차
㉰ 적재물량 12톤 미만의 화물자동차
㉱ 건설기계인 덤프트럭

03 연석선, 안전표지 또는 그와비슷한 인공구조물을 이용하여 경계(境界)를 표시하여 모든 차가 통행 할 수 있도록 설치된 부분의 용어의 명칭은?

㉮ 차도(車道)
㉯ 차로(車路)
㉰ 차선(車線)
㉱ 연석선(連石線)

04 다음 중 도로교통법에서 '차마가 한 줄로 도로의 정하여진 부분을 통행하도록 차선으로 구분 한 차도의 부분'을 무엇이라 하는가?

㉮ 차로
㉯ 도로
㉰ 교차로
㉱ 차마

05 다음 중 편도 4차로인 고속도로 외의 도로에서 적재중량이 1.5톤을 초과하는 화물자동차의 통행로는?

㉮ 1차로
㉯ 2차로
㉰ 3차로
㉱ 4차로

06 다음 중 차의 운전과 관련하여 서행 및 일시정지해야 하는 상황 또는 장소에 대한 설명으로 틀린 것은?

㉮ 교차로에서 좌회전 또는 우회전할 때는 서행한다.
㉯ 길가의 건물이나 주차장 등에서 도로에 들어가려고 할 때에는 서행한다.
㉰ 황색등화시 정지선에 있거나 횡단보도에 있을 때에는 그 직전이나 교차로의 직전에서 정지한다.
㉱ 보행자 전용도로 통행시 보행자의 걸음걸이 속도로 운행하거나 일시 정지한다.

07 모든 차의 운전자가 위험방지를 위한 경우와 그 밖의 부득이한 경우에 조치를 할 수 있는 행위들이다. 아닌 것은?

㉮ 차를 갑자기 정지 시킨다.
㉯ 차의 속도를 갑자기 줄인다.
㉰ 차를 갑자기 제동 한다.
㉱ 차의 엔진을 정지 시킨다.

08 다음 중 보행자 보호의무에 대한 설명으로 틀린 것은?

㉮ 보행자가 횡단보도를 통행하고 있는 때에는 그 횡단보도 앞에서 일시정지 하여야 한다.
㉯ 모든 차의 운전자는 정지선이 설치되어 있는 곳에서는 그 정지선에서 일시정지 한다.
㉰ 보행자의 횡단을 방해하거나 위험을 주어서는 아니 된다.
㉱ 보행자가 적법하게 횡단 중 신호변경이 되어 미처 건너지 못한 보행자가 예상되므로 운전자는 즉시 출발한다.

09 다음 중 긴급자동차의 특례에 대한 설명 중 틀린 것은?

㉮ 부득이한 때에는 도로의 좌측부분을 통행할 수 있다.
㉯ 긴급자동차 본래의 용도와 관계없이 특례가 인정된다.
㉰ 일시정지하여야 할 곳에서 정지하지 않을 수 있다.
㉱ 법정 운행속도 및 제한속도를 준수하지 아니하고 통행할 수 있다.

10 다음 중 정비불량차의 정의로 올바른 것은?

㉮ 자동차운수사업법에 의하여 운행할 수 없는 상태의 차
㉯ 도로교통법에 의한 자동차 정비가 불량한 차
㉰ 자동차 구조학적으로 정상적인 운전에 지장을 줄 상태의 차
㉱ 자동차관리법, 건설기계관리법에 의한 장치가 정비되어 있지 아니한 차

11 다음 중 운전면허 종별로 운전할 수 있는 자동차의 기준으로 틀린 것은?

㉮ 트레일러 및 레커를 제외한 특수자동차 -제1종 대형면허
㉯ 적재중량 12톤 미만의 화물자동차 -제1종 보통면허
㉰ 승차정원 10인 이상의 승합자동차 - 제2종 보통면허
㉱ 측차부를 포함한 2륜 자동차 - 제2종 소형면허

12 다음 중 차마가 다른 교통 또는 안전표지에 주의하면서 진행할 수 없는 교통신호는?

㉮ 차량신호등 - 황색등화의 점멸
㉯ 차량신호등 - 적색등화의 점멸
㉰ 보행자신호등 - 적색등화의 점멸
㉱ 보행자신호등 - 황색등화의 점멸

13 다음 중 특정범죄가중처벌 등에 관한 법률에 의하여 도주사고에 해당되는 것은?

㉮ 부상피해자에 대한 적극적인 구호조치 없이 가버린 경우
㉯ 경찰관이 환자를 후송하는 것을 보고 연락처를 주고 가버린 경우
㉰ 교통사고 가해운전자가 심한 부상을 입어 타인에게 의뢰하여 피해자를 후송 조치한 경우
㉱ 교통사고 장소가 혼잡하여 도저히 정지할 수 없어 일부 진행한 후 정지하고 되돌아 와 조치한 경우

14 다음 중 3주 이상의 치료를 요하는 의사의 진단이 있는 인적 피해 교통사고 발생시 운전면허 행정처분 기준에 따라 중상 1명마다 운전자가 받는 벌점은?

㉮ 90점
㉯ 60점
㉰ 35점
㉱ 15점

15 다음 중 도주사고가 적용되지 않는 경우는?

㉮ 차량과의 충돌을 알면서 그대로 가버린 경우
㉯ 가해자 및 피해자 일행이 환자를 후송 조치하는 것을 보고 연락처를 주고 가버린 경우
㉰ 피해자가 사고 즉시 일어나 걸어가는 것을 보고 구호조치 없이 그대로 가버린 경우
㉱ 사고 후 의식이 회복된 운전자가 피해자에 대한 구호조치를 하지 않았을 경우

16 다음 중 무면허 운전으로 볼 수 없는 것은?

㉮ 외국인으로 입국 1년이 지나지 않은 국제운전면허증을 소지하고 운전하는 경우
㉯ 오토면허 소지자가 스틱차량을 운전한 경우
㉰ 건설기계를 제 1종 보통면허로 운전한 경우
㉱ 군인이 군 면허만 취득소지하고 일반차량을 운전한 경우

17 다음 중 '다른 사람의 요구에 응하여 화물자동차를 사용하여 화물을 유상으로 운송하는 사업'은 무엇인가?

㉮ 화물자동차운송주선사업
㉯ 화물자동차운송가맹사업
㉰ 화물자동차운송사업
㉱ 화물자동차중개사업

18 다음 중 화물자동차운송사업을 경영하려면 누구의 허가를 받아야 하는가?

㉮ 화물운송협회장
㉯ 교통안전공단이사장
㉰ 국토교통부장관
㉱ 협회장

19 다음 중 대기환경보전법령에 따른 "대기 중에 떠다니거나 흩날려 내려오는 입자상 물질"을 무엇이라 하는가?

㉮ 가스
㉯ 먼지
㉰ 검댕
㉱ 매연

20 다음 중 부당한 운임 또는 요금을 받았을 때 화주가 환급(반환)을 요구할 수 있는 대상자는?

㉮ 당해 운전자
㉯ 운송사업자
㉰ 운수종사자
㉱ 운수사업자

21 다음 중 화물자동차 운수사업자 협회의 설립에 대한 설명으로 잘못된 것은?(시ㆍ도지사에게 위임)

㉮ 목적 : 화물자동차 운수사업의 건전한 발전과 운수사업의 공동이익을 도모하기 위하여 설립한다
㉯ 국토교통부장관의 인가를 받아 설립한다
㉰ 화물자동차 운수사업의 종류별 또는 특별시·광역시·특별자치시·도 별로 협회를 설립할 수 있다
㉱ 연합회의 설립도 시·도지사의 인가를 받아 설립할 수 있다

22 화물운송 종사자격을 받지 아니하고 화물자동차 운수사업의 운전 업무에 종사한 자 또는 거짓이나 그 밖의 부정한 방법으로 화물운송 종사자격을 취득한 자에 부과되는 과태료는?

㉮ 100만원 이하의 과태료가 부과된다
㉯ 200만원 이하의 과태료가 부과된다
㉰ 300만원 이하의 과태료가 부과된다
㉱ 500만원 이하의 과태료가 부과된다

23 다음 중 화물운송종사자격의 취소 사유가 아닌 것은?

㉮ 거짓 그 밖의 부정한 방법으로 화물운송종사자격을 취득한 때
㉯ 화물운송 중에 과실로 교통사고를 일으켜 대물피해를 입힌 때
㉰ 화물운송종사자격증을 다른 사람에게 대여한 때
㉱ 화물자동차를 운전할 수 있는 도로교통법에 의한 운전면허가 취소된 때

24 다음 중 환경보전법상 '연소시에 발생하는 유리탄소를 주로 의미하는 미세한 입자상 물질'은 무엇인가?

㉮ 대기오염물질
㉯ 가스
㉰ 입장상 물질
㉱ 매연

25 다음 중 운송장 부착요령에 대한 설명으로 틀린것은?

㉮ 운송장은 뚜렷하게 잘 보일 수 있도록 물품의 우측 상단에 부착한다.
㉯ 운송장은 원칙적으로 접수장소에서 매 건마다 작성하여 화물에 부착한다.
㉰ 작은 소포의 경우 운송장 부착이 가능한 박스에 포장하여 수탁 후 부착한다.
㉱ 구 운송장이 붙어있는 경우 이를 제거하고 새로운 운송장을 부착한다.

정답 13. ㉮ 14. ㉱ 15. ㉯ 16. ㉮ 17. ㉰ 18. ㉰ 19. ㉯ 20. ㉯ 21. ㉯ 22. ㉱ 23. ㉯ 24. ㉱ 25. ㉮

26 다음 중 화물운송종사자격시험에 합격한 사람이 받아야 하는 법정교육 시간은?

㉮ 4시간   ㉯ 8시간   ㉰ 12 시간   ㉱ 16 시간

27 다음 중 차량 내 화물 적재방법으로 맞지 않는 것은?

㉮ 정차 시 넘어지지 않도록 질서있게 정리하여 적재한다.

㉯ 차의 요동으로 안정이 파괴되기 쉬운 짐은 결박하지 않는다.

㉰ 긴 물건을 적재할 때는 적재함 밖으로 나온 부위에 위험표시를 하여 둔다.

㉱ 둥글고 구르기 쉬운 물건은 상자에 넣어 적재한다.

28 다음 중 화물의 입고 및 출고 작업 요령에 대한 설명으로 옳지 않은 것은?

㉮ 신속한 작업을 위해 하적단의 상층과 하층에서 동시에 작업을 진행 한다.

㉯ 하적단 화물을 출하할 때는 하적단 위에서부터 순차적으로 층계를 지으면서 헐어내도록 한다.

㉰ 들머리 작업시에는 적재더미의 불안전한 상태를 수시로 확인하여 붕괴 등의 위험을 예방한다.

㉱ 상차용 콘베이어를 이용하여 타이어를 상차할 때는 타이어가 떨어지거나 떨어질 위험이 있는 곳에서 작업을 금지한다.

29 다음 중 포장의 일반적인 기능으로 볼 수 없는 것은?

㉮ 보호성   ㉯ 표시성

㉰ 판매촉진성   ㉱ 통기성

30 다음 중 고속도로 운행제한 차량에 해당되는 것은?

㉮ 적재물을 포함한 차량의 높이가 5m인 차량

㉯ 차량의 축하중이 10톤인 차량

㉰ 적재물을 포함한 차량의 길이가 19m인 차량

㉱ 차량의 총중량이 35톤인 차량

31 다음 중 자동차 검사의 구분에 대한 설명으로 틀린 것은?

㉮ 신규검사 : 신규등록을 하려는 경우 실시하는 검사

㉯ 정기검사 : 신규등록 후 일정기간마다 정기적으로 실시하는 검사로 교통안전공단만이 대행하고 있다

㉰ 구조변경검사 : 자동차의 구조 및 장치를 변경한 경우에 실시하는 검사

㉱ 임시검사 : 자동차관리법 또는 같은 법의 명령이나 자동차 소유자의 신청을 받아 비정기적으로 실시하는 검사

32 다음 중 세미 트레일러(Semi trailer)의 특징으로 잘못 설명된 것은?

㉮ 기둥,통나무 등 장척의 적하물 자체가 트랙터와 트레일러의 연결부분,구성하는 구조의 트레일러이다.

㉯ 가동 중인 트레일러 중에서는 가장 많고 일반적인 트레일러이다.

㉰ 발착지에서의 트레일러 탈착이 용이하고 공간을 적게 차지해서 후진하는 운전을 하기가 쉽다.

㉱ 세미 트레일러용 트랙터에 연결하여,총 하중의 일부분이 견인하는 자동차에 의해 서 지탱되도록 설계된 트레일러이다.

33 다음 중 배송물품의 파손사고를 방지하기 위한 대책으로 옳지 않은 것은?

㉮ 집하시 고객에게 내용물에 관한 정보를 충분히 듣고 포장상태를 확인한다.

㉯ 사고위험품은 안전박스에 적재하거나 별도로 적재하여 관리한다.

㉰ 가까운 거리로 배송되는 화물 또는 가벼운 화물은 쉽게 처리한다.

㉱ 충격에 약한 화물은 포장을 보강하고 특기사항을 표기해 둔다.

34 한국산업규격에 의한 화물자동차의 종류 중 '크레인 등을 갖추고 고장차의 앞 또는 뒤를 매달아 올려서 수송하는 특수장비자동차'는 무엇인가?

㉮ 레커차   ㉯ 트럭 크레인

㉰ 캡 오버 엔진 트럭   ㉱ 크레인 붙이 트럭

35 다음 중 트레일러의 종류 중에서 주로 파이프 , H형강 등의 장척물을 수송하는 데 사용되며, 적하물의 길이에 따라 거리를 조정할 수 있는 것은?

㉮ 풀(Full) 트레일러   ㉯ 폴(Pole) 트레일러

㉰ 세미(Semi) 트레일러   ㉱ 돌리(Dolly)

36 다음 중 고객이 책임 있는 사유로 약정된 이사화물의 인수일 1일전까지 사업자에게 계약해제를 공지한 경우 지급할 손해배상액으로 맞는 것은?

㉮ 계약금   ㉯ 계약금의 배액

㉰ 계약금의 2배액   ㉱ 계약금의 4배액

37 고객과 이루어진 이사화물의 운송계약을 약정된 이사화물의 인수일 당일에 사업자의 책임 사유로 해제한 경우 해당 사업자가 고객에게 지불해야 할 손해배상액은 얼마인가?

㉮ 계약금의 6배액을 지급   ㉯ 계약금의 4배액을 지급

㉰ 계약금의 2배액을 지급   ㉱ 계약금만 지급

38 이사화물표준약관의 규정에 따르면 이사화물의 일부 멸실 또는 훼손에 대한 사업자의 손해배상책임은 고객이 이사화물을 인도한 날로부터 얼마의 기간 이내에 그 사실을 사업자에게 통지하지 않으면 소멸되는가?

㉮ 15일   ㉯ 20일

㉰ 25일   ㉱ 30일

39 다음 중 독극물 취급 시 주의사항으로 적절하지 않은 것은?

㉮ 독극물의 적재 및 적하작업 전에는 주차브레이크를 사용하여 차량이 움직이지 않도록 할 것

㉯ 독극물 저장소,드럼통 등은 내용물을 알 수 없도록 포장할 것

㉰ 취급 불명의 독극물을 함부로 취급하지 말 것

㉱ 독극물이 들어 있는 용기는 마개를 단단히 닫고 빈 용기와 확실하게 구별하여 넣을 것

40 다음 중 대기환경보전법의 제정 목적이 아닌 것은?

㉮ 대기오염으로 인한 국민건강이나 환경에 관한 위해(危害)를 예방하기 위하여

㉯ 대기환경을 적정하게 지속가능하게 관리·보전하기 위하여

㉰ 모든 국민이 건강하고 쾌적한 환경에서 생활할 수 있게 하기 위하여

㉱ 모든 자동차 등의 운전자의 건강보호를 위하여

정답   26. ㉯   27. ㉯   28. ㉮   29. ㉱   30. ㉮   31. ㉯   32. ㉮   33. ㉰   34. ㉮   35. ㉯   36. ㉮   37. ㉮   38. ㉱   39. ㉯   40. ㉱

제2교시   안전운행, 운송서비스

01 다음 중 교통사고의 3대 요인에 해당하지 않는 것은?

㉮ 인적 요인   ㉯ 차량 요인
㉰ 법률적 요인   ㉱ 도로 환경 요인

02 다음 중 교통사고의 심리적 요인 중에서 속도의 착각에 대한 설명으로 맞는 것은?

㉮ 주시점이 가까운 좁은 시야에서는 느리게 느껴진다.
㉯ 상대 가속도감은 동일 방향으로 느낀다.
㉰ 주시점이 먼 곳에 있을 때는 빠르게 느껴진다.
㉱ 주시점이 가까운 좁은 시야에서는 빠르게 느껴진다.

03 다음 중 타이어의 공기압 점검은 자동차의 일상점검장치 중 어디에 해당하는가?

㉮ 제동장치   ㉯ 조향장치
㉰ 완충장치   ㉱ 주행장치

04 다음 중 동체시력의 특성으로 틀린 것은?

㉮ 물체의 이동속도가 빠를수록 상대적으로 저하된다
㉯ 정지시력이 1.2인 사람이 시속 50km로 운전하면서 고정된 대상물을 볼 때의 시력은 0.7이하로 떨어진다
㉰ 정지시력이 1.2인 사람이 시속 90km로 운전하면서 고정된 대상물을 볼 때의 시력은 0.6이하로 떨어진다
㉱ 동체시력은 연령이 높을수록 더욱 저하되고, 장시간 운전에 의한 피로상태에서도 저하된다.

05 다음 중 도로교통체계의 구성요소로 볼 수 없는 것은?

㉮ 도로 사용자   ㉯ 도로 및 교통신호등 등의 환경
㉰ 차량   ㉱ 관련법규

06 다음 중 구조에 해당되지 않는 것은?

㉮ 도로의 선형   ㉯ 차로수
㉰ 구배   ㉱ 방호책

07 다음 중 사고의 원인과 요인 중 간접적 요인에 대한 설명으로 다른 것은?

㉮ 운전자에 대한 홍보활동 결여 및 훈련 결여
㉯ 차량의 운전 전 점검습관의 결여, 무리한 운행계획
㉰ 불량한 운전태도, 운전자 심신기능
㉱ 안전운전을 위하여 필요한 교육태만, 안전 지식 결여

08 다음 중 어린이 교통사고에 대한 설명으로 틀린 것은?

㉮ 보행중 교통사고를 당하여 사상당하는 비율이 절반이상으로 가장 많다.
㉯ 시간대별 어린이 사상자는 오후 4시에서 오후 6시 사이가 가장 많다.
㉰ 보행 중 사상자는 집에서 2km 이내의 거리에서 가장 많이 발생한다.
㉱ 학년이 높을수록 교통사고가 많이 발생한다.

09 다음 중 운전특성과 관련한 설명으로 틀린 것은?

㉮ 운전과정은 "인지-판단-조작"의 과정을 수 없이 반복하는 것이다.
㉯ 인적요인은 차량요인, 도로환경요인 등 다른 요인에 비해 변화시키거나 수정하기가 상대적으로 쉽다.
㉰ 운전자의 신체·생리적 조건은 피로, 약물, 질병 등이 포함된다.
㉱ 운전자 요인에 의한 교통사고 중 인지과정의 결함에 의한 사고가 가장 많다.

10 다음 중 한쪽 곡선을 보고 반대방향의 곡선을 봤을 때 실제보다 더 구부러져 있는 것처럼 보이는 것은 사고의 심리적 요인 중에서 어느 것에 해당하는가?

㉮ 원근의 착각   ㉯ 상반의 착각
㉰ 경사의 착각   ㉱ 크기의 착각

11 다음 중 방어운전을 위하여 운전자가 갖추어야 할 기본사항이 아닌 것은?

㉮ 능숙한 운전기술   ㉯ 자기중심적 운전태도
㉰ 정확한 운전지식   ㉱ 세심한 관찰력

12 여름철 무더운 날씨에는 엔진이 쉽게 과열된다. 이러한 현상이 발생되지 않도록 점검해야 할 사항으로 가장 관련이 없는 것은?

㉮ 냉각수의 양
㉯ 타이어의 공기압
㉰ 냉각수 누수 여부
㉱ 팬벨트의 여유분 휴대 여부

13 다음 중 다른 차가 자신의 차를 앞지르기할 때의 안전운전 요령이 아닌 것은?

㉮ 자신의 차량 속도를 앞지르기를 시도하는 차량의 속도 이하로 적절히 감속한다.
㉯ 주행하던 차로를 그대로 유지한다.
㉰ 다른 차가 안전하게 앞지르기할 수 있도록 배려한다.
㉱ 앞지르기 금지장소에서는 앞지르기하는 차의 진로를 막아 위험을 방지한다.

14 다음 중 음주운전 교통사고의 특징을 설명한 것과 관계가 먼 것은?

㉮ 주차 중인 자동차와 같은 정치물체 등에 충돌
㉯ 차량단독사고의 가능성이 매우 낮음
㉰ 전신주, 가로시설물, 가로수 등과 같은 고정물체에 충돌
㉱ 치사율이 다른 사고에 비해 높음

15 다음 중 운전피로의 3대 요인 구성이 아닌 것은?

㉮ 생활요인 : 수면·생활환경 등
㉯ 운전작업중의 요인 : 차내(외)환경·운행조건
㉰ 운전자 요인 : 신체조건·경험조건·연령조건·성별조건·성격·질병 등
㉱ 정신(심리)적 조건 : 대뇌의 피로(나른함, 불쾌감)

정답   제2교시 01. ㉰   02. ㉱   03. ㉱   04. ㉰   05. ㉱   06. ㉱   07. ㉰   08. ㉱   09. ㉯   10. ㉯   11. ㉯   12. ㉯   13. ㉱   14. ㉯   15. ㉱

16 다음 중 담배꽁초의 처리방법으로 가장 적절한 것은?

㉮ 꽁초를 손가락으로 튕겨 버린다.
㉯ 꽁초를 바닥에다 발로 밟아버린다.
㉰ 차창 밖으로 버리지 않는다.
㉱ 화장실 변기에 버린다.

17 다음 중 제동장치의 종류가 아닌 것은?

㉮ 주차브레이크   ㉯ 풋 브레이크
㉰ 엔진 브레이크   ㉱ 감속 브레이크

18 다음 중 오감(五感)으로 판별하는 자동차 이상 징후에서 활용도가 제일 낮은 감각(感覺)은?

㉮ 시각(視覺)   ㉯ 청각(聽覺)
㉰ 촉각(觸覺)   ㉱ 미각(味覺)

19 다음 중 조향 장치 중에서 타이어의 마모를 방지하기 위한 역할을 담당하는 것은?

㉮ 캠버(Camber)   ㉯ 캐스터(Caster)
㉰ 토우인(Toe-in)   ㉱ 코일 스프링(Coil - Spring)

20 자동차의 진동과 관련하여 '차체가 X축을 중심으로 회전운동하는 고유 진동'을 무엇이라 하는가?

㉮ 바운싱(Bouncing)   ㉯ 롤링(Rolling)
㉰ 피칭(Pitching)   ㉱ 요잉(Yawing)

21 일반적으로 차로의 수가 많을수록 교통사고가 많이 발생한다고 한다. 그 원인으로 옳지 않은 것은?

㉮ 교통량이 많기 때문이다
㉯ 교차로가 많기 때문이다
㉰ 도로변의 개발밀도가 높기 때문이다
㉱ 차로의 폭이 넓기 때문이다

22 다음 중 종단선형과 교통사고의 관계를 설명한 것으로 틀린 것은?

㉮ 일반적으로 종단경사(오르막 내리막 경사)가 커짐에 따라 사고율이 높다
㉯ 종단선형이 자주 바뀌면 종단곡선의 지점에서 시거가 단축되어 사고가 일어나기 쉽다
㉰ 일반적으로 양호한 선형조건에서 제한시거가 규칙적으로 나타나면 평균사고율보다 훨씬 높은 사고율을 보인다
㉱ 일반적으로 양호한 선형조건에서 제한시거가 불규칙적으로 나타나면 평균사고율보다 훨씬 높은 사고율을 보인다

23 다음 중 방호울타리 기능의 설명으로 틀린 것은?

㉮ 횡단을 방지할 수 있어야 한다
㉯ 차량을 감속시킬 수 있어야 한다
㉰ 차량이 대향차로로 튕겨나가지 않아야 한다
㉱ 사람의 손상이 적도록 해야 한다

24 다음 중 방어운전의 기본사항이 아닌 것은?

㉮ 능숙한 운전 기술, 정확한 운전지식
㉯ 예측능력과 판단력, 세심한 관찰력
㉰ 양보와 배려의 실천, 교통상황 정보수집
㉱ 반성의 자세, 무리한 운행 실행

25 다음 중 교차로의 황색신호기간과 안전운전에 대한 설명으로 틀린 것은?

㉮ 교차로에서 황색신호는 통상 6초를 기본으로 운영된다
㉯ 황색신호시 이미 교차로에 진입한 차량은 신속하게 빠져나가야 하는 시간이다
㉰ 아직 교차로에 진입하지 못한 차량은 진입해서는 안 되는 시간이다
㉱ 황색신호에는 반드시 신호를 지켜 정지선에 멈출 수 있도록 교차로 접근 시 자동차의 속도를 줄여 운행한다.

26 다음 중 신호기가 표시하는 신호의 종류가 아닌 것은?

㉮ 녹색화살표의 등화   ㉯ 황색등화의 점멸
㉰ 적색등화의 점멸   ㉱ 황색화살표의 등화

27 다음 중 커브길 교통사고 위험의 설명으로 잘못된 것은?

㉮ 도로의 이탈의 위험이 뒤따른다
㉯ 자기 능력에 부합된 속도로 주행한다
㉰ 중앙선을 침범하여 대향차와 충돌할 위험이 있다
㉱ 시야불량으로 인한 사고의 위험이 있다

28 다음 중 수배송활동 3가지 단계의 물류정보처리기능에 해당하지 않는 것은?

㉮ 판매   ㉯ 계획
㉰ 실시   ㉱ 통제

29 다음 중 GPS의 활용범위에 대한 설명으로 거리가 먼 것은?

㉮ 각종 자연재해로부터 사전대비를 통한 재해 회피
㉯ 토지조성공사 시 작업자가 리얼타임으로 신속대응
㉰ 대도시 교통혼잡 시 도로사정 파악
㉱ 수송차의 추적시스템의 통제가 어려움

30 다음 중 위험물 적재 시 운반용기와 포장외부에 표시해야 할 사항으로 알맞지 않은 것은?

㉮ 위험물의 품목   ㉯ 위험물의 화학명
㉰ 취급 담당자의 이름   ㉱ 위험물의 수량

31 다음 중 고객 서비스와 관련한 설명으로 가장 올바른 것은?

㉮ 서비스는 상품과 별개로 행해지는 일종의 사후 처리 과정이라고 볼 수 있다.
㉯ 서비스는 고객이 느끼는 품질의 만족도와는 아무런 관련이 없다.
㉰ 서비스는 고객에게 일시적으로 행해지는 활동을 의미한다.
㉱ 서비스는 품질의 만족을 위하여 고객에게 계속적으로 제공하는 모든 활동을 말한다.

정답   16. ㉰   17. ㉱   18. ㉱   19. ㉰   20. ㉯   21. ㉱   22. ㉰   23. ㉱   24. ㉱   25. ㉮   26. ㉱   27. ㉯   28. ㉮   29. ㉱   30. ㉰   31. ㉱

32 다음 중 인사의 중요성과 인사 요령에 대한 설명으로 적절하지 않은 것은?

㉮ 인사는 애사심, 존경심, 우애, 자신의 교양과 인격의 표현이다.

㉯ 인사는 서비스의 주요 기법이며, 고객과 만나는 첫걸음이다.

㉰ 인사는 고객에 대한 마음가짐의 표현이자 서비스 정신의 표시이다.

㉱ 고객에 대한 정중한 인사는 머리와 상체를 15도 정도 숙이는 정도이다.

33 다음 중 고객을 대하는 직업운전자의 표정관리 요령으로 적절하지 않은 것은?

㉮ 시선을 집중하여 고객의 한 곳만을 응시한다.

㉯ 자연스럽고 부드러운 시선으로 고객을 응시한다.

㉰ 눈동자는 항상 중앙에 위치하도록 한다.

㉱ 가급적 고객의 눈높이와 맞춘다.

34 다음 중 예절바른 운전습관의 설명으로 다른 것은?

㉮ 명랑한 교통질서 유지

㉯ 교통사고의 예방

㉰ 교통문화를 정착시키는 선두주자

㉱ 운전기술의 과신은 금물

35 다음 중 고객서비스전략 수립 시 물류서비스의 내용으로 맞지 않는 것은?

㉮ 수주부터 도착까지의 리드타임 단축

㉯ 대량 출하체제

㉰ 긴급출하 대응 실시

㉱ 재고의 감소

36 다음 중 물류시설에 대한 설명으로 틀린 것은?

㉮ 물류에 필요한 화물의 운송·보관·하역을 위한 시설

㉯ 화물의 운송·보관·하역 등에 부가되는 가공·조립·분류·수리·포장·상표부착·판매·정보통신 등을 위한 사설

㉰ 물류의 공동화·자동화 및 정보화를 위한 시설

㉱ 물류터미널 또는 물류단지시설은 물류시설에 포함되지 않는다

37 다음은 공급망관리의 기능에서 "제조업의 가치사슬 구성"의 순서이다. 옳은 것은?

㉮ 부품조달 → 조립·가공 → 판매유통

㉯ 조립·가공 → 판매유통 → 부품조달

㉰ 판매유통 → 조립·가공 → 부품조달

㉱ 부품조달 → 판매유통 → 조립·가공

38 다음 중 물류의 발전방향과 거리가 먼 것은?

㉮ 비용절감

㉯ 요구되는 수준의 서비스 제공

㉰ 기업의 성장을 위한 물류전략의 계발

㉱ 물류의 재고량 증가

39 다음 중 운전자의 직업관에서 직업의 윤리에 대한 설명이 아닌 것은?

㉮ 직업에는 귀천이 없다(평등)

㉯ 직업에는 귀천이 있다(불평등)

㉰ 천직의식(운전으로 성공한 운전기사는 긍정적인 사고방식으로 어려운 환경을 극복)

㉱ 감사하는 마음(본인, 부모, 가정, 직장, 국가에 대하여 본인의 역할이 있음을 감사하는 마음)

40 다음 중 택배운송서비스와 관련된 설명으로 옳지 않은 것은?

㉮ 화물에 약간의 문제가 있을 때는 잘 설명하여 이용하도록 조치한다.

㉯ 대리자에게 인계 시에는 반드시 이름과 서명을 받고 관계를 기록하도록 한다.

㉰ 부재안내표를 작성할 때는 반드시 방문시간, 송하인, 화물명, 연락처 등을 기록하여 문안에 투입한다.

㉱ 인계자를 밖으로 불러냈을 때는 반드시 죄송하다는 인사를 하며, 길거리에서 인계하면 된다.

정답 32. ㉱ 33. ㉮ 34. ㉱ 35. ㉯ 36. ㉱ 37. ㉮ 38. ㉱ 39. ㉯ 40. ㉱

실전모의고사 3회

제1교시 관련법규, 화물취급요령

01 다음 중 자동차만 다닐 수 있도록 설치된 도로는?

㉮ 자동차유일도로 ㉯ 자동차전용도로
㉰ 자동차전속도로 ㉱ 자동차통용도로

02 도로교통법 상의 "차도와 보도를 구분하는 돌 등으로 이어진 선"의 용어의 명칭은?

㉮ 차선(車線) ㉯ 차로(車路)
㉰ 차도(車道) ㉱ 연석선(連石線)

03 다음 중 사람이 끌고가는 손수레에 대한 설명으로 틀린 것은?

㉮ 사람의 힘으로 운전되는 것이므로 차이다
㉯ 사람이 끌고가는 손수레가 보행자를 충격하였을 때에는 차에 해당한다
㉰ 손수레 운전자를 다른 차량이 충격하였을 때에는 보행자로 본다
㉱ 손수레 운전자를 승용자동차가 충격하였을 때에는 차의 운전자에 해당한다

04 다음 중 차로와 차로를 구분하기 위하여 그 경계지점을 안전표지에 의하여 표시한 선을 무엇이라 하는가?

㉮ 차도 ㉯ 차로
㉰ 교차로 ㉱ 차선

05 다음 중 교통사고처리특례법 적용 배제 사유가 아닌 것은?

㉮ 신호위반사고
㉯ 무면허운전사고
㉰ 교차로 내 사고
㉱ 앞지르기 금지장소 위반사고

06 다음 중 교통사고 발생 시부터 72시간 이내에 피해자가 사망한 경우 사망자 1명당 가해자에게 부과되는 벌점은?

㉮ 50점 ㉯ 70점
㉰ 90점 ㉱ 110점

07 다음 중 운전면허 행정처분시 적용하는 사망의 시간기준과 벌점으로 알맞은 것은?

㉮ 사고발생시로부터 12시간 내에 사망한 때 - 벌점 30점
㉯ 사고발생시로부터 24시간 내에 사망한 때 - 벌점 50점
㉰ 사고발생시로부터 48시간 내에 사망한 때 - 벌점 70점
㉱ 사고발생시로부터 72시간 내에 사망한 때 - 벌점 90점

08 다음 중 제1종 대형 운전면허 시험에 응시할 수 있는 연령과 경력으로 맞는 것은?

㉮ 16세 이상
㉯ 19세 이상, 경력 1년 이상
㉰ 18세 이상
㉱ 20세 이상, 경력 1년 이상

09 다음 중 횡단보도에서 자전거와 사고발생시의 결과 조치로 틀린 것은?

㉮ 자전거를 타고 횡단보도를 통행중 사고 - 안전운전 불이행 적용
㉯ 자전거를 끌고 횡단보도를 통행중 사고 - 보행자 보호의무 위반 적용
㉰ 자전거를 멈추고 한발을 페달에 한발을 노면에 딛고 서 있던 중 사고 - 안전운전 불이행 적용
㉱ 자전거를 멈추고 두발을 노면에 딛고 서 있던 중 사고 - 보행자 보호의무 위반 적용

10 다음 중 무면허 운전에 해당하는 경우의 설명으로 해당되지 아니한 것은?

㉮ 유효기간이 지난 면허증으로 운전한 경우
㉯ 면허 취소처분을 받은 자가 운전하는 경우
㉰ 시험합격 후 면허증 교부 후 운전하는 경우
㉱ 면종별의 차량을 운전하는 경우

11 다음 중 교통사고처리특례법상 승객추락방지의무 위반사고의 자동차적 요건에 해당되지 않은 것은?

㉮ 승용자동차 ㉯ 승합자동차
㉰ 이륜차 ㉱ 화물자동차

12 다음 중 화물자동차운송사업을 경영하고자 하는 사람이 허가를 받아야 할 허가권자는 누구인가?

㉮ 화물자동차운수사업협회장
㉯ 국토교통부장관
㉰ 교통안전공단이사장
㉱ 관할경찰서장

13 다음 중 화물의 인수요령에 대한 설명으로 틀린 것은?

㉮ 두 개 이상의 화물을 하나의 화물로 밴딩처리한 경우 반드시 고객에게 파손 가능성 을 설명하고 각각 운송장 및 보조송장을 부착하여 집하한다.
㉯ 신용업체의 대량화물을 집하할 때 수량 착오가 발생하지 않도록 일부를 선별하여 박스 수량과 운송장에 표기 된 수량을 확인한다.
㉰ 화물은 취급가능 화물규격 및 중량,취급 불가 화물품목을 확인하고, 화물의 안전 수송과 타 화물의 보호를 위하여 포장상태 및 화물의 상태를 확인한 후 접수 여부를 결정한다.
㉱ 운송인의 책임은 물품을 인수하고 운송장을 교부한 시점부터 발생한다.

정답 제1교시 01. ㉯ 02. ㉱ 03. ㉱ 04. ㉱ 05. ㉰ 06. ㉰ 07. ㉱ 08. ㉯ 09. ㉰ 10. ㉰ 11. ㉰ 12. ㉯ 13. ㉯

14 다음 중 화물의 하역방법으로 적절하지 않은 것은?

㉠ 상자로 된 화물은 취급표지에 따라 다루어야 한다.

㉡ 길이가 고르지 못하면 한쪽 끝이 맞도록 한다.

㉢ 종류가 다른 것을 적치할 때는 가벼운 것을 밑에 쌓는다.

㉣ 물품을 야외에 적치할 때에는 밑받침을 하고 덮개로 덮는다.

15 다음 중 화물의 멸실·훼손 또는 인도의 지연으로 인한 운송사업자의 손해배상책임은 어느 법의 규정을 준용하는가?

㉠ 민법

㉡ 형법

㉢ 소비자기본법

㉣ 상법

16 다음 중 화물운송종사자격의 취소 사유에 해당되지 않는 것은?

㉠ 거짓 그 밖의 부정한 방법으로 화물운송종사자격을 취득한 때

㉡ 업무개시명령의 규정에 위반한 때

㉢ 화물운송종사자격증을 타인에게 대여한 때

㉣ 화물운송 중에 과실로 대물사고를 유발한 때

17 다음 중 "다른 사람의 요구에 의하여 화물자동차를 사용하여 화물을 유상으로 운송하는 사업"의 용어의 명칭은?

㉠ 화물자동차 운송사업

㉡ 화물자동차 운수사업

㉢ 화물자동차 운송주선사업

㉣ 화물자동차 운송가맹사업

18 다음 중 운송사업자는 운임 및 요금을 정하여 미리 국토교통부장관에게 신고(변경하려는 경우 포함)하여야 하는데 운송사업자의 범위로 틀린 것은?

㉠ 구난형(救難型) 특수자동차를 사용하여 고장 차량, 사고차량 등을 운송하는 사업자

㉡ 구난형(救難型)) 특수자동차를 사용하여 고장 차량, 사고차량 등을 운송하는 운송가맹사업자로 화물자동차를 직접 소유한 자

㉢ 견인형 특수자동차를 사용하여 컨테이너를 운송하는 운송사업자

㉣ 견인형 특수자동차를 사용하여 컨테이너를 운송하는 운송가맹사업자로서 화물자동차를 직접 소유하지 않는 운송가맹사업자도 운임과 요금을 신고하여야 한다

19 다음 중 자동차 종류의 세부적인 설명으로 틀린 것은?

㉠ 승용자동차 : 10인 이하를 운송하기에 적합하게 제작된 자동차

㉡ 승합자동차 : 11인 이상을 운송하기에 적합하게 제작된 자동차(승차인원에 관계없이 승합자동차로 보는 경우 포함)

㉢ 화물자동차 : 화물을 운송하기에 적합한 화물적재공간을 갖춘 자동차로 바닥 면적이 최소 2제곱미터 이상(특수용도형의 경형화물자동차는 1제곱미터 이상)인 화물적재공간을 갖춘 자동차 포함

㉣ 특수자동차 : 다른 자동차를 견인하거나 구난작업 또는 특수한 작업을 수행하기에 자작된 자동차로서 승용자동차 또는 화물자동차인 자동차

20 다음 중 자가용화물자동차의 소유자가 당해 자가용화물자동차에 반드시 비치해야 할 증명은?

㉠ 자격증명

㉡ 자격증

㉢ 신고필증

㉣ 개인 신분증

21 다음 중 자동차 사용자가 자동차관리법에 따라 자동차 안에 비치하여야 하는 것은?

㉠ 자동차보험증서

㉡ 자동차번호판

㉢ 자동차등록원부

㉣ 자동차등록증

22 다음 중 화물을 연속적으로 이동시키기 위해 컨베이어(conveyor)를 사용할 때의 주의사항으로 다른 것은?

㉠ 상차용 컨베이어(conveyor)를 이용하여 타이어 등을 상차할 때는 타이어 등이 떨어지거나 떨어질 위험이 있는 곳에서 작업을 해선 안 된다

㉡ 화물더미 위에서 작업을 할 때에는 힘을 줄 때 발 밑을 항상 조심한다

㉢ 컨베이어(conveyor)위로 올라가서는 안 된다

㉣ 상차 작업자와 컨베이어(conveyor)를 운전하는 작업자는 상호간에 신호를 긴밀히 하여야 한다

23 다음 중 포장과 포장 사이에 미끄럼을 멈추는 시트를 넣음으로써 안전을 도모하는 방법의 방식은?

㉠ 풀붙이기 접착방식

㉡ 밴드걸기 방식

㉢ 슬립멈추기 시트삽입 방식

㉣ 스트레치 방식

24 다음 중 자동차 검사의 종류에 속하지 않는 것은?

㉠ 신규검사

㉡ 정기검사

㉢ 특별검사

㉣ 임시검사

25 다음 중 도로관리청이 관련 법규에 따라 차량의 적재량 측정을 방해하는 행위를 한 차량의 운전자에게 취할 수 있는 조치로 올바른 것은?

㉠ 운전면허 정지

㉡ 재측정의 요구

㉢ 운전면허 취소

㉣ 적재물의 압류

26 다음 중 인수증 관리요령으로 잘못된 것은?

㉠ 인수증은 반드시 인수자 확인란에 수령인(본인, 동거인, 관리인, 지정인 등)이 누구인지 인수자 자필로 바르게 적도록 한다

㉡ 같은 장소에 여러 박스를 배송할 때에는 인수증에 반드시 실제 배달한 수량을 기재받아 차후에 수량 차이로 인한 시비가 발생하지 않도록 하여야 한다

㉢ 지점에서는 회수된 인수증 관리를 철저히 하고, 인수 근거가 없는 경우 즉시 확인하여 인수인계 근거를 명확히 관리 하여야 하며, 물품 인도일 기준으로 2년 이내 인수근거 요청이 있을 때 입증자료를 제시할 수 있어야 한다

㉣ 인수증 상에 인수자 서명을 운전자가 임의 기재한 경우는 무효로 간주되며, 문제가 발생하면 배송완료로 인정받을 수 없다

정답 14. ㉢ 15. ㉣ 16. ㉣ 17. ㉠ 18. ㉣ 19. ㉣ 20. ㉢ 21. ㉣ 22. ㉡ 23. ㉢ 24. ㉢ 25. ㉡ 26. ㉢

27 다음 중 대기환경보전법에 의한 자동차 배출가스 검사시 무부하검사방법에 의해 배출량이 측정되는 배출가스가 아닌 것은?

㉮ 일산화탄소
㉯ 배기관 탄화수소
㉰ 질소산화물
㉱ 매연

28 다음 중 자동차관리법령상 화물자동차 유형별 기준이 아닌 것은?

㉮ 일반형
㉯ 덤프형
㉰ 밴형
㉱ 특수작업형

29 다음 중 운송장에 서비스 요금을 기록하는 것은 운송장의 기능 중 무엇과 가장 관련이 깊은가?

㉮ 계약서 기능
㉯ 운송요금 영수증 기능
㉰ 화물 인수증 기능
㉱ 수입금 관리자료 기능

30 다음 중 운송장 기재 시 유의 사항이라고 볼 수 없는 것은?

㉮ 화물 인수 시 적합성 여부를 확인한 후 고객이 직접 운송장 정보를 기입하도록 한다.
㉯ 파손, 부패, 변질 등 물품의 특성상 문제의 소지가 있을 때는 보상한도에 대해 서명을 받는다.
㉰ 유사지역과 혼동되지 않도록 도착점 코드가 정확히 기재되었는지 확인한다.
㉱ 특약 사항에 대하여 고객에게 고지한 후 약관설명을 하고 확인필에 서명을 받는다.

31 다음 중 세미 트레일러(Semi trailer)에 대한 설명으로 틀린 것은?

㉮ 세미 트레일러용 트랙터에 연결하여, 총 하중의 일부분이 견인하는 자동차에 의해서 지탱되도록 설계된 트레일러이다
㉯ 가동중인 트레일러 중에서는 가장 적고 일반적인 것이다
㉰ 잡화수송에는 밴형 세미 트레일러, 중량물에는 중량용 세미 트레일러, 또는 중저상식 트레일러 등이 있다
㉱ 세미 트레일러는 발착지에서의 트레일러 탈착이 용이하고 공간을 적게 차지해서 후진하는 운전을 하기가 쉽다

32 다음 중 사업자의 책임 있는 사유로 고객에게 계약을 해제한 경우의 손해배상액으로 맞지 않는 것은?

㉮ 사업자가 약정된 이사화물의 인수일 2일전까지 해제를 통지한 경우 : 계약금의 배액
㉯ 사업자가 약정된 이사화물 인수일 1일전까지 해제를 통지한 경우 : 계약금의 4배액
㉰ 사업자가 약정된 이사화물의 인수일 당일에 해제를 통지한 경우 : 계약금의 8배액
㉱ 사업자가 약정된 이사화물의 인수일 당일에도 해제를 통지하지 않은 경우 : 계약금의 10배액

33 다음 중 내용물의 활성을 정지시키기 위한 포장으로 식품 포장에 많이 사용되는 것은?

㉮ 진공포장
㉯ 방수포장
㉰ 완충포장
㉱ 방청포장

34 다음 중 경사 주행 시 캡과 적재물의 간격은 어느 정도 유지하는 것이 좋은가?

㉮ 120cm 이상
㉯ 80cm 이상
㉰ 40cm 이상
㉱ 20cm 이상

35 고객이 계약금 20만원을 지불하고 이사화물을 의뢰한 후 인수일 당일 사업자의 책임 사유로 인해 계약이 해제된 경우 고객이 사업자로부터 받을 수 있는 손해배상액은 얼마인가?

㉮ 30만원
㉯ 60만원
㉰ 120 만원
㉱ 80만원

36 다음 중 화물의 인수 요령으로 잘못된 것은?

㉮ 포장 및 운송장 기재 요령을 반드시 숙지하고 인수한다.
㉯ 인수 예약은 반드시 접수대장에 기재하여 누락되는 일이 없도록 조치한다.
㉰ 집하 금지품목의 경우는 그 취지를 알리고 할증료부담에 대해 고객의 양해를 받고 인수한다.
㉱ 항공료가 착불일 경우 기타 란에 항공료 착불이라고 기재하고 합계란은 공란으로 처리한다.

37 다음 중 물이나 먼지도 막아내기 때문에 우천시의 하역이나 야적 보관도 가능한 파렛트 화물 적재 방식은?

㉮ 주연어프 방식
㉯ 슈링크 방식
㉰ 밴드걸기 방식
㉱ 슬립멈추기 시트삽입 방식

38 다음 중 부패 또는 변질되기 쉬운 물품의 적절한 포장방법은?

㉮ 아이스박스 포장
㉯ 종이박스 포장
㉰ 플라스틱 비닐 포장
㉱ 삼중 포장

39 다음 중 화물을 인계할 때 인수자 확인은 반드시 인수자가 직접 서명하도록 하는 것은 어떤 화물사고의 방지대책인가?

㉮ 분실사고
㉯ 지연배달사고
㉰ 내용물 부족사고
㉱ 파손사고

40 이사화물 표준약관상 이사화물의 일부 멸실 또는 훼손에 대한 사업자의 손해배상책임은 고객이 이사화물을 인도받은 날로부터 며칠 이내에 그 사실을 사업자에게 통지 하지 아니하면 소멸되는가?

㉮ 7일
㉯ 14일
㉰ 28일
㉱ 30일

제2교시 안전운행, 운송서비스

01 다음 중 교통사고 요인의 구분으로 맞지 않는 것은?

㉮ 직접적 요인
㉯ 중간적 요인
㉰ 표면적 요인
㉱ 간접적 요인

정답 27. ㉱ 28. ㉱ 29. ㉱ 30. ㉯ 31. ㉯ 32. ㉰ 33. ㉮ 34. ㉮ 35. ㉰ 36. ㉰ 37. ㉯ 38. ㉮ 39. ㉮ 40. ㉱   제2교시 01. ㉰

02 다음 중 교통사고의 요인과 관련한 설명으로 옳지 않은 것은?

㉮ 교통사고의 4대 요인은 인적요인, 차량요인, 도로요인, 환경요인이다.

㉯ 도로요인은 도로구조와 안전시설 등에 관한 것이다.

㉰ 환경요인은 자연, 교통, 사회, 구조환경 등의 하부요인으로 구성된다.

㉱ 대부분의 교통사고는 4대 요인 중 하나의 요인으로 설명할 수 있다.

03 다음 중 사고의 원인과 요인 중에서 직접적 요인으로 맞지 않는 것은?

㉮ 운전자의 성격

㉯ 사고 직전 과속과 같은 법규위반

㉰ 위험인지의 지연

㉱ 운전조작의 잘못, 잘못된 위기 대처

04 다음 중 어린이 교통사고의 특징으로 틀린 것은?

㉮ 어릴수록 그리고 학년이 낮을수록 교통사고를 많이 당한다(취학 전 아동 · 초등학교 저 학년(1~3학년)에 집중되어 있다)

㉯ 보행 중(차대사람) 교통사고를 당하여 사망하는 비율이 가장 높다

㉰ 시간대별 어린이 보행 사상자는 오후 3시에서 오후 6시 사이에 가장 많다

㉱ 보행 중 사상자는 집이나 학교 근처 등 어린이 통행이 잦은 곳에서 가장 많이 발생되고 있다.

05 다음 중 어린이의 일반적인 교통행동 특성으로 볼 수 없는 것은?

㉮ 교통상황에 대한 주의력이 부족하다.

㉯ 판단력이 부족하고 모방행동이 많다.

㉰ 추상적인 말을 잘 이해하는 편이다.

㉱ 사고방식이 단순하다.

06 다음 중 입체공간 측정의 결함으로 인한 교통사고와 가장 관련이 깊은 것은?

㉮ 동체시력

㉯ 시야

㉰ 심시력

㉱ 야간시력

07 주행 중 급정거 시 반대방향으로 움직이는 것처럼 보이는 것은 무엇과 관련이 깊은가?

㉮ 크기의 착각

㉯ 상반의 착각

㉰ 원근의 착각

㉱ 속도의 착각

08 여성과 남성은 음주 후 체내 알코올 농도가 정점에 도달하는 시간이 다르다. 이에 대해 맞는 것은?

㉮ 여성은 음주 30분 후에, 남성은 60분 후에 정점에 도달한다.

㉯ 여성은 음주 60분 후에, 남성은 30분 후에 정점에 도달한다.

㉰ 여성은 음주 60분 후에, 남성은 120분 후에 정점에 도달한다.

㉱ 여성은 음주 120분 후에, 남성은 60분 후에 정점에 도달한다..

09 다음 중 자동차 주행장치 중에서 휠(Wheel)의 역할에 대한 설명으로 다른 것은?

㉮ 휠(Wheel)은 타이어와 함께 차량의 중량을 지지한다

㉯ 휠(Wheel)은 구동력과 제동력을 지면에 전달하는 역할을 한다

㉰ 휠(Wheel)은 무게가 무겁고 노면의 충격과 측력에 견딜 수 있는 강성이 있어야 한다

㉱ 휠(Wheel)은 타이어에서 발생하는 열을 흡수하여 대기 중으로 잘 방출시켜야 한다.

10 다음 중 주행 중인 자동차가 긴급 상황에서 차량을 정지시키는 데 영향을 미치는 요소로 볼 수 없는 것은?

㉮ 자동차의 배기량

㉯ 운전자의 지각시간

㉰ 운전자의 반응시간

㉱ 타이어의 성능

11 다음 중 충격흡수장치(쇽 업소버:Shock absorber)에 대한 설명으로 틀린 것은?

㉮ 차량에서 발생한 스프링의 진동을 흡수한다

㉯ 승차감을 향상시킨다

㉰ 스프링의 피로를 감소시킨다

㉱ 타이어와 노면의 접착성을 향상시켜 커브길이나 빗길에 차가 튀거나 미끄러지는 현상을 방지한다

12 5m 떨어진 거리에서 15mm의 문자를 판독할 수 있다면 이 경우의 시력은 얼마인가?

㉮ 0.5

㉯ 0.8

㉰ 1.2

㉱ 1.5

13 교량의 폭이나 교량 접근부 등이 교통사고와 밀접한 관계가 있다. 이에 대한 설명으로 틀린 것은?

㉮ 교량 접근로의 폭에 비하여 교량의 폭이 좁을수록 사고가 더 많이 발생한다

㉯ 교량 접근로의 폭에 비하여 교량의 폭이 넓으면 사고가 더 많이 발생한다

㉰ 교량의 접근로 폭과 교량의 폭이 같을 때 사고율이 가장 낮다

㉱ 교량의 접근로 폭과 교량의 폭이 서로 다른 경우에도 교통통제시설(안전표지, 시선유도표지, 교량끝단의 노면표시)를 효과적으로 설치함으로써 사고율을 현저히 감소시킬 수 있다.

14 다음 중 타이어의 마모에 영향을 주는 요소에 대한 설명으로 틀린 것은?

㉮ 공기압이 규정 압력보다 낮으면 트레드 접지면에서의 운동이 커져서 마모가 빨라진다.

㉯ 하중이 커지면 결과적으로 트레드의 미끄러짐 정도가 커져서 마모를 촉진하게 된다.

㉰ 속도가 증가하면 타이어의 온도가 상승하여 트레드 고무의 내마모성이 증가된다.

㉱ 커브가 마모에 미치는 영향은 매우 커서 활각이 크면 마모는 많아진다.

정답 02. ㉱ 03. ㉮ 04. ㉰ 05. ㉰ 06. ㉰ 07. ㉯ 08. ㉮ 09. ㉰ 10. ㉮ 11. ㉮ 12. ㉮ 13. ㉯ 14. ㉰

15 다음 중 브레이크 라이닝의 온도상승으로 라이닝 면의 마찰계수가 저하되어 나타나는 자동차의 물리적 현상은?

㉮ 베이퍼록(Vapour lock) 현상　　　㉯ 수막(Hydroplaning) 현상
㉰ 페이드(Fade) 현상　　　　　　　㉱ 모닝록(Morning lock) 현상

16 다음 중 방어운전의 기본사항이 아닌 것은?

㉮ 능숙한 운전 기술, 정확한 운전지식
㉯ 예측능력과 판단력, 세심한 관찰력
㉰ 양보와 배려의 실천, 교통상황 정보수집
㉱ 반성의 자세, 무리한 운행 실행

17 다음 중 철길 건널목의 사고원인이 다른 것은?

㉮ 차단기, 경보기, 교통안전 신호기 등에 의거 통행하다가 발생한 사고
㉯ 운전자가 건널목의 경보기를 무시하고 통과하다가 발생한 사고
㉰ 운전자가 일시정지를 하지 아니하고 통과하다가 발생한 사고
㉱ 일단 사고가 발생하면 인명피해가 큰 대형 사고가 주로 발생한다

18 다음 중 안개길(안개 낀 도로)에서의 안전운전방법으로 잘못된 것은?

㉮ 안개로 인해 시야의 장애가 발생하면 우선 차간거리를 충분히 확보 한다
㉯ 앞차의 제동이나 방향지시등의 신호를 예의 주시하며 천천히 주행해야 안전하다
㉰ 운행 중 앞을 분간하지 못할 정도로 짙은 안개가 끼었을 때는 차를 안전한 곳에 세우고 잠시 기다리는 것이 좋다
㉱ ㉰의 이때에는 지나가는 차에게 내 자동차의 존재를 알리기 위해 전조등을 점등시켜 충돌사고 등에 미리 예방하는 조치를 취한다

19 주행 중 급제동시 차체의 진동이 심하고 브레이크 페달에 떨림이 있을 경우의 조치 방법으로 적절치 않은 것은?

㉮ 타이어의 공기압 조절
㉯ 조향핸들 유격 점검
㉰ 허브베어링 교환 또는 허브너트 다시 조임
㉱ 앞 브레이크 드럼 연마 작업 또는 교환

20 다음 중 운전자가 다른 운전자나 보행자가 교통법규를 지키지 않거나 위험한 행동을 하더라도 이에 대처할 수 있는 자세로 운전하는 것을 무엇이라 하는가?

㉮ 안전운전　　　　　　　　　㉯ 방어운전
㉰ 주의운전　　　　　　　　　㉱ 예측운전

21 다음 중 오르막길에서의 안전운전 요령이라고 볼 수 없는 것은?

㉮ 오르막길에서 앞지르기 할 때는 고단 기어를 사용하는 것이 안전하다.
㉯ 정차할 때는 앞차와 충분한 차간 거리를 유지한다.
㉰ 정차 시에는 풋 브레이크와 핸드 브레이크를 동시에 사용한다.
㉱ 출발 시에는 핸드 브레이크를 사용하는 것이 안전하다.

22 다음 중 야간 안전운전요령으로 틀린 것은?

㉮ 주간보다 속도를 낮추어 주행할 것
㉯ 자동차가 교행할 때에는 조명장치를 하향 조정할 것
㉰ 실내등을 켜서 밝게 하고 운행할 것
㉱ 해가 저물면 곧바로 전조등을 점등할 것

23 다음 중 도로의 균열이나 낙석의 위험이 크며, 바람과 황사 현상에 의한 시야 장애가 사고의 원인으로 작용하는 계절은?

㉮ 봄　　　　　　　　　㉯ 여름
㉰ 가을　　　　　　　　㉱ 겨울

24 다음 중 고객만족을 위한 서비스 품질의 분류에 대한 설명으로 틀린 것은?

㉮ 상품품질(하드웨어품질)
㉯ 영업품질(소프트웨어품질)
㉰ 서비스품질(휴먼웨어품질)
㉱ 자재품질(제조원료 양질)

25 다음 중 고객만족 행동예절에서 "인사의 중요성"에 대한 설명으로 틀린 것은?

㉮ 인사는 평범하고 대단히 쉬운 행위이지만 습관화되지 않으면 실천에 옮기기 어렵다
㉯ 인사는 애사심, 존경심, 우애, 자신의 교양과 인격의 표현과는 무관하다
㉰ 인사는 서비스의 주요기법이며, 고객과 만나는 첫걸음이다
㉱ 인사는 고객에 대한 마음가짐의 표현이며, 고객에 대한 서비스정신의 표시이다

26 다음 중 물류관리의 목표를 달성하기 위한 고객서비스 수준의 결정 기준은?

㉮ 고객지향적이어야 한다.
㉯ 생산지향적이어야 한다.
㉰ 소비자지향적이어야 한다.
㉱ 관리지향적이어야 한다.

27 다음 중 제4자 물류(4PL)의 일반적인 개념과 거리가 먼 것은?

㉮ 제4자 물류(4PL)의 핵심은 고객에게 제공되는 서비스를 극대화 하는 것이다.
㉯ 제4자물류의 발전은 제3자물류(3PL)의 능력, 전문적인 서비스제공, 비즈니스 프로세스관리 등의 통합과 운영의 자율성을 배가시키고 있다.
㉰ 컨설팅 기능까지 수행할 수 있는 제2자 물류로 정의 내릴 수 있다.
㉱ 제4자 물류 공급자는 광범위한 공급망의 조직을 관리하고 기술, 능력, 자료 등을 관리하는 공급망 통합사업이다.

28 다음 중 고객이 직접 대하는 직원이 바로 회사를 대표하는 중요한 사람이라는 것의 의미는?

㉮ 접점제일주의　　　　　　　㉯ 서비스제일주의
㉰ 고객제일주의　　　　　　　㉱ 기업제일주의

정답　15. ㉰　16. ㉱　17. ㉮　18. ㉱　19. ㉮　20. ㉯　21. ㉮　22. ㉰　23. ㉮　24. ㉱　25. ㉯　26. ㉮　27. ㉰　28. ㉮

29 다음 중 고객과 대화를 할 때 올바르지 않은 자세는?

㉮ 불평불만을 함부로 떠들지 않는다.
㉯ 불가피한 경우를 제외하고 논쟁을 피한다.
㉰ 잦은 농담으로 고객을 즐겁게 한다.
㉱ 도전적 언사는 가급적 자제한다.

30 다음 중 운전예절에서 "교통질서의 중요성"에 대한 설명으로 틀린 것은?

㉮ 질서가 지켜질 때 비로소 국가도 편하고 자신도 편하게 되어 상호 조화와 화합이 이루어진다
㉯ 질서를 지킬 때 나아가 국가와 사회도 발전해 나간다
㉰ 도로 현장에서도 운전자 스스로 질서를 지킬 때 교통사고로부터 자신과 타인의 생명과 재산을 보호할 수 있으며 교통도 원활하게 되어 능률적인 생활을 보장받을 수 있다
㉱ 질서는 반드시 의무적·무의식적으로 지켜질 수 있도록 되어야 한다

31 다음 중 직업의 3가지 태도가 아닌 것은?

㉮ 애정(愛情)   ㉯ 긍지(矜持)
㉰ 열정(熱情)   ㉱ 성실(誠實)

32 다음 중 기업활동을 위해 사용되는 기업 내의 모든 인적, 물적 자원을 효율적으로 관리하여 궁극적으로 기업의 경쟁력을 강화시켜 주는 역할을 하는 통합정보시스템은?

㉮ 전사적자원관리(ERP)
㉯ 공급망관리(SCM)
㉰ 경영정보시스템(MIS)
㉱ 로지스틱스(Logistics)

33 다음 중 기업 활동에 있어 제3의 이익원천이라고 말하는 것은?

㉮ 매출 증대   ㉯ 원가 절감
㉰ 물류비 절감   ㉱ 유통망 확대

34 다음 중 고객에게 제공되는 서비스를 극대화하는 것을 핵심으로 삼는 물류의 형태는?

㉮ 제4자물류   ㉯ 제3자물류
㉰ 제2자물류   ㉱ 제1자 물류

35 다음 중 고객이 현장사원 등과 접하는 환경과 분위기를 고객만족 쪽으로 실현하기 위한 소프트웨어(Software) 품질은?

㉮ 영업품질   ㉯ 상품품질
㉰ 서비스 품질   ㉱ 기대품질

36 다음 중 로지스틱스 회사에서 고객만족을 위한 수요창출에 누구보다 중요한 위치를 점하고 있는 일선 근무자는?

㉮ 최고경영자   ㉯ 임원
㉰ 운전자   ㉱ 중간관리자

37 다음 중 운송합리화 방안과 관계가 먼 것은?

㉮ 적기 운송과 운송비 부담의 완화
㉯ 물류기기의 개선과 정보시스템의 정비
㉰ 최단 운송경로 개발과 최적 운송수단의 선택
㉱ 공차율 향상을 위한 실차율의 최소화

38 다음 중 공급망 관리와 관련된 설명으로 적절치 않은 것은?

㉮ 공급망 관리는 기업간 협력을 기본 배경으로 하는 것이다.
㉯ 공급망 관리는 '수직계열화'와 동일한 개념으로 사용된다.
㉰ 공급망 관리란 최종고객의 욕구를 충족시키기 위한 공동전략을 말한다.
㉱ 공급망은 상류와 하류를 연결시키는 조직의 네트워크를 말한다.

39 다음 중 물류네트워크의 평가와 감사를 위한 일반적 지침과 관계가 없는 것은?

㉮ 수요   ㉯ 고객서비스
㉰ 제품특성   ㉱ 제품생산과정

40 다음 중 화주기업이 직접 물류활동을 처리하는 자사물류를 무엇이라 하는가?

㉮ 제1자 물류   ㉯ 제2자 물류
㉰ 제3자 물류   ㉱ 제4자 물류

실전모의고사 4회

제1교시 관련법규, 화물취급요령

01 다음 중 안전지대에 대한 설명으로 옳은 것은?

㉮ 보행자가 도로를 횡단할 수 있도록 안전표지로써 표시한 도로의 부분

㉯ 도로를 횡단하는 보행자나 통행하는 차마의 안전을 위하여 안전표지나 그와 비슷한 공작물로써 표시한 도로의 부분

㉰ 교통안전에 필요한 주의 · 규제 · 지시 등을 표시하는 표지판 또는 도로의 바닥에 표시하는 기호나 문자 또는 선 등

㉱ 연석선, 안전표지나 그와 비슷한 공작물로써 경계를 표시하여 모든 차의 교통에 사용되도록 된 도로의 부분

02 다음 중 노면표시의 기본 색상에 대한 설명으로 틀린 것은?

㉮ 백색은 동일방향의 교통류 분리 및 경계 표시이다.

㉯ 황색은 반대방향의 교통류 분리 또는 도로이용의 제한 및 지시이다.

㉰ 적색은 어린이보호구역 또는 주거지역 안에 설치하는 속도제한표시의 테두리선에 사용한다.

㉱ 녹색은 지정방향의 교통류 분리 표시(버스전용차로표시 및 다인승차량 전용차선표시)이다.

03 모든 차의 운전자는 도로에 설치된 안전지대에 보행자가 있는 경우와 차로가 설치되지 아니한 좁은 도로에서 보행자의 옆을 지나는 경우 안전운전을 하는 요령인 것은?

㉮ 운행 속도대로 운행을 계속한다.

㉯ 안전거리를 두고 서행한다.

㉰ 시속 30km로 주행한다.

㉱ 일시정지 후 운행을 한다.

04 다음 중 교통사고로 인한 "사망사고"에 대한 설명으로 잘못된 것은?

㉮ 피해자가 교통사고 발생 후 72시간 내 사망하면 벌점 90점과 형사적책임이 부과된다.

㉯ 사고로부터 72시간이 경과된 이후 사망한 경우에는 사망사고가 아니다.

㉰ 교통안전법 시행령에서 규정된 교통사고에 의한 사망은 교통사고 발생 시부터 30일 이내에 사람이 사망한 사고를 말한다.

㉱ 사망사고는 반의사불벌죄의 예외로 규정하여 처벌하고 있다.

05 다음 중 도로교통법에서 정한 음주 기준이 맞는 것은?

㉮ 혈중알코올농도 0.03%이상

㉯ 혈중알코올농도 0.06%이상

㉰ 혈중알코올농도 0.10%이상

㉱ 혈중알코올농도 0.12%이상

06 다음 중 자동차 운전 시 차로에 따른 통행차의 기준에 의한 통행방법 설명으로 틀린 것은?

㉮ 보도와 차도가 구분된 도로에서는 차도를 통행하여야 한다. 다만, 도로 외의 곳에 출입하는 때에는 보도를 횡단하여 통행할 수 있다.

㉯ 도로의 중앙(중앙선이 설치되어 있는 경우에는 그 중앙선)으로부터 우측부분을 통행하여야 한다.

㉰ 안전지대 등 안전표지에 의하여 진입이 금지된 장소에 들어가서는 아니된다.

㉱ 앞지르기를 할 때에는 통행기준에 지정된 차로의 바로 옆 오른쪽 차로로 통행할 수 있다.

07 다음 중 교차로 부근을 운행 중에 긴급자동차가 접근중일 때 운전자가 취해야 할 행동으로 알맞은 것은?

㉮ 교차로를 피하여 도로의 우측 가장자리에 일시정지한다.

㉯ 긴급자동차가 신속히 앞지르기 할 수 있도록 서행한다.

㉰ 교차로를 신속하게 벗어나도록 한다.

㉱ 차로를 신속하게 변경하여 운행한다.

08 다음 중 제1종 대형면허가 있어야만 운전할 수 있는 차는?

㉮ 아스팔트 살포기 　　　㉯ 250cc 이륜자동차

㉰ 트레일러 　　　㉱ 레커

09 다음 중 교통사고처리특례법상 중앙선 침범에 해당하지 않는 경우는?

㉮ 사고피양 중 부득이하게 중앙선을 침범한 경우

㉯ 고의 또는 의도적으로 중앙선을 침범한 경우

㉰ 중앙선을 걸친 상태로 계속 진행한 경우

㉱ 커브길 과속운행으로 중앙선을 침범한 경우

10 보행신호의 종류 중 녹색등화의 점멸에 대한 설명으로 맞는 것은?

㉮ 보행자는 횡단을 시작하여서는 아니 되고, 횡단하고 있는 보행자는 중앙선에 멈추어 서 있어야 한다.

㉯ 보행자는 횡단을 시작하여서는 아니 되고, 횡단하고 있는 보행자는 신속하게 횡단을 완료하거나 그 횡단을 중지하고 보도로 되돌아와야 한다.

㉰ 보행자는 횡단을 신속하게 시작하여야 하고, 횡단하고 있는 보행자는 반드시 그 횡단을 중지하고 보도로 되돌아와야 한다.

㉱ 보행자는 횡단을 신속하게 시작하여야 하고, 횡단하고 있는 보행자는 신속하게 횡단을 완료하여야 한다.

11 다음 중 교통사고처리특례법에 따라 형사처벌의 특례(면책)를 적용받을 수 있는 사고는?

㉮ 사망사고

㉯ 뺑소니 인사사고

㉰ 앞지르기의 방법 · 금지 위반 사상사고

㉱ 500만 원 이상의 물적 피해사고

정답 제1교시 01. ㉯ 02. ㉱ 03. ㉯ 04. ㉯ 05. ㉮ 06. ㉱ 07. ㉮ 08. ㉮ 09. ㉯ 10. ㉯ 11. ㉱

12 다음 중 제1종 보통운전면허로 운전할 수 있는 차량이 아닌 것은?

㉮ 승차정원이 12인 이하의 긴급자동차(승용 및 승합자동차에 한정한다.)

㉯ 적재중량 12톤 미만인 화물자동차

㉰ 승차정원 25 인승 승합자동차

㉱ 총 중량 1톤 미만인 특수자동차(트레일러 및 레커는 제외한다.)

13 다음 중 어린이보호구역내에서 4톤 초과 화물자동차가 횡단보도 보행자의 횡단을 방해한 경우 부과되는 범칙금액은?

㉮ 9만원 ㉯ 6만원
㉰ 10만원 ㉱ 13만원

14 다음 중 사고운전자가 피해자를 사고 장소로부터 옮겨 유기하고 도주한 후에 피해자가 사망한 경우 운전자에게 가해지는 처벌은?

㉮ 5년 이하의 금고 또는 2천만원 이하의 벌금

㉯ 1년 이상의 유기징역 또는 500만원 이상 3천만원 이하의 벌금

㉰ 무기 또는 5년 이상의 징역

㉱ 사형, 무기 또는 5년 이상의 징역

15 다음 중 무면허 운전에 해당되지 않는 경우는?

㉮ 유효기간이 지난 운전면허증으로 운전하는 경우

㉯ 면허 취소처분을 받은 자가 취소처분 통지 전에 운전하는 경우

㉰ 시험합격 후 면허증 교부 전에 운전하는 경우

㉱ 면허정지 기간 중에 운전하는 경우

16 다음 중 교통안전표지의 종류가 아닌 것은?

㉮ 주의표지 ㉯ 규제표지
㉰ 권장표지 ㉱ 보조표지

17 다음 중 도로법령상 도로에 해당하지 않는 것은?

㉮ 인도 ㉯ 일반국도
㉰ 지방도 ㉱ 고속국도

18 다음 중 국토교통부령으로 정하고 있는 화물자동차 운송사업의 허가권자는?

㉮ 구청장 ㉯ 국세청장
㉰ 국토교통부장관 ㉱ 기획재정부장관

19 다음 중 운임 및 요금을 정하여 미리 국토교통부장관에게 신고하여야 하는 운송 사업자는?

㉮ 견인형 특수자동차를 사용하여 컨테이너를 운송하는 운송사업자

㉯ 경형 화물자동차를 이용하여 화물을 운송하는 운송사업자

㉰ 중형 화물자동차를 이용하여 화물을 운송하는 운송사업자

㉱ 대형 화물자동차를 이용하여 화물을 운송하는 운송사업자

20 다음 중 화물자동차 운송가맹사업의 허가를 받으려고 할 때 신청하여야 할 행정관청은?

㉮ 국토교통부장관 ㉯ 안전자치부장관
㉰ 시·도지사 ㉱ 시장·군수·시장

21 차량의 운전자가 차량의 적재량 측정을 방해하거나, 정당한 사유 없이 도로관리청의 재측정 요구에 따르지 아니한 자에게 가하는 벌칙에 해당하는 것은?

㉮ 4년 이하의 징역이나 1천만원 이상의 벌금

㉯ 3년 이하의 징역이나 1천만원 이하의 벌금

㉰ 2년 이하의 징역이나 1천만원 이하의 벌금

㉱ 1년 이하의 징역이나 1천만원 이하의 벌금

22 다음 중 화물자동차 운전자가 화물을 적재할 때의 방법으로 틀린 것은?

㉮ 차량의 적재함 가운데부터 좌우로 적재한다

㉯ 앞쪽이나 뒤쪽으로 중량이 치우치지 않도록 한다

㉰ 적재함 위쪽에 비하여 아래쪽에 무거운 중량의 화물을 적재하지 않도록 한다

㉱ 화물을 모두 적재한 후에는 먼저 화물이 차량 밖으로 낙하되지 않도록 앞뒤좌우로 차단하며, 화물의 이동(운행 중 쏠림)을 방지하기 위하여 윗부분부터 아래 바닥까지 팽팽히 고정시킨다.

23 다음 중 운송장 기재 시 유의사항이 아닌 것은?

㉮ 화물 인수 시 적합성 여부를 확인한 다음, 고객이 직접 운송장 정보를 기입하도록 한다

㉯ 송하인 코드가 정확히 기재되었는지 확인한다(유사지역과 혼동되지 않도록)

㉰ 특약사항에 대하여 고객에게 고지한 후 특약 사항 약관설명 확인필에 서명을 받는다

㉱ 파손, 부패, 변질 등 문제의 소지가 있는 물품의 경우에는 면책확인서를 받는다

24 다음 중 화물자동차 운전업무 종사자격의 결격사유가 아닌 것은?

㉮ 금치산자 및 한정치산자

㉯ 화물자동차 운수사업법을 위반하여 징역 이상의 형의 집행유예선고를 받고 그 유예기간 중에 있는 자

㉰ 화물자동차 운수사업법을 위반하여 징역이상의 실형을 선고받고 그 집행이 종료되지 아니한 자

㉱ 화물자동차 운수사업법을 위반하여 징역이상의 실형을 선고받고 그 집행이 면제된 날부터 3년이 경과되지 아니한 자

25 다음 중 운행차 수시점검을 면제할 수 있는 자동차가 아닌 것은?

㉮ 국토교통부장관이 정하는 무공해자동차 및 저공해자동차

㉯ 환경부장관이 정하는 배출가스저감장치를 설치한 자동차

㉰ 도로교통법에 따른 긴급자동차

㉱ 군용 및 경호업무용 등 국가의 특수한 공용 목적으로 사용되는 자동차

26 다음 중 운송화물의 포장 기능으로 틀린 것은?

㉮ 보호성 ㉯ 표시성
㉰ 상품성 ㉱ 보관성

정답 12. ㉰ 13. ㉱ 14. ㉱ 15. ㉯ 16. ㉰ 17. ㉮ 18. ㉰ 19. ㉮ 20. ㉮ 21. ㉱ 22. ㉰ 23. ㉯ 24. ㉱ 25. ㉮ 26. ㉱

27 다음 중 화물을 운반할 때의 주의사항으로 틀린 것은?

㉮ 운반하는 물건이 시야를 가리지 않도록 한다
㉯ 뒷걸음질로 화물을 운반해도 된다
㉰ 작업장 주변의 화물상태, 차량통행 등을 항상 살핀다
㉱ 원기둥을 굴릴 때는 앞으로 밀어 굴리고 뒤로 끌어서는 안된다

28 다음 중 슈링크 방식에 대한 설명으로 잘못된 것은?

㉮ 열수축성 플라스틱 필름을 파렛트 화물에 씌우고 슈링크 터널을 통과시킬 때 가열하여 필름을 수축시켜 파렛트와 밀착시키는 방식이다.
㉯ 물이나 먼지도 막아내기 때문에 우천 시의 하역이나 야적보관도 가능하게 된다.
㉰ 통기성이 없고, 비용이 적게 든다.
㉱ 고열(120~130)의 터널을 통과하므로 상품에 따라서는 이용할 수 없다.

29 다음 중 화물을 운송하는 운전자의 책임 중에서 옳지 않은 것은?

㉮ 화물의 검사, 과적의 식별, 적재화물의 균형 유지 및 안전하게 묶고 덮는 것 등에 대한 책임이 있다.
㉯ 운행전 과적상태인지, 불균형하게 적재되었는지, 불안전한 화물이 있는가 등을 체크한다.
㉰ 신속한 운송을 위해 운행도중에는 적재된 화물의 상태를 점검하거나 파악할 필요가 없다.
㉱ 적재함 아래쪽에 비하여 위쪽에 무거운 중량의 화물을 적재하지 않도록 한다.

30 다음 중 운송장의 기능에 대한 설명으로 틀린 것은?

㉮ 거래 쌍방간의 법적인 권리와 의무를 나타내는 상업적 계약서이다.
㉯ 사고가 발생하는 경우 손해배상을 청구할 수 있는 증빙서류로서는 사용할 수 없다.
㉰ 고객에게 화물추적 및 배달에 대한 정보를 제공하는 자료로도 활용한다.
㉱ 화물별 수입금을 파악하여 전체적인 수입금을 계산할 수 있는 관리 자료가 된다.

31 다음 중 운송장 기재시 유의사항으로 틀린 것은?

㉮ 화물 인수 시 적합성 여부를 확인한 다음, 고객이 직접 운송장 정보를 기입하도록 한다.
㉯ 유사지역과 혼동되지 않도록 도착점 코드가 정확히 기재되었는지 확인한다.
㉰ 파손, 부패, 변질 등 물품의 특성상 문제의 소지가 있을 때는 면책확인서를 받는다.
㉱ 주송장과 함께 보조송장을 사용할 경우 보조송장에는 주소와 전화번호는 생략할 수 있다.

32 다음 중 유연포장의 사용재료로 적당하지 않은 것은?

㉮ 골판지 상자 ㉯ 플라스틱 필름
㉰ 알루미늄 포일 ㉱ 면포

33 다음 중 택배 표준약관의 규정에서 운송물의 수탁을 거절할 수 있는 사유가 아닌 것은?

㉮ 운송물의 인도예정일(시)에 따른 운송이 불가능한 경우 및 현금, 카드, 어음, 수표, 유가증권 등 현금화가 가능한 물건인 경우
㉯ 운송물이 화약류, 인화물질 등 위험한 물건인 경우 및 재생 불가능한 계약서, 원고, 서류 등인 경우
㉰ 운송물이 사업자와 그 운송을 위한 특별한 조건과 합의한 경우
㉱ 운송물이 밀수품, 군수품, 부정임산물 등 위법한 물건인 경우 및 살아있는 동물, 동물 사체인 경우

34 다음 중 화물의 인계요령에 대한 설명으로 틀린 것은?

㉮ 인수된 물품 중 부패성물품과 긴급을 요하는 물품에 대해서는 우선적으로 배송을 하여 손해배상 요구가 발생하지 않도록 한다.
㉯ 물품을 고객에게 인계시 물품의 이상 유무를 확인시키고 인수증에 정자로 인수자 서명을 받아 향후 발생 할 수 있는 손해배상을 예방 하도록 한다.
㉰ 방문시간에 수하인 부재 시에는 부재중 방문표를 활용하여 방문근거를 남기되 우편함에 넣거나 문틈으로 밀어 넣어 타인이 볼 수 없도록 조치한다.
㉱ 수하인이 장기부재, 휴가 등의 사유로 직접 인계가 힘들 경우에는 인계가 가능할 때까지 임의의 장소에 보관하였다가 인계하도록 한다.

35 다음 중 한국도로공사 교통안전관리 운영기준에 따라 고속도로 운행이 제한되는 운행제한차량 기준이 잘못 설명된 것은?

㉮ 차량 총중량이 20톤을 초과하는 차량
㉯ 적재물을 포함한 차량의 길이가 16.7m 초과하는 차량
㉰ 적재물을 포함한 차량의 높이가 4.2m 초과하는 차량
㉱ 정상운행속도가 50km/h 미만인 차량

36 파렛트 화물의 붕괴 방지요령 중 " 플라스틱 필름을 파렛트 화물에 감아서, 움직이지 않게 하는 방법"은 무엇인가?

㉮ 주연어프 방식
㉯ 슈링크 방식
㉰ 스트레치 방식
㉱ 수평 밴드걸기 풀붙이기 방식

37 다음 중 택배 및 이사화물의 표준약관을 제정하는 기관은?

㉮ 기획재정부 ㉯ 공정거래위원회
㉰ 국토교통부 ㉱ 소비자보호위원회

38 다음 중 주유취급소의 위험물 취급기준으로 맞는 것은?

㉮ 자동차에 주유할 때는 고정주유설비를 사용하여 직접 주유한다.
㉯ 자동차에 주유할 때는 자동차의 출력을 낮춘다.
㉰ 유분리장치에 고인 유류는 충분히 넘치도록 하여야 한다.
㉱ 자동차에 주유할 때는 다른 자동차를 주유취급소 안에 주차시켜야 한다.

정답 27. ㉯ 28. ㉰ 29. ㉰ 30. ㉯ 31. ㉱ 32. ㉮ 33. ㉰ 34. ㉱ 35. ㉮ 36. ㉰ 37. ㉯ 38. ㉮

39 다음 중 화물의 파손사고의 원인이 아닌 것은?

㉮ 김치, 젓갈, 한약류 등이 수량에 비해 포장이 약한 경우
㉯ 차량에 상차할 때 컨베이어 벨트 등에서 떨어져 파손되는 경우
㉰ 화물을 함부로 던지거나 발로 차거나 끄는 경우
㉱ 화물을 적재할 때 무분별한 적재로 압착되는 경우

40 다음 중 트레일러의 일부 하중을 트랙터가 부담하여 운행하는 차량은?

㉮ 돌리(Dolly)
㉯ 풀(Full) 트레일러
㉰ 세미(Semi) 트레일러
㉱ 폴(Pole) 트레일러

제2교시 안전운행, 운송서비스

01 다음 중 교통사고의 3대 요인에 해당하지 않는 것은?

㉮ 인적 요인
㉯ 차량 요인
㉰ 법률적 요인
㉱ 도로 환경 요인

02 차 대 사람의 교통사고 중 횡단사고위험이 가장 큰 요인은?

㉮ 무단횡단
㉯ 횡단보도횡단
㉰ 보행신호 준수 횡단
㉱ 육교 위 횡단

03 운전자의 운전과정의 결함에 의한 교통사고 중 차지하는 비중이 높은 순으로 맞게 나열한 것은?

㉮ 조작 〉 판단 〉 인지
㉯ 인지 〉 판단 〉 조작
㉰ 인지 〉 조작 〉 판단
㉱ 조작〉 인지〉 판단

04 다음 중 운전자 요인에 의한 교통사고 중에서 가장 많은 비중을 차지하고 있는 결함은?

㉮ 인지과정의 결함
㉯ 판단과정의 결함
㉰ 조작가정의 결함
㉱ 인지, 판단, 조작과정의 결함 모두 비슷하다.

05 다음 중 동체시력에 대한 설명으로 옳은 것은?

㉮ 아주 밝은 상태에서 0.85cm 크기의 글자를 6.10m 거리에서 읽을 수 있는 사람의 시력을 말한다.
㉯ 물체의 이동속도가 빠를수록 상대적으로 향상된다
㉰ 연령이 높을수록 더욱 향상된다.
㉱ 장시간 운전에 의한 피로상태에서 향상된다.

06 다음 중 운전과 관련되는 시각의 특성 중 대표적인 것으로 틀린 것은?

㉮ 운전자는 운전에 필요한 정보의 대부분을 청각을 통하여 획득한다.
㉯ 속도가 빨라질수록 시력은 떨어진다.
㉰ 속도가 빨라질수록 시야의 범위가 좁아진다.
㉱ 속도가 빨라질수록 전방주시점은 멀어진다.

07 다음 중 교통사고를 유발한 운전자의 특성에 대한 설명으로 틀린 것은?

㉮ 선천적 능력의 부족
㉯ 후천적 능력의 부족
㉰ 바람직한 동기와 사회적 태도의 부족
㉱ 안정된 생활환경

08 다음중 어린이 교통사고의 유형에 대한 설명으로 틀린 것은?

㉮ 대체로 통행량이 많은 낮 시간에 주로 집 부근에서 발생한다.
㉯ 보행자 사고가 대부분이다.
㉰ 치사율이 대단히 높다.
㉱ 어린이 사고의 대부분은 차내 안전사고이다.

09 다음 중 자동차 현가장치의 역할이 아닌 것은?

㉮ 차량의 무게 지탱
㉯ 도로 충격을 흡수
㉰ 운전자와 화물에 유연한 승차감 제공
㉱ 구동과 제동력을 지면에 전달

10 다음 중 자동차를 제동할 때 바퀴는 정지하려하고 차체는 관성에 의해 이동하려는 성질 때문에 앞 범퍼 부분이 내려가는 현상을 의미하는 것은?

㉮ 다이브(Dive) 현상
㉯ 스쿼트(Squat) 현상
㉰ 모닝 록(Morning lock) 현상
㉱ 페이드(Fade) 현상

11 다음 중 차량점검 및 주의사항에 대한 설명 중 틀린 것은?

㉮ 운행 중에는 조향핸들의 높이와 각도를 조정하지 않는다.
㉯ 주차브레이크를 작동시키지 않는 상태에서 절대로 운전석에서 떠나지 않는다.
㉰ 적색경고등이 들어온 상태에서는 절대로 운행하지 않는다.
㉱ 트랙터 차량의 경우 트레일러 브레이크만을 사용하여 주차하는 것이 안전하다.

12 다음 중 원심력에 대한 설명으로 틀린 것은?

㉮ 원의 중심으로부터 벗어나려는 이 힘이 원심력이다
㉯ 원심력은 속도의 제곱에 비례하여 작아진다
㉰ 원심력은 속도가 빠를수록 속도에 비례해서 커지고, 커브가 작을수록 커진다
㉱ 원심력은 중량이 무거울수록 커진다.

13 다음 중 수막현상을 예방하기 위해서는 다음과 같은 주의가 필요하다. 틀린 것은?

㉮ 고속으로 주행하지 않는다
㉯ 마모된 타이어를 사용하지 않는다
㉰ 타이어 공기압을 조금 낮게 한다
㉱ 배수효과가 좋은 타이어를 사용한다

정답 39. ㉮ 40. ㉰   제2교시 01. ㉰ 02. ㉮ 03. ㉯ 04. ㉮ 05. ㉮ 06. ㉮ 07. ㉱ 08. ㉱ 09. ㉱ 10. ㉮ 11. ㉱ 12. ㉯ 13. ㉰

14 운전자가 위험을 인지하고 자동차를 정지시키려고 시작하는 순간부터 자동차가 완전히 정지할 때까지의 시간의 용어 명칭과 이때까지 자동차가 진행한 거리의 용어 명칭으로 맞는 것은?

㉮ 정지시간-정지거리
㉯ 공주시간-공주거리
㉰ 제동시간-제동거리
㉱ 정지시간-제동거리

15 다음 중 여름철 자동차 관리요령과 거리가 먼 것은?

㉮ 출발 전 차 내 공기를 환기시켜 더운 공기가 빠져나간 다음에 운행한다.
㉯ 잦은 비에 대비하여 와이퍼의 정상 작동 여부를 점검한다.
㉰ 물에 잠겼던 자동차는 배선부분의 전기 합선이 일어나지 않도록 점검한다.
㉱ 빗길 미끄럼 사고에 대비하여 타이어 트레드 홈의 깊이가 최소 1.0mm 이상인지 확인한다.

16 다음 중 도로요인과 관련한 설명으로 틀린 것은?

㉮ 도로요인은 도로구조, 안전시설 등에 관한 것이다.
㉯ 일반적으로 형태성, 이용성, 공개성, 교통경찰권은 도로가 되기 위한 4가지 조건이다.
㉰ 교통사고 발생에 있어서 인적요인은 도로요인, 차량요인에 비하여 수동적 성격을 가진다.
㉱ 이용성이란 "사람의 왕래, 화물의 수송, 자동차 운행 등 공중의 교통영역으로 이용되고 있는 곳"이어야 한다는 의미이다.

17 다음 중 도로의 길어깨(노견, 갓길)에 대한 설명으로 틀린 것은?

㉮ 고장차가 본선차도로부터 대피할 수 있어 사고시 교통의 혼잡을 방지하는 역할을 한다.
㉯ 측방 여유폭을 가지므로 교통의 안전성과 쾌적성에 기여한다.
㉰ 절토부 등에서는 곡선부의 시거가 증대되기 때문에 교통의 안전성이 높다.
㉱ 포장된 노면보다는 토사나 자갈 또는 잔디로 만들어진 길어깨가 더 안전하다.

18 다음 중 차로폭에 대한 설명으로 틀린 것은?

㉮ 차로폭이란 어느 도로의 차선과 차선 사이의 최단거리를 말한다.
㉯ 차로폭이 넓은 경우 운전자의 주관적 속도감은 실제 주행속도 보다 빠르기 때문에 과속사고의 위험이 줄어든다.
㉰ 시내 및 고속도로 등에서는 도로폭이 비교적 넓고, 골목길이나 이면도로 등에서는 도로폭이 비교적 좁다.
㉱ 교량 위, 터널 내, 유턴차로 등에서 부득이한 경우 2.75m로 할 수 있다.

19 다음 중 중앙선을 넘어 앞지르기하다가 대향차와 충돌했다면 중앙선이 실선인 경우와 점선인 경우 각각 어떤 사고로 처리되는가?

㉮ 실선인 경우 중앙선침범, 점선인 경우 일반 과실사고로 처리된다.
㉯ 실선인 경우 일반 과실사고, 점선인 경우 일반 중앙선침범이 적용된다.
㉰ 모두 중앙선침범이 적용된다.
㉱ 모두 일반 과실사고로 처리된다.

20 다음 중 일반적으로 도로가 되기 위한 조건에 대한 설명으로 아닌 것은?

㉮ 형태성
㉯ 이용성
㉰ 사법경찰권
㉱ 공개성

21 다음 중 실전 방어운전 방법으로 잘못된 것은?

㉮ 운전자는 앞차의 전방까지 시야를 멀리 둔다
㉯ 교통신호가 바뀐다고 해서 무작정 출발하지 말고 주위 자동차의 움직임을 관찰 후 진행한다
㉰ 교통이 혼잡할 때는 조심스럽게 교통의 흐름을 따르고, 끼어들기 등을 삼간다
㉱ 앞차를 뒤따라 갈 때는 앞차가 급제동을 하더라도 추돌하지 않도록 차간거리를 충분히 유지하고 10여대 앞차의 움직임까지 살핀다

22 다음 중 이면도로 운전의 위험성으로 틀린 것은?

㉮ 도로의 폭이 좁고, 보도 등의 안전시설이 없다
㉯ 좁은 도로가 많이 교차하고 있다
㉰ 주변에 점포와 주택 등이 밀집되어 있으므로, 보행자 등이 아무 곳에서나 횡단이나 통행을 한다
㉱ 길가에서 어린이들이 뛰어 노는 경우가 많으므로 대형사고가 일어나기 쉽다

23 다음 중 빗길 안전운전 요령으로 틀린 것은?

㉮ 비가 내리기 시작한 직후에는 빗물이 차량에서 나온 오일과 도로 위에서 섞이는데 이것은 도로를 아주 미끄럽게 한다
㉯ 비가 내려 물이 고인 길을 통과할 때는 속도를 높여 고단기어로 바꾸어 통과한다
㉰ 브레이크에 물이 들어가면 브레이크가 약해지거나 불균등하게 걸리거나 또는 풀리지 않을 수 있어 차량의 제동력을 감소시킨다
㉱ 빗물이고인 곳을 벗어난 후 주행 시 브레이크가 원활히 작동하지 않을 경우에는 브레이크를 여러 번 나누어 밟아 마찰열로 브레이크 패드나 라이닝의 물기를 제거한다.

24 다음 중 고속도로에서 차로 변경시는 최소한 몇 미터 전방으로부터 방향지시등을 켜야 하는가?

㉮ 30m 전방
㉯ 50m 전방
㉰ 80m 전방
㉱ 100m전방

25 다음 중 위험물의 적재시 운반용기와 포장외부에 표시해야 할 사항은?

㉮ 위험물의 품목
㉯ 위험물의 품목과 수량
㉰ 위험물의 품목, 화학명 및 수량
㉱ 위험물의 화학명

26 다음 중 고객의 욕구라고 보기 힘든 것은?

㉮ 기억되기를 바란다.
㉯ 관심을 가져 주기를 바란다.
㉰ 평범한 사람으로 인식되기를 바란다.
㉱ 기대와 욕구를 수용하여 주기를 바란다.

정답 14. ㉮ 15. ㉱ 16. ㉰ 17. ㉱ 18. ㉯ 19. ㉮ 20. ㉰ 21. ㉱ 22. ㉱ 23. ㉯ 24. ㉱ 25. ㉰ 26. ㉰

27 다음 중 올바른 인사 방법으로 거리가 먼 것은?

㉮ 머리와 상체를 직선으로 하여 상대방의 발끝이 보일 때까지 천천히 숙인다.

㉯ 가급적 상대방의 눈을 보지 않고 인사한다.

㉰ 손을 주머니에 넣거나 의자에 앉아서 하는 일이 없도록 한다.

㉱ 인사하는 지점의 상대방과의 거리는 약 2m 내외가 적당하다.

28 다음 중 운전자의 사명으로 틀린 것은?

㉮ 남의 생명도 내 생명처럼 존중한다

㉯ 사람의 생명은 이 세상의 다른 무엇보다도 존귀하므로 인명을 존중한다

㉰ 운전자는 안전운전을 이행하고 교통사고를 예방하여야 한다

㉱ 운전자는 '공인'이라는 자각이 필요 없다.

29 로지스틱스 전략관리의 기본요건 중 "전문가의 자질"에 대한 설명으로 틀린 것은?

㉮ 행정력·기획력

㉯ 창조력·판단력

㉰ 기술력·행동력

㉱ 관리력·이해력

30 다음 중 직업 운전자의 교통사고 발생시 조치 요령으로 잘못된 것은?

㉮ 법이 정하는 현장에서의 인명구호, 관할경찰서에 신고 등의 의무를 성실히 수행한다.

㉯ 교통사고의 결과가 크지 않을 경우에는 운전자 개인이 임의로 처리한다.

㉰ 사고로 인한 행정, 형사처분(처벌) 접수시 회사의 지시에 따라 처리한다.

㉱ 형사합의 등과 같이 운전자 개인의 자격으로 합의 보상 이외 회사의 어떠한 경우라도 회사손실과 직결되는 보상업무는 일반적으로 수행불가하다.

31 다음 중 직업 운전자의 고객응대 예절과 관련하여 집하시 행동방법으로 옳지 않은 것은?

㉮ 인사와 함께 밝은 표정으로 정중히 두손으로 화물을 받는다.

㉯ 2개 이상의 화물은 반드시 분리 집하한다.

㉰ 취급제한 물품은 그 취지를 알리고 추가 요금을 받아 집하한다.

㉱ 택배운임표를 고객에게 제시 후 운임을 수령한다.

32 다음 중 물류코스트의 상승과 가장 관계가 깊은 수송체계는?

㉮ 고빈도 대량 수송체계

㉯ 고빈도 소량 수송체계

㉰ 저빈도 대량 수송체계

㉱ 저빈도 소량 수송체계

33 다음 중 주문상황에 대해 최적의 수·배송계획을 수립함으로써 수송비용을 절감하려는 시스템은?

㉮ 화물정보시스템

㉯ 수·배송관리시스템

㉰ 터미널화물정보시스템

㉱ 통합화물정보시스템

34 다음 중 "공급자로부터 생산자, 유통업자를 거쳐 최종 소비자에게 이르는 재화의 흐름"을 의미하는 것은?

㉮ 물류

㉯ 운송

㉰ 유통

㉱ 운수

35 다음 중 "기업활동을 위해 사용되는 기업 내의 모든 인적, 물적 자원을 효율적으로 관리하여 궁극적으로 기업의 경쟁력을 강화시켜 주는 역할을 하는 통합정보시스템"을 의미하는 것은?

㉮ 경영정보시스템

㉯ 공급망관리

㉰ 전사적자원관리

㉱ 물류정보시스템

36 다음 중 기업물류에 대한 설명으로 틀린 것은?

㉮ 개별기업의 물류활동이 효율적으로 이루어지는 것은 기업의 경쟁력 확보에 매우 중요하다.

㉯ 일반적으로 기업에 있어 물류활동의 범위는 물적공급과정과 물적유통과정에 국한된다.

㉰ 기업물류의 활동은 주활동과 지원활동으로 크게 구분된다.

㉱ 지원활동에는 대고객서비스수준, 수송, 재고관리, 주문처리가 포함된다.

37 다음 중 제3자 물류와 관련한 설명으로 틀린 것은?

㉮ 외부의 전문물류업체에게 물류업무를 아웃소싱 하는 경우를 말한다.

㉯ 화주와의 관계에 있어 계약기반의 전략적 제휴 관계에 있다.

㉰ 도입의 결정권한은 최고경영층에 의해 이루어진다.

㉱ 단순 물류아웃소싱은 제3자 물류에 포함되지 않는다.

38 다음 중 운송 관련 용어의 의미가 잘못된 것은?

㉮ '운송'이란 현상적인 시각에서의 재화의 이동을 의미한다.

㉯ '운반' 이란 한정된 공간과 범위 내에서의 재화의 이동을 의미한다.

㉰ '운수' 란 행정상 또는 법률상의 운송을 의미한다.

㉱ '간선수송'이란 제조공장과 물류거점 간의 장거리 수송을 의미한다.

39 다음 중 새로운 물류서비스 기업 중 공급망 관리가 표방하는 것은?

㉮ 종합물류

㉯ 무인도전

㉰ 로지스틱스

㉱ 토탈물류

40 다음 중 물류비를 절감하여 물가 상승을 억제하고 정시배송의 실현을 통한 수요자 서비스 향상에 이바지하는 물류 관점은?

㉮ 사회경제적 관점

㉯ 국민경제적 관점

㉰ 개별기업적 관점

㉱ 종합국가적 관점

정답 27. ㉯ 28. ㉱ 29. ㉮ 30. ㉯ 31. ㉰ 32. ㉯ 33. ㉯ 34. ㉮ 35. ㉰ 36. ㉱ 37. ㉱ 38. ㉮ 39. ㉮ 40. ㉯

실전모의고사 5회

제1교시 관련법규, 화물취급요령

01 다음 중 차마가 다른 교통 또는 안전표지의 표시에 주의하면서 진행할 수 있는 차량신호등(원형등화)에 해당하는 것은?

㉮ 황색등화의 점멸
㉯ 황색화살표등화의 점멸
㉰ 적색등화의 점멸
㉱ 적색화살표등화의 점멸

02 다음 중 도로의 통행방법, 통행구분 등 도로교통의 안전을 위하여 필요한 지시를 하는 경우 도로사용자가 이를 따르도록 알리는 표지의 명칭은?

㉮ 노면표지
㉯ 규제표지
㉰ 주의표지
㉱ 지시표지

03 다음 중 차마가 한 줄로 도로의 정하여진 부분을 통행하도록 차선에 의하여 구분되는 차도의 부분을 말하는 것은?

㉮ 중앙선
㉯ 자동차전용도로
㉰ 차로
㉱ 교차로

04 다음 중 편도 2차로 이상의 고속도로에서 적재중량이 1.5톤을 초과하는 화물자동차의 최고속도는 매시 몇 km로 제한되는가? (단, 지정·고시한 노선 또는 구간의 고속도로는 제외)

㉮ 110km
㉯ 100km
㉰ 90km
㉱ 80km

05 다음 중 편도 4차로인 고속도로 외의 도로에서 차로에 따른 통행차량 연결이 잘못된 것은?

㉮ 1차로 : 승용자동차
㉯ 2차로 : 총 중량이 3.5톤 이하인 특수자동차
㉰ 3차로 : 적재중량이 1.5톤 이하인 화물자동차
㉱ 4차로 : 건설기계

06 다음 중 술에 취한 상태의 기준을 넘어서 운전한 때(혈중알코올농도 0.03% 이상 0.08%미만) 부과되는 벌점은?

㉮ 110점
㉯ 100점
㉰ 90점
㉱ 40점

07 다음 중 과속사고와 관련하여 시설물의 설치요건이 되는 안전표지로만 묶인 것은?

㉮ 최고속도제한표지, 안전속도표지
㉯ 최고속도제한표지, 속도제한표지
㉰ 서행표지, 속도제한표지
㉱ 안전속도표지, 속도제한표지

08 다음 중 긴급자동차 특례(긴급하고 부득이한 경우)에 대한 설명으로 특례적용이 아닌 것은?

㉮ 도로 중앙이나 좌측부분을 통행할 수 있다
㉯ 정지하여야 하는 경우에도 정지하지 아니할 수 있다
㉰ 앞지르기 방법 등의 규정도 특례에 적용된다
㉱ 자동차의 속도, 앞지르기 금지의 시기 및 장소, 끼어들기의 금지는 적용하지 아니 한다

09 다음 중 교통법규 위반 시 "벌점 60점"에 해당하는 것으로 옳은 것은?

㉮ 속도위반(60km/h 초과)
㉯ 공동 위험행위로 형사입건된 때
㉰ 승객의 차내 소란행위 방치 운전
㉱ 혈중알코올농도 0.03% 이상 0.08% 미만 시 운전한 때

10 다음 중 앞지르기 금지 위반 행위에서 "운전자 과실"에 대한 설명으로 맞지 않는 것은?

㉮ 교차로, 터널 안, 다리 위에서 앞지르기
㉯ 병진 시 및 앞차의 좌회전 시 앞지르기
㉰ 위험방지를 위한 정지, 서행 시 앞지르기
㉱ 실선의 중앙선침범 앞지르기

11 다음 중 위험물 등을 운반하는 적재중량 3톤 초과 또는 적재용량 3천리터 초과의 화물자동차를 운전하기 위해 필요한 운전면허는?

㉮ 제1종 대형면허
㉯ 제1종 보통면허
㉰ 제1종 소형면허
㉱ 제1종 특수면허

12 다음 중 화물자동차 운수사업법의 제정 목적으로 틀린 것은?

㉮ 운수사업의 효율적 관리
㉯ 화물의 원활한 운송
㉰ 공공의 복리 증진
㉱ 운수종사자의 취업 확대

13 다음 중 "다른 사람의 요구에 응하여 자기 화물자동차를 사용하여 유상으로 화물을 운송하거나 소속 화물자동차 운송가맹점에 의뢰하여 화물을 운송하게 하는 사업"은?

㉮ 화물자동차 운수사업
㉯ 화물자동차 운송사업
㉰ 화물자동차 운송주선사업
㉱ 화물자동차 운송가맹사업

14 다음 중 화물자동차 운송사업의 종류가 아닌 것은?

㉮ 일반화물자동차 운송사업
㉯ 개인화물자동차 운송사업
㉰ 개별화물자동차 운송사업
㉱ 용달화물자동차 운송사업

정답 제1교시 01. ㉮ 02. ㉱ 03. ㉰ 04. ㉱ 05. ㉯ 06. ㉯ 07. ㉯ 08. ㉰ 09. ㉮ 10. ㉮ 11. ㉮ 12. ㉱ 13. ㉱ 14. ㉯

15 다음 중 화물자동차 운전자의 연령 및 운전경력 등의 요건이 알맞은 것은?

㉮ 만 20세 이상, 운수사업용 자동차 운전경력 1년 이상
㉯ 만 21세 이상. 운수사업용 자동차 운전경력 1년 이상
㉰ 만 20세 이상, 운수사업용 자동차 운전경력 3년 이상
㉱ 만 21세 이상. 운수사업용 자동차 운전경력 3년 이상

16 다음은 화물운송 종사자격을 반드시 취소하여야 하는 위반사유이다. 취소사유에 해당하지 아니한 것은?

㉮ 금치산자 및 한정치산자 등(결격사유자포함)
㉯ 거짓이나 그 밖의 부정한 방법으로 화물운송 종사자격을 취득한 경우
㉰ 화물운송 종사자격증을 다른 사람에게 빌려 준 경우
㉱ 화물자동차를 운전할 수 있는 운전면허를 일시 분실한 경우

17 다음 중 운송장의 기록에 대한 사항 중 맞지 않는 것은?

㉮ 운송장번호와 그 번호를 나타내는 바코드는 운송장을 인쇄할 때 기록되기 때문에 운전자가 별도로 기록할 필요는 없다.
㉯ 화물을 인수할 사람의 정확한 이름과 주소와 전화번호를 기록해야 한다.
㉰ 배송이 어려운 경우를 대비하여 송하인의 전화번호를 반드시 확보하여야 한다.
㉱ 운송장 번호는 상당 기간이 지나면 중복되어도 상관없다.

18 다음 중 진동이나 충격에 의한 물품파손을 방지하고 외부로부터 힘이 직접 물품에 가해지지 않도록 외부 압력을 완화시키는 포장방법은?

㉮ 진공포장   ㉯ 수축포장
㉰ 완충포장   ㉱ 압축포장

19 다음 중 창고에서 화물을 옮길 때 주의사항으로 맞지 않는 것은?

㉮ 창고의 통로 등에는 장애물이 없도록 조치한다.
㉯ 바닥에 물건 등이 놓여 있으면 넘어 다닌다.
㉰ 바닥의 기름기나 물기는 즉시 제거하여 미끄럼 사고를 예방한다.
㉱ 운반통로에 있는 맨홀이나 홈에 주의한다.

20 다음 중 국토교통부장관이 내리는 업무개시명령에 대한 설명으로 잘못된 것은?

㉮ 업무개시명령의 대상자는 운송사업자 또는 운수종사자이다.
㉯ 대상자가 정당한 사유 없이 집단으로 화물운송을 거부하여 화물운송에 커다란 지장을 주어 국가경제에 매우 심각한 위기를 초래하거나 초래할 우려가 있다고 인정할 만한 상당한 이유가 있으면 명할 수 있다.
㉰ 운송사업자 또는 운수종사자는 정당한 사유 없이 업무개시명령을 거부할 수 없다.
㉱ 업무개시명령을 내리려면 국회의 동의를 받아야 한다.

21 다음 중 자가용 화물자동차의 소유자 또는 사용자가 자가용 화물자동차를 유상으로 화물운송용에 제공하거나 임대할 사유가 있는 경우 누구의 허가를 받아야 하는가?

㉮ 국토교통부장관   ㉯ 협회장
㉰ 연합회장   ㉱ 시·도지사

22 다음 중 도로에 관한 금지행위와 관계없는 것은?

㉮ 도로를 파손하는 행위
㉯ 공사를 하는 도로에서 작업을 하는 사람
㉰ 도로에 토석(土石), 입목, 죽(竹) 등 장애물을 쌓아놓은 행위
㉱ 그 밖에 도로의 구조나 교통에 지장을 주는 행위

23 다음 중 일반화물이 아닌 좀 색다른 화물을 실어 나르는 화물 차량을 운행할 때에 유의할 사항에 대한 설명으로 틀린 것은?

㉮ 드라이 벌크 탱크(Dry bulk tanks) 차량은 무게중심이 낮고 적재물이 이동하기 쉬우므로 커브길이나 급회전할 때 운행에 주의해야 한다
㉯ 냉동차량은 냉동설비 등으로 인해 무게중심이 높기 때문에 급회전 할 때 특별한 주의 및 서행운전이 필요하다
㉰ 소나 돼지와 같은 가축 또는 살아있는 동물을 운반하는 차량은 무게중심이 이동하면 전복될 우려가 높으므로 주의운전이 필요하다
㉱ 길이가 긴 화물, 폭이 넓은 화물, 또는 부피에 비하여 중량이 무거운 화물 등 비정상화물(Oversized loads)을 운반하는 때에는 적재물의 특성을 알리는 특수장비를 갖추거나 경고 표시를 하는 등 운행에 특별히 주의한다.

24 다음 중 상업포장의 기능에 대한 설명으로 옳지 않는 것은?

㉮ 판매를 촉진시키는 기능
㉯ 진열판매의 편리성
㉰ 작업의 효율성을 도모하는 기능
㉱ 수송·하역의 편리성이 중요시 된다(수송포장)

25 다음 중 자동차관리법의 적용을 받는 자동차는?

㉮ 건설기계관리법에 따른 건설기계
㉯ 군수품관리법에 따른 차량
㉰ 화물운수사업법에 의한 화물자동차
㉱ 농업기계화촉진법에 따른 농업기계

26 다음 중 자동차 소유자가 변경등록을 하여야 하는 사유에 해당되지 않는 것은?

㉮ 소유자의 성명 변경시
㉯ 원동기 형식 및 장치의 변경시
㉰ 소유권의 변동시
㉱ 사용본거지 변경시

27 다음 중 운송장의 형태에 대한 설명으로 틀린 것은?

㉮ 기본형 운송장(포켓타입)   ㉯ 보조 운송장
㉰ 전산처리용 운송장   ㉱ 스티커형 운송장

28 다음 중 합리화 특장차의 종류가 아닌 것은?

㉮ 실내하역기기 장비차   ㉯ 측방 개방차
㉰ 쌓기·부리기 합리화차   ㉱ 냉동차

정답   15. ㉮   16. ㉱   17. ㉱   18. ㉰   19. ㉯   20. ㉱   21. ㉱   22. ㉯   23. ㉮   24. ㉱   25. ㉰   26. ㉱   27. ㉰   28. ㉱

29 다음 중 트레일러를 구분할 때 3가지 또는 4가지로 구분하고 있는데 3가지에 해당되지 않는 트레일러는?

㉮ 돌리(Dolly)
㉯ 풀 트레일러(Full trailer)
㉰ 세미 트레일러(Semi trailer)
㉱ 폴 트레일러(Pole trailer)

30 다음 중 포장의 분류 중에서 상업포장에 대한 설명으로 옳은 것은?

㉮ 포장의 기능 중 판매촉진성을 주체로 하는 포장을 말한다.
㉯ 물품을 수송·보관하는 것을 주목적으로 부여하는 포장이다.
㉰ 포장의 기능 중 보호성과 수송, 하역의 편리성을 주체로 하는 포장을 말한다.
㉱ 수송포장이다.

31 다음 중 특별품목에 대한 포장 유의사항에 대한 설명으로 틀린 것은?

㉮ 깨지기 쉬운 물품 등은 플라스틱 용기로 대체하여 충격 완화포장을 한다.
㉯ 휴대폰 및 노트북 등 고가품의 경우 내용물이 쉽게 파악될 수 있도록 포장한다.
㉰ 식품류(김치, 특산물, 농수산물 등)의 경우, 스티로폼으로 포장하는 것을 원칙으로 한다.
㉱ 가구류의 경우 박스 포장하고 모서리부분을 에어 캡으로 포장처리 후 면책확인서를 받아 집하한다.

32 다음 중 화물자동차 안 앞면에 게시하도록 되어 있는 화물운송종사자격증명의 게시 위치로 맞는 것은?

㉮ 오른쪽 위
㉯ 오른쪽 아래
㉰ 왼쪽 위
㉱ 왼쪽 아래

33 다음 중 화물자동차 운송사업자가 국토교통부장관에게 운임 및 요금을 신고할 때 제출하여야 할 자료가 아닌 것은?

㉮ 운임 및 요금신고서
㉯ 공인회계사가 작성한 원가계산서
㉰ 운임·요금표
㉱ 차량의 구조 및 최대적재량

34 다음 중 고압가스 운반 등의 취급과 관련된 설명으로 틀린 것은?

㉮ 운반책임자와 운전자가 동시에 차량에서 이탈하지 않아야 한다.
㉯ 200km 이상의 거리를 운행하는 경우에는 중간에 충분한 휴식을 취한 후 운전한다.
㉰ 노면이 나쁜 도로에서는 폭발의 위험이 있으므로 절대 운행하지 않는다.
㉱ 운반도중 보관하는 때에는 안전한 장소에 보관, 관리 하여야 한다.

35 다음 중 다른 사람의 요구에 응하여 화물자동차를 사용하여 화물을 유상으로 운송하는 사업은?

㉮ 화물자동차 운송사업
㉯ 화물자동차 영업사업
㉰ 화물자동차 운영사업
㉱ 화물자동차 운반가맹사업

36 다음 중 트레일러에 대한 설명으로 틀린 것은?

㉮ 트레일러는 자동차를 동력부분과 적하부분으로 나누었을 때, 적하 부분을 지칭한다.
㉯ 폴 트레일러(Pole trailer)는 파이프나 H형강 등 장척물의 수송을 목적으로 한다.
㉰ 트레일러는 일반적으로 트럭에 비해 적재량이 크지 않다는 단점이 있다.
㉱ 세미트레일러는 발착지에서의 트레일러 탈착이 용이하고 공간을 적게 차지해서 후진하는 운전을 하기가 쉽다.

37 다음 중 위험물을 운송할 때 주의사항으로 옳지 않은 것은?

㉮ 육교 등의 아랫부분에 접촉할 우려가 있는 경우에는 다른 길로 우회하여 운행한다.
㉯ 위험물을 이송하고 만차로 육교 밑을 통과할 경우 빈 차보다 높이가 낮게 되므로 예전에 통과한 장소라면 주의할 필요 없이 통과한다.
㉰ 육교 밑을 통과할 때에는 높이에 주의하여 서서히 운행하여야 한다.
㉱ 터널에 진입하는 경우에는 전방에 이상사태가 발생하지 않았는지 표시등을 확인하면서 진입하여야 한다.

38 다음 중 포장화물 하역시의 충격에 대한 설명으로 틀린 것은?

㉮ 하역시의 충격에서 가장 큰 것은 수하역시의 낙하충격이다.
㉯ 낙하충격이 화물에 미치는 영향도는 낙하상황과 포장의 방법에 따라 달라진다.
㉰ 견하역인 경우 낙하의 높이는 100cm 이상이다.
㉱ 요하역은 40cm 정도로 파렛트 쌓기의 수하역인 10cm 정도보다 낙하의 높이가 높다.

39 다음 중 화물의 인수와 관련한 설명으로 옳은 것은?

㉮ 항공료가 착불일 경우 기타란에 항공료 착불이라고 기재하고 합계란은 임의로 작성하여 채운다.
㉯ 운송인의 책임은 물품을 인수하고 운송장을 교부한 시점부터 발생한다.
㉰ 집하 자제품목 및 집하 금지품목의 경우는 추가 운송료를 받고 집하한다.
㉱ 도서지역의 경우 소요되는 운임 및 도선료는 후불로 처리한다.

40 다음 중 독극물을 운반할 때의 방법으로 적절하지 않은 것은?

㉮ 독극물의 취급 및 운반은 거칠게 다루지 않는다.
㉯ 독극물이 들어 있는 용기는 손으로 직접 다루지 말고, 굴려서 운반한다.
㉰ 취급불명의 독극물은 함부로 다루지 않는다.
㉱ 도난 방지를 위해 보관을 철저히 한다.

정답 29. ㉮ 30. ㉮ 31. ㉯ 32. ㉮ 33. ㉱ 34. ㉰ 35. ㉮ 36. ㉰ 37. ㉯ 38. ㉱ 39. ㉯ 40. ㉯

제2교시   안전운행, 운송서비스

01 다음 중 평면교차로를 안전하게 통과하는 운전요령으로 틀린 것은?

㉮ 신호는 운전자 자신의 눈으로 확인한다.

㉯ 직진할 경우에는 좌·우회전하는 차량에 주의한다.

㉰ 좌·우회전할 때에는 방향지시등을 정확히 켠다.

㉱ 교차로 내에 진입하였으나 황색신호이면 반드시 정차한다.

02 다음 중 야간 안전운전요령에 대한 설명으로 틀린 것은?

㉮ 차의 실내는 가급적 밝은 상태로 유지한다.

㉯ 자동차가 교행할 때는 전조등을 하향 조정한다.

㉰ 주간에 비하여 속도를 낮추어 주행한다.

㉱ 해가 저물면 곧바로 전조등을 점등한다.

03 다음 중 주행시 공간의 특성에 대한 설명으로 옳은 것은?

㉮ 속도가 빨라질수록 주시점은 가까워지고 시야는 좁아진다.

㉯ 속도가 빨라질수록 주시점은 멀어지고 시야는 넓어진다.

㉰ 속도가 빨라질수록 주시점은 가까워지고 시야는 넓어진다.

㉱ 속도가 빨라질수록 주시점은 멀어지고 시야는 좁아진다.

04 다음 중 체내 알콜농도와 제거 소요시간을 고려할 때 음주 후 알콜농도가 0.1%인 보통의 성인 남자라면 얼마가 지난 후 운전을 하는 것이 가장 적절한가?

㉮ 3시간 이후   ㉯ 5시간 이후

㉰ 7시간 이후   ㉱ 10시간 이후

05 다음 중 여름철 불쾌지수가 높아진 상태에서의 운전자 특성에 대한 설명으로 옳지 않은 것은?

㉮ 난폭운전 경향이 높다.

㉯ 다른 사람이 불쾌하지 않게 경음기 사용을 자제하는 경향이 있다.

㉰ 사소한 일에도 언성을 높이는 경향이 있다.

㉱ 수면 부족이 졸음운전으로 이어지기도 한다.

06 일반적으로 중앙분리대를 설치하면 어떤 유형의 교통사고가 가장 크게 감소하는가?

㉮ 정면충돌사고   ㉯ 추돌사고

㉰ 직각충돌사고   ㉱ 측면접촉사고

07 다음 중 원심력의 특징으로 잘못된 것은?

㉮ 커브에 진입하기 전에 속도를 줄여 노면에 대한 타이어의 접지력 (grip)이 원심력을 안전하게 극복할 수 있도록 하여야 한다

㉯ 커브가 예각을 이룰수록 원심력은 커지므로 안전하게 회전하려면 이러한 커브에서 보다 감속하여야 한다

㉰ 타이어의 접지력은 노면의 모양과 상태에 의존한다

㉱ 노면이 젖어 있거나 얼어 있으면 타이어의 접지력은 증가한다

08 다음 중 타이어 마모에 영향을 주는 요소에 대한 설명으로 틀린 것은?

㉮ 공기압, 하중   ㉯ 속도, 커브

㉰ 브레이크, 노면   ㉱ 운전 방법

09 다음 중 고령자의 교통운전 장애 요인으로 볼 수 없는 것은?

㉮ 젊은 층에 비하여 상대적으로 신중하다.

㉯ 돌발사태시 대응력이 미흡하다.

㉰ 노화에 따라 근육운동이 저하된다.

㉱ 시각능력이 떨어진다.

10 다음 중 어린이가 승용차에 탑승했을 때의 안전조치로 옳지 않은 것은?

㉮ 반드시 안전띠를 착용하도록 한다.

㉯ 문은 어린이 스스로 열고 닫도록 한다.

㉰ 차를 떠날 때는 같이 떠난다.

㉱ 어린이는 뒷좌석에 앉도록 한다.

11 다음 중 교량과 교통사고의 관계에 대한 설명으로 틀린 것은?

㉮ 교량 접근로 폭에 비하여 교량 폭이 좁을수록 교통사고위험이 더 높다.

㉯ 교량 접근로 폭과 교량 폭 간의 차이는 교통사고위험에 영향을 미치지 않는다.

㉰ 교량 접근로 폭과 교량 폭이 같을 때 교통사고율이 가장 낮다.

㉱ 교량 접근로 폭과 교량 폭이 달라도 효과적 인 교통통제시설 설치로 사고를 줄일 수 있다.

12 다음 중 자동차를 운행하고 있는 운전자가 교통상황을 알아차리는 운전특성을 무엇이라 하는가?

㉮ 표적   ㉯ 인지

㉰ 판단   ㉱ 생각

13 다음 중 타이어 마모에 영향을 주는 요소에 대한 설명으로 틀린 것은?

㉮ 하중이 커지면 트레드의 접지 면적이 증가하여 트레드의 미끄러짐 정도도 커져서 마모를 촉진하게 된다.

㉯ 커브가 마모에 미치는 영향은 매우 커서 활각이 작으면 작을수록 타이어 마모는 많아진다.

㉰ 공기압이 규정 압력보다 낮으면 트레드 접지면에서의 운동이 커져서 마모가 빨라진다.

㉱ 속도가 증가하면 타이어의 온도가 상승하여 트레드 고무의 내마모성이 저하된다.

14 다음 중 오감으로 판별하는 자동차 이상 징후 요령 중에서 활용도가 가장 낮은 방법은?

㉮ 시각에 의한 판별

㉯ 청각에 의한 판별

㉰ 촉각에 의한 판별

㉱ 미각에 의한 판별

정답 제2교시 01. ㉱   02. ㉮   03. ㉱   04. ㉱   05. ㉯   06. ㉮   07. ㉱   08. ㉱   09. ㉮   10. ㉯   11. ㉯   12. ㉯   13. ㉯   14. ㉱

15 다음 중 길어깨의 역할에 대한 설명으로 틀린 것은?

㉮ 고장차가 본선차도로부터 대피할 수 있어 사고 시 교통의 혼잡을 방지하는 역할을 한다

㉯ 측방 여유폭을 가지므로 교통의 안전성과 쾌적성에 기여한다

㉰ 유지관리 작업장이나 지하매설물에 대한 장소로 제공된다

㉱ 절토부 등에서는 곡선부의 시거가 증대되기 때문에 교통의 안전성이 낮다

16 다음은 운전 상황별 방어운전에 대한 설명이다. 옳지 않는 것은?

㉮ 정지할 때 : 운행 전에 신호등이 점등되는지 확인하고, 원활하게 서서히 정지한다

㉯ 주차할 때 : 주차가 허용된 지역이나 안전한 지역에 주차하며, 차가 노상에서 고장을 일으킨 경우에는 적절한 고장표지를 설치한다

㉰ 차간거리 : 앞차에 너무 밀착하여 주행하지 않도록 하며, 다른 차가 끼어들기를 하는 경우에는 양보하여 안전하게 진입하도록 한다

㉱ 감정의 통제 : 타인의 운전 태도에 감정적으로 반응하여 운전하지 않도록 하며, 술이나 약물의 영향이 있는 경우에는 운전을 삼간다

17 다음 중 피로가 운전기능에 미치는 영향 중에서 운전 착오에 대한 설명으로 틀린 것은?

㉮ 작업타이밍의 균형을 초래한다.

㉯ 심야에서 새벽 사이에 많이 발생한다.

㉰ 각성수준이 저하된다.

㉱ 졸음과 관련된다.

18 다음 중 자동차의 장치 중 핸들에 의해 앞바퀴의 방향을 움직여서 자동차의 진행방향을 바꾸는 장치는?

㉮ 주행장치　　　　　㉯ 가속장치

㉰ 제동장치　　　　　㉱ 조향장치

19 다음 중 도로의 평면선형과 교통사고에 대한 설명으로 틀린 것은?

㉮ 일반도로에서는 곡선반경이 100m 이내일 때 사고율이 높다.

㉯ 긴 직선구간 끝에 있는 곡선부는 짧은 직선구간 다음의 곡선부에 비하여 사고율이 낮다.

㉰ 곡선부가 오르막 내리막의 종단경사와 중복되는 곳은 훨씬 더 사고 위험성이 높다.

㉱ 곡선부의 사고율은 시거, 편경사에 의해서도 크게 좌우된다.

20 다음 중 황색신호 시 사고유형으로 틀린 것은?

㉮ 교차로 상에서 전신호 차량과 후신호 차량의 충돌

㉯ 횡단보도 전 앞차 정지 시 뒤차가 충돌

㉰ 횡단보도 통과 시 보행자, 자전거 또는 이륜차 충돌

㉱ 유턴 차량과의 충돌

21 다음 중 야간에 마주 오는 대향차의 조명 빛으로 인해 보행자의 모습을 볼 수 없게 되는 현상을 무엇이라 하는가?

㉮ 현혹현상　　　　　㉯ 착각현상

㉰ 증발현상　　　　　㉱ 착시현상

22 다음 중 봄철 계절의 특성으로 틀린 것은?

㉮ 봄은 겨우내 잠자던 생물들이 기지개를 켜고 새롭게 생존의 활동을 시작한다

㉯ 겨울이 끝나고 초봄에 접어들 때는 겨울 동안 얼어 있던 땅이 녹아 지반이 약해지는 해빙기이다

㉰ 특히 날씨가 온화해짐에 따라 사람들의 활동이 활발해지는 계절이다

㉱ 기온이 상승하고 낮과 밤의 일교차가 커지며 강수량은 증가한다

23 다음 중 위험물의 정의에 포함되는 물질의 성질이 아닌 것은?

㉮ 발화성　　　　　㉯ 인화성

㉰ 폭발성　　　　　㉱ 감염성

24 다음 중 고객서비스에 대한 설명으로 틀린 것은?

㉮ 서비스 형태가 없는 무형의 상품으로 제공되기 때문에 고객이 느낄 수가 없다.

㉯ 서비스는 공급자에 의하여 제공됨과 동시에 고객에 의하여 소비되는 성격을 갖는다.

㉰ 서비스는 오래도록 남아있는 것이 아니고 제공한 즉시 사라져서 남아있지 않는다.

㉱ 서비스는 누릴 수는 있으나 소유할 수는 없다

25 다음 중 고객만족을 위한 서비스 품질로 볼 수 없는 것은?

㉮ 기대품질　　　　　㉯ 상품품질

㉰ 영업품질　　　　　㉱ 서비스 품질(휴먼웨어 품질)

26 다음 중 일반적인 물류의 발전과정으로 맞는 것은?

㉮ 자사물류 → 물류자회사 → 제3자 물류

㉯ 물류자회사 → 자사물류 → 제3자 물류

㉰ 자사물류 → 제3자 물류 → 물류자회사

㉱ 물류자회사 → 제3자 물류 → 자사물류

27 다음 중 고객의 품질을 평가하는 고객의 기준에 대한 설명으로 틀린 것은?

㉮ 신뢰성 : 정확하고 틀림없다. 약속기일을 확실히 지킨다

㉯ 신속한 대응 : 기다리게 하지 않는다, 재빠른 처리, 적절한 시간 맞추기

㉰ 확고성 : 서비스를 행하기 위한 상품 및 서비스에 대한 지식이 충분하고 정확하다

㉱ 편의성 : 의뢰하기 쉽다, 언제라도 곧 연락이 된다, 곧 전화를 받는다

정답 15. ㉱　16. ㉮　17. ㉮　18. ㉱　19. ㉯　20. ㉯　21. ㉰　22. ㉱　23. ㉱　24. ㉮　25. ㉮　26. ㉮　27. ㉰

28 다음 중 고객만족 행동예절에서 운전자의 기본원칙으로 잘못된 것은?

㉮ 깨끗하게, 단정하게
㉯ 품위 있게, 규정에 맞게
㉰ 통일감 있게, 계절에 맞게
㉱ 편한 신발을 신되, 샌들이나 슬리퍼를 신어도 된다

29 다음 중 고객을 대할 때의 바람직한 시선으로 볼 수 없는 것은?

㉮ 자연스럽고 부드러운 시선으로 상대를 본다
㉯ 눈동자는 항상 중앙에 위치하도록 한다.
㉰ 가급적 고객의 눈높이와 맞춘다.
㉱ 산만해보이지 않도록 한 곳만 응시한다.

30 다음 중 운전자의 인성과 습관의 중요성에 관한 설명으로 잘못된 것은?

㉮ 운전자의 성격은 운전 행동에 지대한 영향을 끼치게 된다.
㉯ 올바른 운전 습관을 통해 훌륭한 인격을 쌓도록 노력해야 한다.
㉰ 운전자의 운전태도는 운전자 개인의 인격과는 관련이 없다.
㉱ 습관은 후천적으로 형성되는 조건반사 현상이다.

31 다음 중 직업 운전자의 고객응대 예절과 관련하여 고객불만 발생시 행동방법으로 옳지 않은 것은?

㉮ 고객불만을 해결하기 어려운 경우 적당히 답변하여 신속히 해결하도록 한다.
㉯ 고객의 감정을 상하게 하지 않도록 불만 내용을 끝까지 참고 듣는다.
㉰ 불만전화 접수 후 우선적으로 빠른 시간 내에 확인하여 고객에게 알린다
㉱ 고객의 불만, 불편사항이 더 이상 확대되지 않도록 한다.

32 다음 중 물류의 개념에 대한 설명으로 틀린 것은?

㉮ 물류란 공급자로부터 생산자, 유통업자를 거쳐 최종 소비자에게 이르는 재화의 흐름을 의미한다.
㉯ 물류관리란 이러한 재화의 효율적인 "흐름"을 계획, 실행, 통제할 목적으로 행해지는 제반활동을 의미한다.
㉰ 물류의 기능에는 수송(운송)기능, 포장기능, 보관기능, 하역기능, 정보기능 등이 있다.
㉱ 최근의 물류는 장소적 이동을 의미하는 운송의 개념과 동일한 개념으로 사용되고 있다.

33 다음 중 물류전략에 대한 설명으로 틀린 것은?

㉮ 물류전략은 비용절감, 자본절감, 서비스개선을 목표로 한다.
㉯ 비용절감은 운반 및 보관과 관련된 가변비용을 최소화하는 전략이다.
㉰ 자본절감은 물류시스템에 대한 투자를 최소화하는 전략이다.
㉱ 서비스개선전략은 제공되는 서비스수준에 비례하여 수익이 감소한다는 점을 주의하여 수립한다.

34 다음 중 물류시장의 경쟁 속에서 기업존속 결정의 조건에 대한 설명으로 틀린 것은?

㉮ 사업의 존속을 결정하는 조건 중 하나는 매상증대이다.
㉯ 사업의 존속을 결정하는 조건 중 하나는 비용감소이다.
㉰ 매상증대 또는 비용감소 중 어느 쪽도 달성할 수 없다면 기업이 존속하기 어렵다.
㉱ 매상증대와 비용감소를 모두 달성해야 기업 존속이 가능하다..

35 다음 중 물류의 주요기능과 거리가 먼 것은?

㉮ 운송기능   ㉯ 포장기능
㉰ 제조기능   ㉱ 하역기능

36 다음 중 물류전략의 8가지 핵심영역 중에서 공급망설계와 로지스틱스 네트워크전략 구축에 해당되는 것은?

㉮ 고객서비스수준 결정   ㉯ 구조설계
㉰ 기능정립   ㉱ 실행

37 다음 중 제3자 물류의 도입이유로 볼 수 없는 것은?

㉮ 자가물류활동에 의한 물류효율화의 한계
㉯ 물류자회사에 의한 물류효율화의 한계
㉰ 물류산업 고도화를 위한 돌파구
㉱ 화주기업의 물류활동 직접 통제 욕구

38 다음 중 제4자 물류의 개념과 특징에 대한 설명으로 틀린 것은?

㉮ 제4자 물류는 '컨설팅 기능까지 수행할 수 있는 제3자물류로 정의할 수 있다.
㉯ 제4자 물류의 핵심은 고객에게 제공되는 서비스를 극대화하는 것이다.
㉰ 제3자 물류보다 상대적으로 범위가 좁은 공급망의 역할을 담당한다.
㉱ 전체적인 공급망에 영향을 주는 능력을 통하여 가치를 증식시킨다.

39 다음 중 선박 및 철도와 비교한 화물자동차 운송의 특징을 설명한 것으로 틀린 것은?

㉮ 원활한 기동성과 신속한 수·배송이 가능하다.
㉯ 다양한 고객의 요구를 수용할 수 없다.
㉰ 운송단위가 소량이다.
㉱ 신속하고 정확한 문전운송이 가능하다.

40 다음 중 공동배송의 장점이 아닌 것은?

㉮ 소량화물 흔적으로 규모의 경제효과
㉯ 차량, 기사의 효율적 활용
㉰ 입출하 활동의 계획화
㉱ 네트워크의 경제효과

정답 28. ㉱   29. ㉱   30. ㉰   31. ㉮   32. ㉱   33. ㉱   34. ㉱   35. ㉰   36. ㉯   37. ㉱   38. ㉰   39. ㉯   40. ㉰

시험에 자주 나오는 핵심요약 정리

1 도로교통법의 목적 : 도로에서 일어나는 교통상의 위험과 장해를 방지하고 제거하여 안전하고 원활한 교통을 확보함에 있다.

2 자동차 전용도로 : 자동차만 다닐 수 있도록 설치한 도로 ⑩고속도로, 서울의 올림픽대로, 부산의 동부간선도로, 서울외곽순환도로, 서울의 강변북로 등

3 차도 : 연석선(차도와 보도를 구분하는 돌 등으로 이어진 선), 안전표지 또는 그와 비슷한 인공구조물을 이용하여 경계(境界)를 표시하여 모든 차가 통행할 수 있도록 설치된 도로의 부분

4 차로 : 차마가 한 줄로 도로의 정하여진 부분을 통행하도록 차선에 의하여 구분되는 차도의 부분

5 차선 : 차로와 차로를 구분하기 위하여 그 경계지점을 안전표지에 의하여 표시한 선

6 안전지대 : 도로를 횡단하는 보행자나 통행하는 차마의 안전을 위하여 안전표지나 그와 비슷한 공작물로써 표시한 도로의 부분

7 보도 : 연석선, 안전표지나 그와 비슷한 인공구조물로 경계를 표시하여 보행자(유모차 및 보행보조용 의자차를 포함)가 통행할 수 있도록 된 도로의 부분

8 신호기 : 도로교통에서 문자·기호 또는 등화(燈火)를 사용하여 진행·정지·방향전환·주의 등의 신호를 표시하기 위하여 사람이나 전기의 힘으로 조작하는 장치

9 교차로 : 십자로, T자로나 그 밖에 둘 이상의 도로(보도와 차도가 구분되어 있는 도로에서는 차도)가 교차하는 부분

10 주차 : 운전자가 승객을 기다리거나 화물을 싣거나, 고장 그 밖의 사유로 인하여 계속하여 정지상태에 두는 것. 또는 운전 자가 차로부터 떠나서 즉시 그 차를 운전할 수 없는 상태에 두는 것

11 정차 : 운전자가 5분을 초과하지 아니하고 차를 정지시키는 것으로서 주차 외의 정지상태

12 운전 : 도로에서 차마를 그 본래의 사용방법에 따라 사용하는 것(조종을 포함)

13 앞지르기 : 차의 운전자가 앞서가는 다른 차의 옆을 지나서(앞차의 좌측면을 지나서) 그 차의 앞으로 나가는 것

14 중앙선 : 차마의 통행을 방향별로 명확하게 구분하기 위하여 도로에 황색 실선이나 황색 점선 등의 안전표지로 표시한 선 또는 중앙 분리대나 울타리 등으로 설치한 시설물을 말하며, 가변차로(可變車路)가 설치된 경우에는 신호기가 지시하는 진행방향의 가장 왼쪽에 있는 황색 점선

15 자동차와 차의 구분 : 「도로교통법」은 차와 자동차의 개념을 달리 규정한다. 이는 도로상에서의 운전과 그로 인한 단속, 행정처분, 사고처리 등의 한계를 구분하기 위해서이다.

16 차가 아닌 것 : 전동차·기차 등 궤도차, 항공기, 선박, 케이블 카, 소아용의 자전거(예:세발자전거), 유모차, 그리고 보행보조용 의자차 등

17 자동차가 아닌 것 : 원동기장치자전거(125cc 이하 이륜차), 유모차, 보행보조용 의자차, 지하철 열차, 농업용 콤바인, 경운기 등

18 녹색 등화의 뜻 : ① 보행자는 횡단할 수 있고, 차마는 직진 또는 우회전 가능 ② 비보 좌회전표지 또는 표시가 있는 곳에서는 좌회전 가능

19 황색 등화의 뜻 : ① 차마는 정지선이 있거나 횡단보도가 있을 때에는 그 직전이나 교차로의 직전에 정지 ② 이미 교차로에 차마의 일부라도 진입한 경우에는 신속히 교차로 밖으로 진행 ③ 보행자의 횡단을 방해하지 않을 때는 우회전 가능

20 적색 등화의 뜻 : ① 정지선, 횡단보도 및 교차로의 직전에서 정지 ② 다만, 신호에 따라 진행하는 다른 차마의 교통을 방해하지 아니하고 우회전 가능

21 교통안전표지의 종류

① 주의표지 : 도로상태가 위험하거나 도로 또는 그 부근에 위험물이 있는 경우에 필요한 안전조치를 할 수 있도록 이를 도로사용자에게 알리는 표지

② 규제표지 : 도로교통의 안전을 위하여 각종 제한·금지 등의 규제를 하는 경우에 이를 도로사용자에게 알리는 표지

③ 지시표지 : 도로의 통행방법·통행구분 등 도로교통의 안전을 위하여 필요한 지시를 하는 경우에 도로사용자가 이를 따르도록 알리는 표지

④ 보조표지 : 주의표지·규제표지 또는 지시표지의 주 기능을 보충하여 도로 사용자에게 알리는 표지

⑤ 노면표시 : 주의·규제·지시 등의 내용을 노면에 기호·문자·선 등으로 도로 사용자에게 알리는 표시

22 노면표시의 기본색상 : ① 백색-동일방향의 교통류 분리 및 경계 표시 ② 황색-반대방향의 교통류분리 또는 도로이용의 제한 및 지시 ③ 청색-지정방향의 교통류 분리 표시 ④ 적색-어린이보호구역 또는 주거지역 안에 설치하는 속도제한표시의 테두리선에 사용

23 노면표시 : ① 점선-허용 ② 실선-제한 ③ 복선-강조

24 화물자동차 운행상의 안전기준 : ① 적재중량-110%이내 ② 길이-자동차 길이의 10분의 1을 더한 길이 ③ 너비-후사경으로 후방을 확인할 수 있는 범위의 너비 ④ 높이-지상으로부터 4미터

25 최고속도의 50/100을 줄인 속도로 운행해야 하는 경우 : ① 폭우, 폭설, 안개 등으로 가시거리가 100m이내인 경우 ② 노면이 얼어붙은 경우 ③ 눈이 20mm이상 쌓인 경우

26 서행이란 : 차가 즉시 정지할 수 있는 느린 속도로 진행하는 것을 의미

※ 이행해야 할 장소 : 교통정리 없는 교차로, 도로가 구부러진 부근, 비탈길의 고갯마루 부근, 가파른 비탈길의 내리막길, 교차로에서 좌, 우회전할 때 등

27 일단정지와 일시정지 : ① 일단정지 : 반드시 차마가 멈추어야 하는 행위 자체에 대한 의미(운행의 순간적 정지) ② 일시정지-반드시 차가 멈추어야 하되 얼마간의 시간 동안 정지상태를 유지해야하는 교통상황

28 일단정지해야 할 상황 : 길가의 건물이나 주차장 등에서 도로에 들어가려고 하는 때

29 인적피해에 따른 벌점 : ① 사망 1명당(72시간 내)-90점 ② 중상 1명당(3주 이상 치료)-15점 ③ 경상 1명당(3주 미만 5일 이상의 치료)-5점 ④ 부상신고 1명당(5일 미만의 치료)-2점

29 긴급자동차의 특례 : ① 도로 중앙이나 좌측부분 통행 ② 정지를 하여야 하는 경우에도 정지하지 않을 수 있다. ③ 자동차의 속도, 앞지르기 금지시기 및 장소, 끼어들기의 금지의 규정을 적용받지 아니한다(다만, 긴급하고 부득이한 경우에 한하고, 앞지르기방법은 제외됨).

30 교통법규 위반 시 벌점 : ① 60km/h 초과 속도위반-60점 ② 40km/h 초과 60km/h 이하 속도 위반-30점 ③ 20km/h 초과 40km/h 이하 속도위반-15점

31 특례의 배제 : ① 신호·지시위반사고 ② 중앙선침범, 고속도로나 자동차전용도로에서의 횡단·유턴 또는 후진위반 사고 ③ 속도위반(20km/h 초과) 과속사고 ④ 앞지르기의 방법·금지시기·금지장소 또는 끼어들기 금지 위반사고 ⑤ 철길건널목 통과방법 위반사고 ⑥ 보행자보호의무 위반사고 ⑦ 무면허운전사고 ⑧ 주취운전·약물복용운전 사고 ⑨ 보도침범·보도횡단방법 위반사고 ⑩ 승객추락방지의무 위반사고 ⑪ 어린이보호구역내 안전운전의무 위반사고

32 도주사고가 적용되지 않는 경우 : ① 피해자가 부상 사실이 없거나 극히 경미하여 구호조치가 필요치 않는 경우 ② 가해자 및 피해자 일행 또는 경찰관이 환자를 후송 조치하는 것을 보고 연락처 주고 가버린 경우 ③ 교통사고 가해운전자가 심한 부상을 입어 타인에게 의뢰하여 피해자를 후송 조치한 경우 ④ 교통 사고 장소가 혼잡하여 도저히 정지할 수 없어 일부 진행한 후 정지하고 되돌아와 조치한 경우

33 교통사고처리특례법상의 과속의 정의 : 도로교통법 상에 규정된 법정속도와 지정속도를 20km/h 초과된 경우

34 화물자동차운수사업법의 목적 : ① 운수사업의 효율적 관리 ② 화물의 원활한 운송 ③ 공공복리 증진

35 화물자동차운수사업의 종류 : ① 화물자동차운송사업 ② 화물자동차운송주선사업 ③ 화물자동차운송가맹사업

36 화물자동차운송사업의 종류 : ① 일반화물자동차운송사업 ② 개별화물자동차운송사업 ③ 용달화물자동차운송사업

37 운수종사자 : ① 화물자동차의 운전자 ② 화물의 운송 또는 운송주선에 관란 사무를 취급하는 사무원 및 보조원 ③ 기타 화물자동차운수사업에 종사하는 자

38 적재물 배상책임보험 등의 의무 가입대상 등 : ① 대상-운송사업자, 운송주선사업자, 운송가맹사업자 ② 보험-1사고당 각각 2천만원 이상의 금액을 지급할 책임을 지는 보험에 가입

39 화물자동차 운송사업의 허가 : 국토교통부령이 정하는 바에 따라 국토교통부장관의 허가를 받아야 함

40 자격증명의 게시 : 화물자동차안 앞면 우측 상단

41 화물자동차의 정기점검 : ① 차량이 5년 경과된 후 최초로 정기검사를 받아야 하는 검사유효기간만료일 전후 각각 30일(대형화물자동차의 경우 90일)이내 ② 그 이후 매 1년마다 정기점검유효기간만료일 전후 각각 30일(대형화물자동차의 경우에는 90일)이내

42 화물 취급 전 준비사항 : ① 위험물, 유해물을 취급할 때는 보호구 착용과 안전모는 턱 끈을 매고 착용한다. ② 유해, 유독물을 철저히 확인하고 위험에 대비한 약품, 세척용구 등 준비한다. ③ 산물, 분탄화물의 낙하, 비산 등의 위험을 사전에 제거하고 작업을 시작한다.

43 자동차 검사의 종류 : ① 신규검사 ② 정기검사 ③ 구조변경검사 ④ 임시검사

44 자동차 정기검사 유효기간 : ① 경형 및 소형화물자동차-1년 ② 2년이하 사업용 대형화물자동차-1년 ③ 2년경과 사업용 대형화물자동차-6월

45 차량이 2년 초과인 사업용 대형화물차의 자동차종합검사 유효기간 : 6개월

46 도로의 등급 : 고속국도 → 일반국도 → 특별시·광역시도 → 지방도 → 시도 → 군도 → 구도

47 도로교통체계를 구성하는 요소 : ① 운전자 및 보행자를 비롯한 도로 사용자 ② 도로 및 교통신호등 등의 환경 ③ 차량들

48 교통사고의 3대(4대)요인 : ① 인적요인(운전자, 보행자의 신체, 생리적조건) ② 차량요인(차량구조장치, 부속품 또는 적하 등) ③ 도로요인(도로구조, 도로선형, 노면, 차로수, 노폭, 구배, 안전시설) ④ 환경요인(자연환경, 교통환경, 사회환경, 구조환경)

49 운전특성 : "인지- 판단- 조작"의 과정을 수없이 반복함

50 도로법상 차량의 운행제한 : ① 축하중이 10톤을 초과하거나 총중량이 40톤을 초과하는 차량 ② 차량의 폭이 2.5미터, 높이가 4.0미터(도로구조의 보전과 통행의 안전에 지장이 없다고 관리청이 인정하여 고시한 도로노선의 경우에는 4.2미터), 길이가 16.7미터를 초과하는 차량 ③ 관리청이 특히 도로구조의 보전과 통행의 안전에 지장이 있다고 인정하는 차량

51 운전과 관련되는 시각 특성 : ① 운전자는 운전에 필요한 정보의 대부분을 시각을 통하여 획득한다. ② 속도가 빨라질수록 시력은 떨어진다. 속도가 빨라질수록 시야의 범위가 좁아진다. ③ 속도가 빨라질수록 전방주시점은 멀어진다.

52 정지시력 : 아주 밝은 상태에서 1/3인치(0.85cm) 크기의 글자를 20피트(6.10m) 거리에서 읽을 수 있는 사람의 시력을 말하고, 정상시력은 20/20으로 나타난다(5m거리=15mm 문자 판독은 0.5의 시력임).

53 동체시력 : 움직이는 물체(자동차, 사람 등) 또는 움직이면서(운전하면서) 다른 자동차나 사람 등의 물체를 보는 시력을 말한다.

54 암순응과 명순응 : ① 암순응-일광 또는 조명이 밝은 조건으로 변할 때 사람의 눈이 그 상황에 적응하여 시력을 회복하는 것(주간 운전시 터널 진입) ② 명순응-일광 또는 조명이 어두운 조건에서 밝은 조건으로 변할 때 사람의 눈이 그 상황에 적응하여 시력을 회복하는 것(주간 운전시 터널 밖으로 빠져나올 때)

55 교통사고 운전자의 특성 : ① 선천적 능력(타고난 심신기능의 특성)부족 ② 후천적 능력(운전에 관계되는 지식과 기능) ③ 바람직한 동기와 사회적 태도(인지, 판단, 조작하는 태도)결여 ④ 불안정한 생활환경 등

56 사고의 원인과 요인
① 간접적 요인 : ㉠ 운전자에 대한 홍보활동 결여, 훈련의 결여 ㉡ 운전 전 점검습관 결여 ㉢ 안전운전을 위한 교육태만, 안전지식 결여 ㉣ 무리한 운행계획 ㉤ 직장, 가정에서 인간관계 불량 등
② 중간적 요인 : ㉠ 운전자의 지능 ㉡ 운전자의 성격과 심신기능 ㉢ 불량한 운전 태도 ㉣ 음주, 과로 등

③ 직접적 요인 : ㉠ 사고직전 과속과 같은 법규 위반 ㉡ 위험인지의 지연 ㉢ 운전 조작의 잘못과 잘못된 위기대처

57 착각의 개념 : ① 착각의 정도는 사람에 따라 다소 차이가 있다. ② 착각은 사람이 태어날 때부터 지닌 감각에 속한다.

58 착각의 구분
① 원근의 착각 : 작은 것은 멀리 있는 것으로, 덜 밝은 것은 멀리 있는 것으로 느껴진다.
② 경사의 착각 : ㉠ 작은 경사는 실제 보다 작게, 큰 경사는 실제보다 크게 보인다. ㉡ 오름 경사는 실제보다 크게, 내림경사는 실제보다 작게 보인다.
③ 속도의 착각 : ㉠ 주시점이 가까운 좁은 시야에서는 빠르게 느껴진다. ㉡ 비교 대상이 먼 곳에 있을 때는 느리게 느껴진다.
④ 상반의 착각 : ㉠ 주행 중 급정거시 반대방향으로 움직이는 것처럼 보인다. ㉡ 큰 것들 가운데 있는 작은 물건은 작은 것들 가운데 있는 같은 물건보다 작아 보인다. ㉢ 한쪽 방향의 곡선을 보고 반대 방향의 곡선을 봤을 경우 실제보다 더 구부러져 있는 것처럼 보인다.

59 고령자 교통안전 장애요인 : ① 고령자의 시각능력 ② 고령자의 청각능력 ③ 고령자의 사고, 신경능력 ④ 고령보행자의 보행행동 특성

60 운전면허 취득시 색채식별 공통사항 : 적색, 녹색, 황색

61 운전 피로의 요인 : ① 생활요인(수면, 생활 환경 등) ② 운전작업 중의 요인(차내 환경·운행조건 등) ③ 운전자 요인(신체, 경험, 연령, 성별조건, 질병·성격 등)

62 음주운전 교통사고의 특징 : ① 주차 중인 자동차와 같은 정지물체에 충돌 가능성이 높다. ② 전신주 가로시설물, 가로수 등 고정물체와 충돌할 가능성이 높다. ③ 대향차 전조등에 의한 현혹현상 발생시 정상운전보다 교통사고 위험이 증가한다. ④ 음주운전에 의한 교통사고가 발생하면 치사율이 높다. ⑤ 차량 단독사고의 가능성이 높다.

63 대기환경보전법의 제정 목적 : ① 국민건강 및 환경상의 위해 방지 ② 대기환경의 적정한 관리 및 보전 ③ 국민건강과 쾌적한 환경조성

64 운송장의 기능 : ① 계약서 기능 ② 화물인수증 기능 ③ 운송요금 영수증 기능 ④ 정보처리 기본자료 ⑤ 배달에 대한 증빙 ⑥ 수입금 관리자료 ⑦ 행선지 분류 정보 제공

65 운송장 부착 요령 : ① 접수장소에서 매건마다 작성하여 화물에 부착 ② 물품의 정중앙 상단에 뚜렷하게 보이도록 부착 ③ 작은 소포의 경우 운송장 부착이 가능한 박스에 포장하여 수탁 후 부착 ④ 기존 박스의 경우 구 운송장 제거 후 새로운 운송장 부착 등

66 「자동차 관리법」의 제정 목적 : ① 자동차의 효율적 관리 ② 자동차의 성능 및 안전 확보 ③ 공공복리 증진

67 자동차의 종류 : ① 승용자동차 ② 승합자동차 ③ 화물자동차 ④ 특수자동차 ⑤ 이륜자동차

68 화물자동차 : ① 화물을 운송하기에 적합하게 바닥면적이 최소 2m²이상(특수 용도형 경형화물차는 1m²이상)의 적재공간을 갖춘 자동차를 말한다.

69 운수종사자의 준수사항 : ① 정당한 사유 없이 화물을 중도에서 내리게 하는 행위 ② 정당한 사유 없이 화물의 운송을 거부하는 행위 ③ 부당한 운임 및 요금을 요구하거나 받는 행위 ④ 고장 및 사고 차량 등 화물운송과 관련하여 사업자와 부정한 금품을 주고받는 행위 ⑤ 화물의 이탈방지를 위한 덮개, 포장, 고정장치등을 하고 운행 ⑥ 운행하기 전에 일상점검 및 확인을 할 것 ⑦ 일정한 장소에 오랜 시간 정차하여 화주를 호객하는 행위 ⑧ 문을 완전히 닫지 아니한 상태에서 출발·운행하는 행위 ⑨ 구난형 특수자동차를 사용하여 고장·사고차량 운송하는 경우 차 소유주, 운전자의 의사에 반하여 구난하지 아니할 것(사망, 중상 등으로 의사표현이 불능인 경우와 경찰공무원이 이동을 명한 경우는 예외)

70 포장의 용어 : ① 개장(낱개포장, 단위포장) ② 내장(속포장, 내부포장) ③ 외장(외부포장, 겉포장)

71 포장의 기능 : ① 보호성 ② 표시성 ③ 상품성 ④ 편리성 ⑤ 효율성 ⑥ 판매촉진성

72 파렛트 화물 적재 : ① 주연어프 방식-파렛트의 가장자리를 높게 하여 포장화물을 안쪽으로 기울여서, 화물이 갈라지는 것을 방지하는 방법으로 부대화물에 효과적 ② 슈링크 방식-우천시의 하역이나 야적보관이 가능 ③ 슬립멈추기 시트삽입 방식-포장과 포장 사이에 미끄럼을 멈추는 시트를 넣음으로써 안전을 도모하는 방법

73 어린이의 일반적인 교통행동 특성 : ① 교통상황에 대한 주의력 부족 ② 판단력이 부족하고 모방행동이 많다. ③ 사고방식이 단순하다. ④ 추상적인 말은 잘 이해하지 못하는 경우가 많다. ⑤ 호기심이 많고 모험심이 강하다. ⑥ 눈에 보이지 않는 것은 없다고 생각한다. ⑦ 자신의 감정을 억제하거나 참아내는 능력이 약하다. ⑧ 제한된 주의 및 지각능력을 가지고 있다.

74 어린이가 승용차에 탑승시 : ① 안전띠 착용 ② 주차시 차내 혼자 방치 금지 ③ 문은 어른이 열고 닫는다. ④ 차를 떠날 때는 같이 떠난다. ⑤ 어린이는 뒷좌석에 앉도록 한다.

75 고객유의사항 확인 요구 물품 : ① 중고 가전제품 및 A/S용 물품 ② 기계류, 장비 등 중량 고가물로 40kg 초과 물품 ③ 포장 부실물품 및 무포장 물품(비닐포장 또는 쇼핑백 등) ④ 파손우려 물품 및 내용검사가 부적당하다고 판단되는 부적합 물품

76 트레일러의 장점 : ① 트랙터의 효율적 이용 ② 효과적인 적재량 ③ 탄력적인 작업 ④ 트랙터와 운전자의 효율적 운영 ⑤ 일시보관기능의 실현 ⑥ 중계지점에서의 탄력적인 이용

77 어린이들이 당하기 쉬운 교통사고유형 : ① 도로에 갑자기 뛰어들기 ② 도로횡단중의 부주의 ③ 도로상에서 위험한 놀이 ④ 차내 안전사고 ⑤ 자전거사고

78 자동차의 제동장치 : ① 주차브레이크 ② 풋브레이크 ③ 엔진브레이크 ④ ABS

79 스탠딩 웨이브(Standing wave)현상 : 타이어 회전속도가 빨라지면 접지부에서 받은 타이어의 변형(주름)이 다음 접지시점까지도 복원되지 않고 접지부 뒤쪽에 진동의 물결이 일어나는 현상
※ 일반구조의 승용차용 타이어의 경우 대략 150km/h 전 후의 주행속도에서 발생한다.

80 스탠딩웨이브 현상의 예방 : ① 속도를 낮춘다 ② 공기압을 높인다

81 수막현상(Hydroplaning) : 자동차가 물이 고인 노면을 고속으로 주행할 때 타이어는 그루부(타이어 홈)사이에 있는 물을 배수하는 기능이 감소되어 물의 저항에 의해 노면으로부터 떠올라 물위를 미끄러지듯이 되는 현상

82 수막 현상의 예방 : ① 고속으로 주행하지 않는다 ② 마모된 타이어를 사용하지 않는다 ③ 공기압을 조금 높게 한다 ④ 배수효과가 좋은 타이어를 사용한다

83 페이드(Fade)현상 : 브레이크 반복사용으로 마찰열이 라이닝에 축적되어, 브레이크의 제동력이 저하되는 현상(라이닝 온도상승으로 라이닝 면의 마찰계수 저하로 인함)

84 워터 페이드 현상 : 브레이크 마찰재가 물에 젖어 마찰계수가 작아져 브레이크의 제동력이 저하되는 현상

85 베이퍼록 현상 : 액체를 사용하는 계통에서 열에 의하여 액체가 증기(베이퍼)로 되어 어떤 부분에 갇혀 계통의 기능이 상실되는 것

86 모닝 록(Morning Lock)현상 : 상태 : 비가 자주오거나 습도가 높은 날, 또는 오랜 시간 주차한 후에는 브레이크 드럼에 미세한 녹이 발생하는 현상(예방 : 서행하면서 브레이크를 몇 번 밟아주면 녹이 자연이 제거되면서 해소됨)

87 타이어 마모에 영향을 주는 요소 : ① 공기압 ② 하중 ③ 속도 ④ 커브 ⑤ 브레이크 ⑥ 노면

88 오감을 이용한 자동차 이상 징후 : ① 시각(물·오일·연료의 누설, 자동차의 기울어짐) ② 청각(마찰음, 걸리는 쇳소리, 노킹소리, 긁히는 소리 등) ③ 촉각(볼트 너트의 이완, 유격, 브레이크시 차량이 한쪽으로 쏠림, 전기 배선 불량 등) ④ 후각(배터리액의 누출, 연료 누설, 전선 등이 타는 냄새 등)

89 편경사 : 평면곡선부에서 자동차가 원심력에 저항할 수 있도록 하기 위하여 설치하는 횡단경사를 말한다.

90 종단경사 : 도로의 진행방향 중심선의 길이에 대한 높이의 변화 비율을 말한다.

91 일반적으로 도로가 되기 위한 4가지 조건 : ① 형태성(자동차 운송수단의 통행에 용이한 형태) ② 이용성(사람의 왕래 등 공중의 교통영역 이용되는 곳) ③ 공개성(불특정 다수인의 공중교통에 실제 이용되는 곳) ④ 교통경찰권(공공의 안녕과 질서유지위해 교통경찰권이 발동될 수 있는 장소)

92 안전운전의 정의 : 운전자가 자동차를 그 본래의 목적에 따라 운행함에 있어서 운전자 자신이 위험한 운전을 하거나 교통사고를 유발하지 않도록 주의하여 운전하는 것

93 방어운전의 정의 : ① 운전자가 다른 운전자나 보행자가 교통법규를 지키지 않거나 위험한 행동을 하더라도 이에 대처할 수 있는 운전자세를 갖추어 미

리 위험한 상황을 피하여 운전하는 것 ② 위험한 상황을 만들지 않고 운전하는 것 ③ 위험한 상황에 직면했을 때는 이를 효과적으로 회피할 수 있도록 운전하는 것

94 곡선부의 방호울타리의 기능 : ① 자동차의 차도 이탈 방지 ② 탑승자 상해 또는 차의 파손 감소 ③ 자동차를 정상적인 진행방향으로 복귀 ④ 운전자의 시선 유도

95 길어깨(노견, 갓길)의 역할 : ① 고장차 대피로 교통혼잡 방지 ② 교통의 안전성과 쾌적성에 기여 ③ 유지관리작업장이나 지하매설물의 장소로 제공 ④ 곡선부의 시거가 증대되어 교통안전성이 높다. ⑤ 유지가 잘 되어 있는 길어깨는 도로미관을 높인다. ⑥ 보도등이 없는 도로에서는 보행자 통행장소로 제공

96 중앙 분리대의 기능 : ① 상하차도의 교통분리(교통량 증대) ② 평면교차로가 있는 도로에서는 좌회전 차로로 활용(교통처리가 유연) ③ 광폭분리대의 경우 사고 및 고장차량이 정지할 수 있는 여유공간을 제공(탑승자의 안전 확보, 진입차의 분리대 내 정차 또는 조정능력 회복) ④ 보행자에 대한 안전섬이 됨으로서 횡단시 안전 ⑤ 필요에 따라 유턴(U-Turn)방지(교통류의 혼잡을 피함으로써 안정성을 높임) ⑥ 대향차의 현광방지(전조등의 불빛을 방지) ⑦ 도로표지, 기타관제 시설 등을 설치할 수 있는 장소를 제공 등

97 방호울타리의 기능 : ① 차량횡단을 방지할 수 있어야 한다. ② 차량을 감속시킬 수 있어야 한다. ③ 차량이 대향차로로 튕겨나가지 않아야 한다. ④ 차량의 손상이 적도록 해야 한다.

98 고객 만족을 위한 서비스 품질의 종류 : ① 상품품질(하드웨어 품질) ② 영업품질(소프트웨어 품질) ③ 서비스품질(휴면웨어 품질)

99 고객 서비스의 형태 : ① 무형성(보이지 않음) ② 동시성(생산과 소비가 동시에 발생) ③ 인간주체(이질성) ④ 소멸성(즉시 사라짐), ⑤ 무소유권(가질 수 없음)

100 직업의 4가지 의미 : ① 경제적 의미(일터, 일자리, 경제적 가치를 창출하는 곳) ② 정신적 의미(직업의 사명감과 소명의식을 갖고 정성과 정열을 쏟을 수 있는 곳) ③ 사회적 의미(자기가 맡은 역할을 수행하는 능력을 인정받는 곳) ④ 철학적 의미(일한다는 인간의 기본적인 리듬을 갖는 곳)

101 차로폭 : ① 도로의 차선과 차선사이의 최단거리이다. ② 대개 3.0~35m를 기준으로 한다. ③ 교량 위, 터널 내, 유턴차로(회전차로), 가변차로 설치 등은 부득이한 경우 2.75m로 할 수 있다.

102 철길건널목에서 차량고장 시 대처요령 : ① 즉시 동승자를 대피시킨다. ② 철도공사 직원에게 알리고, 차를 건널목 밖으로 이동 조치한다. ③ 시동이 걸리지 않을 때는 기어를 1단의 위치에 넣은 후, 클러치 페달을 밟지 않은 상태에서 엔진키를 돌리면 시동모터의 회전으로 바퀴를 움직여 철길을 빠져 나올 수 있다.

103 직업의 3가지 태도 : ① 애정 ② 긍지 ③ 충성(열정)

104 물류의 발전 단계 : 물류 → 로지스틱스 → 공급망관리(SCM)

105 7R과 3S 1L : ① 7R-적절한 품질(Right Quality), 적량(Right Quantity), 적시(Right Time), 적소(Right Place), 좋은 인상(Right Impression), 적절한 가격(Right Price), 적절한 상품(Right Commodity) ② 3S 1L-신속히(Speedy), 안전하게(Safely), 확실히(Surely), 저렴하게(Low)

106 물류의 정의 : ① 제1자 물류-화주기업이 직접 물류활동 처리 ② 제2자 물류-물류자회사에 의해 처리(자회사 독립 포함) ③ 제3자 물류-모든 물류활동을 외부에 위탁(아웃소싱)

107 제4자 물류 : ① 제3자 물류에 컨설팅 업무 추가 ② 핵심은 고객에게 제공되는 서비스 극대화

108 화물자동차운송의 특징 : ① 원활한 기동성과 신속한 수·배송 ② 신속하고 정확한 문전운송 ③ 다양한 고객요구 수용 ④ 운송단위가 소량 ⑤ 에너지 다소비형의 운송기관 등

109 공급망 관리(SCM)란 최종 고객의 욕구를 충족시키기 위하여 원료 공급자로부터 최종 소비자에 이르기까지 공급망 내의 각 기업간에 긴밀한 협력을 통한 공급망인 전체의 물자의 흐름을 원활하게 하는 공동전략을 말한다.

110 전사적 물품 관리(TQC) : 제품이나 서비스를 만드는 모든 작업자가 품질에 대한 책임을 나누어 갖는다는 개념이다.